科学出版社“十四五”普通高等教育本科规划教材

C 程序设计与问题求解

主　编　刘　杰　鞠成东　丛晓红
副主编　徐　丽　唐立群　孟宇龙
郎大鹏　王兴梅

科学出版社
北　京

内 容 简 介

本书为适应新工科复合型人才对计算思维和问题求解能力的要求而编写，全书共 10 章，主要内容包括：计算思维与问题求解、简单的 C 程序设计、程序结构、函数、数组、指针、结构体、文件、常用算法和经典人工智能算法。本书兼顾计算思维与程序设计基础知识，注重问题抽象，通过案例分析，逐步给出问题求解算法与程序实现，引导读者建立算法思维和程序设计思维。本书将数值计算贯穿于各章节，并通过“常用算法”和“经典人工智能算法”两章，进一步拓展读者问题求解思维，提高读者解决复杂专业领域问题的能力和学科交叉融合的能力。

本书适合作为高等院校计算机专业和非计算机专业的计算思维课程、程序设计课程的教材，也可作为高年级本科生、从事数值计算和人工智能等相关行业的技术人员及广大程序设计爱好者的参考书。

图书在版编目(CIP)数据

C 程序设计与问题求解 / 刘杰，鞠成东，丛晓红主编. —北京：科学出版社，2023.8

科学出版社“十四五”普通高等教育本科规划教材

ISBN 978-7-03-076156-9

Ⅰ. ①C… Ⅱ. ①刘… ②鞠… ③丛… Ⅲ. ①C 语言－程序设计－高等学校－教材 Ⅳ. ①TP312.8

中国国家版本馆 CIP 数据核字(2023)第 149372 号

责任编辑：于海云 / 责任校对：王　瑞
责任印制：霍　兵 / 封面设计：迷底书装

科学出版社出版
北京东黄城根北街 16 号
邮政编码：100717
http://www. sciencep. com

北京市密东印刷有限公司印刷

科学出版社发行　各地新华书店经销

*

2023 年 8 月第　一　版　开本：787×1092　1/16
2023 年 8 月第一次印刷　印张：19 1/4
字数：459 000

定价：59.80 元

(如有印装质量问题，我社负责调换)

前　言

党的二十大报告指出："教育、科技、人才是全面建设社会主义现代化国家的基础性、战略性支撑。必须坚持科技是第一生产力、人才是第一资源、创新是第一动力，深入实施科教兴国战略、人才强国战略、创新驱动发展战略，开辟发展新领域新赛道，不断塑造发展新动能新优势。"近年来，以物联网、云计算、大数据和人工智能为代表的新一代信息技术在全球范围内广泛应用，并迅速发展，引发了一场影响广泛而深远的新产业革命。新一代信息技术已成为世界各国战略竞争的制高点，一些发达国家相继提出了相应的战略发展规划，我国也制定了一系列新一代信息技术发展行动计划。随着学科交叉融合的不断深入发展，科学与工程计算在培养创新能力和树立"新工科"理念上发挥着重要作用，熟练地使用计算机进行科学计算也已经成为科技工作者的一项基本技能。《"十四五"规划纲要》提出"十四五"期间我国新一代信息技术产业持续向"数字产业化、产业数字化"的方向发展。数字时代计算思维正成为新时代大学生重要的基本素养之一，"四新"专业人才应该具备很强的计算思维能力。

目前，国内高校面向大学一年级学生都开设了程序设计类课程，教材和教学大多都是注重程序设计语言语法的介绍和讲授，以语法知识的掌握程度为重要的考核指标，忽视了计算思维及问题求解等高阶能力的培养，几乎没有引入数值计算和人工智能作为教学内容，很难满足新工科人才培养的需求。计算思维和问题求解的核心是算法设计能力，程序设计是算法实现的手段。学生掌握了程序设计语言语法，不等于具备较强的程序设计能力；学生学会编程，不等于具备较强的算法能力，即问题求解能力。因此，刘杰教授带领教学团队提出以"运用计算思维，强调问题抽象"、"弱化语言语法，强化程序设计"、"侧重案例剖析，聚焦问题求解"、"突出数值计算，拓展求解能力"和"融合人工智能，提升高阶能力"为特色，以"计算思维"为核心，以"问题引导和案例分析"为驱动，以"自顶向下、逐步求精"为原则，突出问题求解"抽象化-符号化-程序化-自动化"这一主线，将常用算法、数值计算和人工智能算法有机融入程序设计相关知识单元，突出问题求解等高阶思维能力培养。为此，我们对计算机器、程序设计、数值计算、人工智能算法等知识进行了全面细致的剖析，提炼知识本质、思想内涵及思维方法，并将知识模块及逻辑关系进行重新建构和有机融合，希望能够有利于培养学生计算思维、工程计算和交叉学科创新能力。为了使低年级学生能够更容易地掌握数值计算方法和人工智能算法，相关内容仅侧重讲解各种数学问题的计算机求解方法和经典人工智能算法的基本思想原理和应用，而不过多阐述艰深的理论知识。本书内容既易于学生理解和学习，又能够唤起好奇、激发潜能，启发和推动学生进一步深刻思考和探索多学科交叉融合问题，以满足新工科人才培养目标的要求，为学生科技创新夯实基础。

本书的编写思路及包含的知识体系如图 1 所示。本书将计算思维、程序设计和数值计算等思想方法贯穿于各章节，以问题和案例为导向，介绍计算思维与程序设计的概念及其关系，论述计算思维的本质"抽象化"与"自动化"。简要介绍计算机的基本组成、信息表示与计算方法，讲解计算机求解问题的过程，即对问题进行抽象得到问题的表示(数据结构)和计算求解步骤(算法)；利用程序设计语言描述数据结构和算法，即程序设计与调试。对应于数据结构定义与描述，介绍C语言中的数据部分(基本和构造数据类型)；对应于算法描述与实现，介绍C语言中的运算符和控制结构语句，以及模块化程序设计——函数，并介绍常用算法；在介绍指针、结构体和文件之后，介绍人工智能经典算法；还在各章中提供了丰富的综合应用实例。为了更好地训练学生的实践能力，本书还配有实践教材《C 程序设计与问题求解实践教程》及习题答案、案例源程序和电子课件等教学资源。

<table>
<tr><td rowspan="10">计算思维、知识融合及基础创新能力培养</td><td rowspan="4">抽象与符号化</td><td colspan="2">计算系统及领域问题认知</td><td rowspan="8">数值计算</td><td rowspan="8">常用算法</td><td rowspan="8">经典人工智能算法</td><td rowspan="8">程序语言及结构化程序设计方法</td></tr>
<tr><td>复杂问题抽象与模块化分析</td><td>问题求解步骤</td></tr>
<tr><td>信息表示与计算</td><td>计算机结构与机器级程序指令执行</td></tr>
<tr><td>数据结构</td><td>算法</td></tr>
<tr><td rowspan="3">程序化</td><td>基本和构造数据类型</td><td>运算符和控制语句</td></tr>
<tr><td colspan="2">复杂问题分解、函数构造与组织</td></tr>
<tr><td colspan="2">程序项目组织与领域问题求解</td></tr>
<tr><td rowspan="3">自动化</td><td colspan="2">可执行程序（机器级程序）</td></tr>
<tr><td colspan="6">操作系统</td></tr>
<tr><td colspan="6">计算机硬件及网络基础设施</td></tr>
</table>

图 1　本书知识体系

本书由哈尔滨工程大学计算机学院计算机教育与实验创新中心教师编写。全书由刘杰任主编并负责筹划、统稿，由鞠成东负责统稿及校对。具体分工：第 1 章由郎大鹏编写，第 2、6 章由丛晓红编写，第 3 章由王兴梅编写，第 4、8 章由刘杰编写，第 5 章由唐立群编写，第 7 章由徐丽编写，第 9 章由孟宇龙编写，第 10 章由鞠成东编写。

感谢哈尔滨工程大学计算机学院和的科学出版社在本书出版过程中给予的大力支持。

由于时间仓促和编者水平有限，书中难免有不妥之处，竭诚欢迎广大读者批评指正。

编　者

2023 年 4 月

目　　录

第 1 章　计算思维与问题求解

计算思维是信息化社会对跨学科、创新型人才的基本要求和思维模型。本章从计算思维的基本概念、产生和发展入手，介绍什么是计算思维，为什么要掌握计算思维。通过论述如何将计算思维与程序设计能力相结合，给出运用计算机进行问题求解的基本步骤。最后，介绍 C 语言编程的基本知识。

1.1　计算思维与程序设计

思维是人脑对客观事物间接概括的反映。人是通过思维而达到理性认识的，所以人的一切活动都是建立在思维活动的基础上。其中科学思维的发展，大大加速了生产力的发展。科学思维不仅是一切科学研究和技术发展的起点，而且始终贯穿于科学研究和技术发展的全过程，是创新的灵魂。研究界公认的三大影响人才成长的科学思维包括理论思维、实验思维和计算思维，其中，理论思维是以推理和演绎为特征的“逻辑思维”，用假设/预言-推理和证明等理论手段来研究社会/自然现象及其规律；实验思维以观察和总结为特征，运用实验-观察-归纳等实验手段研究社会/自然现象；而计算思维则是以设计和构造为特征的“构造思维”，用计算的手段研究社会/自然现象。

计算思维(Computational Thinking)是由时任卡内基梅隆大学(CMU)计算机系主任周以真教授在 2006 年提出的。她定义计算思维是“运用计算机科学的基础概念进行问题求解、系统设计及人类行为理解等涵盖计算机科学之广度的一系列思维活动。”计算思维是建立在计算和建模之上的，能够帮助人们利用计算机处理无法由单人完成的系统设计、问题求解等工作。

计算思维的本质就是抽象(Abstraction)与自动化(Automation)，即在不同层面进行抽象，以及将这些抽象机器化。计算思维关注的是人类思维中有关可行性、可构造性和可评价性的部分。在当前环境下，理论与实验手段面临着大规模数据的处理问题，不可避免地要用计算手段来辅助进行。随着计算机技术在各行各业的深入应用，计算思维的价值也逐渐凸显出来。

程序设计语言(Programming Language)是人类用来和计算机沟通的语言，是由文字与记号所形成的程序语句、代码或指令的集合。每种程序设计语言都有各自的使用规则，即语法(Syntax)。所谓程序，是由符合程序设计语言语法规则的程序语句、程序代码或程序指令所组成的，而程序设计的目的就是将用户需求用程序指令表达出来，让计算机按照程序指令替我们完成诸多工作和任务。程序设计是给出解决特定问题程序的过程，是设计、编制、调试程序的方法和过程。它是目标明确的智力活动，是软件构造活动中的重要组成部分。程序设计通常分为问题分析、算法设计、程序编写、程序运行、结果分析和文档编写等阶段。

随着信息技术与网络科技的发展，一个国家或地区的程序设计能力已经被看作国力或者地区竞争力的象征。程序设计不再只是信息类学科的专业人才应具备的基本能力，而是新时代各专业人才必备的基本能力。因为编程能力的本质实际上是计算思维能力，它是一种逻辑抽象、分析、设计、创造及表达能力，是综合性的解决问题能力。这种面向问题解决方案的思维能力与具体的计算机语言是不相关的。因此，学习程序设计的目标绝对不是要将每个学生都培养成专业的程序设计人员，而是要帮助学生建立系统化的逻辑思维模式。编写程序代码不过是程序设计整个过程中的一个阶段而已，在编写程序之前，还有需求分析与系统设计两大阶段。计算思维是培养系统化逻辑思维的基础，进而在面对问题时才能具有系统分析与问题分解的能力，从中探索出可能的解决办法，并找出最有效的算法。因此，可以说：学习程序设计不等于学习计算思维，但要学好计算思维，通过程序设计来学是最快的途径。计算思维是一种使用计算机的逻辑来解决问题的思维，前提是掌握程序设计的基本方法并了解它的基本概念，是一种能够将计算“抽象化”再“具体化”的能力，也是新一代人才都应该具备的素养。计算思维与计算机的应用和发展息息相关，程序设计相关知识和技能的学习与训练过程其实就是一种培养计算思维的过程。

程序的魅力不在于编写，而在于构造。通过组合简单的已实现的动作而形成程序，由简单功能的程序，通过构造，逐渐形成复杂功能的程序，尽管复杂，却是机器可以执行的，这是计算的本质之一。程序构造是一种计算思维，而“构造”的基本手段是组合与抽象。所谓的“组合”就是将一系列动作代入另一个动作中，进而构造出复杂的动作，是对简单元素的各种组合。最直观的例子就是：一个复杂的表达式是由一系列简单的表达式组合起来构成的。再比如，如果学过程序设计语言，就会了解一个复杂的函数是由一系列简单的函数组合起来构成的，函数之间的调用关系等体现的就是组合。所谓的“抽象”就是对已经构造好的各种元素进行命名，并将其用于更为复杂的组合构造中。比如，将一系列语句命名为一个函数名，用该函数名参与复杂程序的构造，抽象则是简化构造的一种手段。所以说程序是构造出来的，而不是编写出来的。

1.2　计算机内部数据表示及 0-1 符号化

计算机的最主要功能是信息处理。在计算机内部，按照数据的基本用途可以将其分为两类：数值型数据和非数值型数据。数值型数据表示具体的数量，有正负、大小之分，且在数轴上有对应的点；非数值型数据在数轴上没有对应点，主要包括字符、文字、图形、图像、声音、视频等。这些数据在计算机中存储、处理和传输前，都需要按照特定的数字化编码方式转换为二进制形式。二进制形式可以使计算机的硬件电路简单，易于实现，同时也可以简化计算，便于实现逻辑运算。计算机最本质的思维模式就是“符号化—计算化—自动化”思维，万事万物最终都可被符号化为 0 和 1，进而就能基于 0 和 1 进行计算。

1.2.1　位、字节与字长

位(bit)是数据存储处理的最小单位，简记为小写字母 b。一个 0 或 1 就是 1 位。

字节(byte)是计算机的基本存储单位，简记为大写字母 B，1 字节由 8 位组成(1B = 8b)。字节也是存储器的容量单位。计算机的存取操作至少为 1 字节。字节单位的转换进率是 1024，如 1KB = 1024B，1MB = 1024KB，1GB = 1024MB，1TB = 1024GB，1PB = 1024TB 等。

字(word)是指计算机处理数据时，一次存取、加工和传送的数据长度，其所包含的位数称为字长。一个字通常由多字节构成，通常都是字节的整数倍。字长可分为机器字长、存储字长、指令字长、数据字长等，其中机器字长是指 CPU 一次能处理数据的位数，它反映了 CPU 处理数据的能力，也是衡量计算机性能的主要指标之一。

1.2.2　二进制基本运算规则

1．二进制四则运算

二进制四则运算和十进制四则运算原理相同，同样可以进行加、减、乘、除四则运算，运算规则如表 1-1 所示。

表 1-1　二进制四则运算规则

加法运算	0+0 = 0	0+1 = 1	1+0 = 1	1+1 = 10
减法运算	0–0 = 0	0–1 = 1	1–0 = 1	1–1 = 0
乘法运算	0×0 = 0	0×1 = 0	1×0 = 0	1×1 = 1
除法运算	0÷1 = 0	1÷1 = 1		

二进制只有两个数码 0 和 1，逢二进一、借一当二。例如，在加法运算中，1+1 将产生进位，运算结果为 10，即本位为 0，进位为 1。在减法运算中，0–1 需要从高位借位，运算结果为 1。

例 1-1　对二进制数 101011 和 10110 分别进行加法和减法运算。

解：

```
   101011          101011
 +  10110        -  10110
 --------        --------
  1000001           10101
```

例 1-2　对二进制数 111010 和 101 分别进行乘法和除法运算。

```
        111010                  1011
  ×        101             ---------
  -------------        101 / 111010
        111010                101
       000000              ---------
      111010                  1001
  -------------                101
     100100010             ---------
                               1000
                                101
                           ---------
                                 11
```

综上可见，二进制数乘法运算本质上是由加法与移位来实现的，二进制数除法运算则可以由减法与移位来实现，而对于二进制减法运算可以通过补码运算转换为加法来实现。因此，计算机进行四则运算都归结为加法和移位来实现。

2．二进制逻辑运算

逻辑运算是指逻辑变量之间的运算，而所谓的逻辑变量是指具有逻辑属性的变量，二进制数 1 和 0 在逻辑上可以代表“真”与“假”、“是”与“否”、“有”与“无”等二值逻辑概念。实际上，二进制逻辑运算可以用来表述非常复杂的逻辑问题，广泛应用于计算机系统和其他类似的设备操作。它不仅可以帮助计算机系统不断扩展和改善，也可以帮助其他设备不断完善并实现更多功能。例如，现代计算机都使用以二进制信号为基础的逻辑电路，这些电路可以根据二进制逻辑运算表述出来的一系列条件来执行一系列操作。这些操作可以是普通的电路操作，比如改变某一输出信号的值，也可以是复杂的计算任务，比如控制计算机中某一进程的运行逻辑。二进制逻辑运算也可以用来控制和编程外部设备，比如工业控制系统、家用电器、机器人等。此外，二进制逻辑运算还可以用来管理复杂的数据结构，比如数据库。数据库管理系统就是使用二进制逻辑运算实现的，它可以在一系列的关系结构中，根据用户给定的条件检索出符合条件的数据，也可以用来实现数据的更新和删除操作。

二进制数逻辑运算包括逻辑加法（或运算）、逻辑乘法（与运算）、逻辑否定（非运算）和逻辑异或等运算，如表 1-2 所示。

表 1-2　二进制逻辑运算规则

x	y	非运算~x	与运算 x & y	或运算 $x\|y$	异或运算 x ^ y
0	0	1	0	0	0
0	1	1	0	1	1
1	0	0	0	1	1
1	1	0	1	1	0

以下通过网络地址计算和数据传输校验这两个例子，介绍二进制逻辑运算的简单应用。

IP 地址是 IP 协议提供的一种统一的地址格式，它为互联网上的每个网络和每台主机或设备分配一个逻辑地址。在 IPv4 版本中，IP 地址为 32 位二进制数，包括两个部分：网络地址和主机地址，例如：IP 地址 11000000.10101000.00000000.00000001。为便于记忆，常用“点分十进制”来表示 IP 地址，也就是对每字节以十进制数 0～255 来表示，并用圆点来分隔。对于上述这个 C 类的 IP 地址可以转换表示为 192.168.0.1。

例 1-3　已知某学院的计算机网络被划分为多个子网，其中某个子网中的一个主机 IP 地址为 203.123.1.130，子网掩码为 255.255.255.192，请计算：

(1) 该子网的子网地址。

(2) 该子网的广播地址。

(3) 该子网可分配的 IP 地址范围。

解：首先将主机 IP 地址和子网掩码都转换为二进制数表示形式。

(1) 计算公式：子网地址 = IP 地址　按位与　子网掩码

```
203.123.1.130          11001011 01111011 00000001 10000010
255.255.255.192   &    11111111 11111111 11111111 11000000
                  ------------------------------------------
203.123.1.128          11001011 01111011 00000001 10000000
```

可得该主机所属的子网地址为 203.123.1.128。

(2) 将子网掩码的每个二进制位取反（非运算），可求得子网掩码的反码为 0.0.0.63。

计算公式：广播地址 = 子网地址　按位或　子网掩码的反码

```
203.123.1.128          11001011 01111011 00000001 10000000
0.0.0.63          |    00000000 00000000 00000000 00111111
                  ------------------------------------------
203.123.1.191          11001011 01111011 00000001 10111111
```

可得该子网的广播地址为 203.123.1.191。

(3)计算公式：可分配的 IP 地址范围 = 子网地址+1～广播地址−1

可得该子网可分配的 IP 地址段为 203.123.1.129～203.123.1.190，共 62 个可分配 IP。

在计算机网络通信过程中，很可能会因为各种原因导致数据传输错误。奇偶校验是一种用于检测数据传输过程中是否发生错误的简单方法。它根据被传输的二进制数据中“1”的个数是奇数还是偶数来进行校验。在数据传输前，通常会确定是采用奇校验还是偶校验，以保证发送端和接收端采用相同的校验方法进行数据校验。对于偶校验，在传送每字节时，额外附加 1 位作为校验位，当实际数据中“1”的个数为偶数时，校验位就是“0”，否则就是“1”，这样就使实际数据和校验位中所包含 1 的个数为偶数。奇校验的原理与偶校验类似。

例 1-4　假设发送方所发送的实际数据为“10011000”，传输后变为“11011000”。假设校验位在传输时没有发生错误，若采用偶校验，请分析检测过程。

解：

(1)发送方生成校验位。可通过对实际数据的每位进行按位异或运算生成校验位 P 的值为 $P=1\oplus0\oplus0\oplus1\oplus1\oplus0\oplus0\oplus0=1$。

(2)发送方发送数据。发送方将实际数据与校验位“100110001”一并发送给接收方。

(3)接收方接收数据。假设接收方得到的数据为“110110001”。

(4)接收方校验数据。接收方同样采用偶校验方式对数据进行校验计算，可得新的校验位为 $P'=0$，由于 $P\oplus P'=1$，接收方可以确定出现了数据传输错误。

奇偶校验的检错率只有 50%，只能发现奇数个位的错误，而不能发现偶数个位的错误，更不能纠正错误。另外，这种编码方案对传输效率的影响也较大。

3. 二进制移位运算

除了前述二进制逻辑运算以外，还可以对二进制数进行移位运算。C 语言支持右移位和左移位运算，如表 1-3 所示。

表 1-3　二进制移位运算规则

运算符	描述	运算规则
>>	右移	左补符号位
<<	左移	右补 0

需要注意的是，二进制逻辑运算和移位运算都是对数据在内存中的二进制补码进行运算的，而不是对数据的二进制形式进行运算。

例 1-5　移位运算的简单应用：求两个数的最大值。

解：在某些机器中，使用位运算求解最大数的效率要高于使用条件运算符。

```
#include <stdio.h>
int main(void){
    int a,b,max;                      //定义变量
    int bits=sizeof(int)*8-1;         //获取并计算 int 型数据占用内存空间多少位(bit)
    scanf("%d%d",&a,&b);              //从键盘输入两个整数，分别为变量 a 和 b 赋值
    max=b&((a-b)>>bits)|a&(~(a-b)>>bits);//利用位运算求解 a 和 b 的最大值
    printf("%d",max);                 //输出最大值
```

```
    return 0;
}
```

1.2.3 进位制及其相互转换

进位计数制(简称进位制或数制)是人们为了计数和运算方便而约定的记数方法，是人类自然语言和数学中广泛使用的一类符号系统。

1. 常用进位制

在计算机中主要使用二进制(Binary)、八进制(Octal)、十进制(Decimal)和十六进制(Hexadecimal)等进位制，任何一种进位制都包含一组数码符号及基数、数位和位权 3 个基本要素，如表 1-4 所示。各进制数对照表如表 1-5 所示。

数码符号：指某种进位制所使用的符号。

基数：指某种进位制所使用的数码的个数。*R* 进制基数为 *r*。

数位：指数码在一个数中所处的位置。

位权：指不同数位所代表的大小。

表 1-4　常用进位制规则及要素

进位制	二进制	八进制	十进制	十六进制
规则	逢二进一 借一当二	逢八进一 借一当八	逢十进一 借一当十	逢十六进一 借一当十六
数码符号	0, 1	0, 1,⋯, 7	0, 1,⋯, 9	0, 1,⋯, 9, A, B, C, D, E, F
基数	2	8	10	16
位权	整数部分第 i 位的位权为 r^{i-1}，小数部分第 j 位的位权为 r^{-j}，r 为基数			

表 1-5　十进制数、二进制数、八进制数和十六进制数对照表

十进制	0	1	2	3	4	5	6	7	8	9	10	11	12	13	14	15
二进制	0000	0001	0010	0011	0100	0101	0110	0111	1000	1001	1010	1011	1100	1101	1110	1111
八进制	0	1	2	3	4	5	6	7	10	11	12	13	14	15	16	17
十六进制	0	1	2	3	4	5	6	7	8	9	A	B	C	D	E	F

为便于描述和表示不同进位制，可以采用多种表示方法，如表 1-6 所示。

表 1-6　常用进位制表示方法

进位制表示法	二进制	八进制	十进制	十六进制
下标法	$(10011111)_2$	$(237)_8$	$(159)_{10}$	$(9F)_{16}$
后缀法	10011111B	237O	159D	9FH

说明：在 C 语言中，对进位制采用前缀表示法。二进制数以 0b 或 0B 开头(部分编译器不支持)，如 0b10011111。八进制数以数字 0 开头，如 0237。十进制数没有前缀。十六进制数以 0x 或 0X 开头，例如 0x9F。

2. 其他进制转换为十进制

将任意的 *R* 进制数 *N* 转换为十进制数，可以将 *N* 按位权展开为一个多项式和，再按照十进制数的计算规则，就可以得到 N 的十进制数形式。

$$
\begin{aligned}
N &= d_n d_{n-1} \cdots d_1 d_0 . d_{-1} d_{-2} \cdots d_{-(m-1)} d_{-m} \\
&= d_n \times r^n + \cdots + d_1 \times r^1 + d_0 \times r^0 + d_{-1} \times r^{-1} + d_{-2} \times r^{-2} + \cdots + d_{-m} \times r^{-m} \\
&= \sum_{i=-m}^{n} (d_i \times r^i)
\end{aligned}
$$

在上式中，r 为基数，d_i 为数码且 $0 \leqslant d_i \leqslant r-1$，$m$ 和 n 为正整数。

例 1-6　R 进制数转换为十进制数。

解：

$(111101.01)_2 = 1\times 2^5 + 1\times 2^4 + 1\times 2^3 + 1\times 2^2 + 0\times 2^1 + 1\times 2^0 + 0\times 2^{-1} + 1\times 2^{-2} = (61.25)_{10}$

$(75.2)_8 = 7\times 8^1 + 5\times 8^0 + 2\times 8^{-1} = (61.25)_{10}$

$(3D.4)_{16} = 3\times 16^1 + 13\times 16^0 + 4\times 16^{-1} = (61.25)_{10}$

3. 十进制转换为其他进制

需要对十进制数的整数部分和小数部分分别转换，然后再组合在一起。

整数部分采用基值重复相除取余法，即“除基取余，逆序排列”法。具体方法是用十进制整数部分除以基数，可以得到一个商和余数；再用基数去除商，又会得到一个商和余数，如此进行，直到商等于 0 时为止，然后把先得到的余数作为二进制数的低位有效位，后得到的余数作为二进制数的高位有效位，依次排列起来。

小数部分采用基值重复相乘取整法，即“乘基取整，顺序排列”法。具体方法是用十进制小数部分乘以基数，并取走乘积结果中的整数(必为 0 或 1)，然后，再用剩下的小数重复刚才的步骤，直到剩余的小数为 0 时停止，最后，将每次得到的整数部分按先后顺序从左到右排列即得到所对应二进制小数。十进制小数转换为二进制小数时，有可能永远无法使乘积结果为 0，在满足一定精度的情况下，可以取若干位数作为其近似值。

下面以十进制数转为二进制数为例介绍转换过程，对于将十进制数转为八进制或十六进制等其他进制的转换方法类同。

例 1-7　将十进制数 116.375 转为二进制数。

解：如图 1-1 所示。十进制数 116.375 转换为二进制数的结果为 1110100.011。

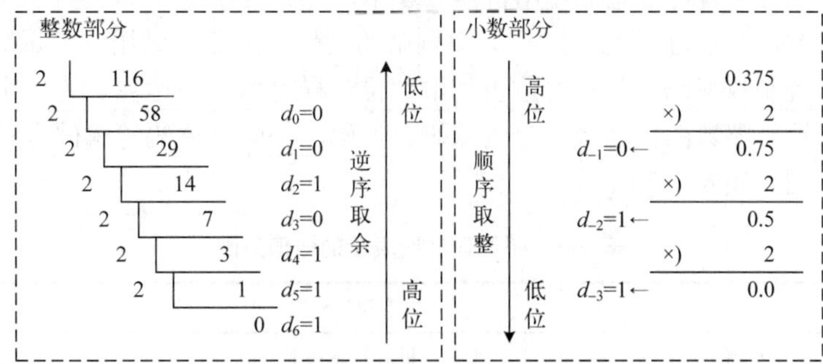

图 1-1　十进制数转换为二进制数示例

4. 二进制、八进制和十六进制相互转换

由于 3 位的二进制数能够唯一表示一个八进制数，所以把二进制数转换为八进制数时，按“每 3 位为一组分别转换”的方法进行。即以小数点为界，将整数部分从右向左每 3 位为一组转换为一个八进制数，假如不够 3 位则在左边添 0；小数部分从左向右每 3 位为一组转换为一个八进制数，假如不够 3 位则在右边添 0。反之，将八进制数转换为二进制数时，则按照“1 位拆 3 位”的方法。二进制数与十六进制数之间的转换则可用“4 位为一组分别转换”及“1 位拆 4 位”的方法处理。

例 1-8　将二进制数 11010101.00111 转为八进制和十六进制数。

解： $(11010101.00111)_2 = (325.16)_8 = (D5.38)_{16}$，转换过程如图 1-2 所示。

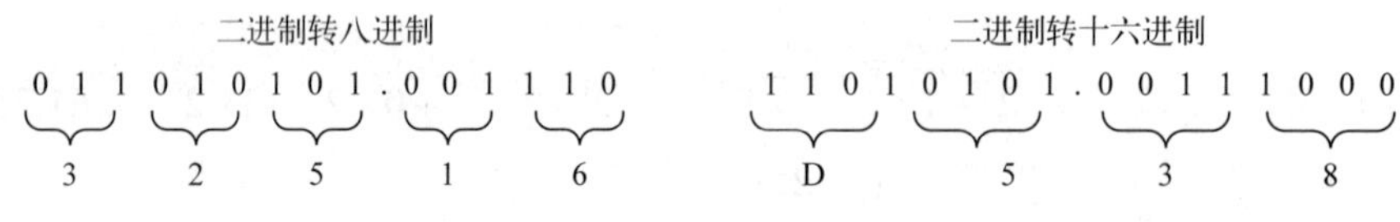

图 1-2　二进制转换八进制和十六进制过程

1.2.4　数值型信息表示方法

机器数就是用机器表示的数，其特点是在计算机中采用二进制表示。在计算机中，机器数受到机器字长的限制，如果数据超过了机器字长的范围，则被称为“溢出”。溢出是一种错误状态。

1. 无符号整数的表示方法

对于无符号整数的机器数，其编码方式为“所有二进制位都用于表示数值”。假设机器字长为 n 位，则可将无符号整数 X 按机器字长转换为相应的二进制数，其数值范围为 $0 \leqslant X \leqslant 2^n - 1$。例如，假设机器字长为 8 位，则无符号整数 255 的机器数为 1111 1111。

2. 有符号整数的表示方法

在数学上，对于有符号数值通常使用“真值”表示，所谓真值就是指带有正负号的真实数值，一般采用二进制或十进制等形式表示。例如，正整数 6 的真值为 $(+110)_2$ 或 $(+6)_{10}$，负整数 6 的真值为 $(-110)_2$ 或 $(-6)_{10}$。

在计算机中，对于有符号整数使用机器数表示，其编码方式为“符号位+数值位”，其中，最高位表示符号位，正号为 0，负号为 1，而剩余的其他二进制位则用于表示数值。也就是说正负号也采用二进制数编码，且符号位也和数值位一样可以参与运算。为了实现不同的目的和便于运算，有符号整数的机器数还分为原码、反码、补码和移码等编码方式，它们所表示的数值范围也不同，如表 1-7 所示。

表 1-7　不同码制所表示的数值范围

码制	有符号整数		
	机器字长 8 位	机器字长 16 位	机器字长 n 位
原码	−127 ～ +127	−32767 ～ +32767	$-(2^{n-1}-1) \sim +(2^{n-1}-1)$
反码	−127 ～ +127	−32767 ～ +32767	$-(2^{n-1}-1) \sim +(2^{n-1}-1)$

续表

码制	有符号整数		
	机器字长 8 位	机器字长 16 位	机器字长 n 位
补码	−128 ～ +127	−32768 ～ +32767	$-2^{n-1} \sim +(2^{n-1}-1)$
移码	−128 ～ +127	−32768 ～ +32767	$-2^{n-1} \sim +(2^{n-1}-1)$

(1) 原码表示法。

原码是最简单直观的机器数表示法。假设机器字长为 n，原码就是一个 n 位的二进制数，其最高位为符号位(0 为正，1 为负)，数值部分为真值的绝对值，因此可以将原码简单理解为带符号位的真值绝对值表示。

例 1-9　假设机器字长分别为 8 位和 16 位，请写出 $(+53)_{10}$ 和 $(-53)_{10}$ 的原码。

解：首先将 $(53)_{10}$ 转换为二进制数为 $(110101)_2$，则可得：

	8 位字长	16 位字长
$(+53)_{10}$ 的原码	$(00110101)_2$	$(0000000000110101)_2$
$(-53)_{10}$ 的原码	$(10110101)_2$	$(1000000000110101)_2$

原码表示方法实现了正负号的二进制表示，与真值转换容易，通过原码可以很直观地看出一个数值的正负及大小。但原码也存在一些缺点，例如存在数值 0 的原码不唯一及原码不能参与运算等问题。假设机器字长为 8 位，数值 0 有两个原码 00000000 和 10000000；数值 $(+53)_{10}$ 和 $(-53)_{10}$ 的原码相加的结果不等于 0。

(2) 反码表示法。

正整数的反码与其原码相同。负整数的反码是在其原码的基础上，符号位不变，数值位按位取反形成反码。

例 1-10　假设机器字长分别为 8 位和 16 位，请写出 $(+53)_{10}$ 和 $(-53)_{10}$ 的反码。

解：

	8 位字长	16 位字长
$(+53)_{10}$ 的反码	$(00110101)_2$	$(0000000000110101)_2$
$(-53)_{10}$ 的反码	$(11001010)_2$	$(1111111111001010)_2$

反码表示法解决了“正负相加等于 0”的问题，但仍存在数值 0 有两个反码，以及两个负数相加结果错误等问题。

(3) 补码表示法。

在计算机中，有符号整数是采用补码表示的。补码的概念源自于补数思想，在日常生活中，常常会遇到补数的概念。例如，钟表时针当前指向 8 点钟，而准确时间是 10 点钟。此时可有两种调整时间的方法，一种是将时针顺拨 2 小时；另一种方法是将时针倒拨 10 小时。由于时钟一圈是 12 小时，因此这两种方法的结果是等效的。

在数学上称 12 为模，而将 2 和 10 称为以 12 为模互为补数。模是指一个计量系统的计数范围。计算机也是一个计量系统，也存在一个模，n 位计算机的模是 2^n。模是计量系统产生溢出的量，它的值在计量器上表示不出来，计量器上只能表示出模的余数。

在有模的计量系统中，减一个数等于加上它的补数，从而可以通过补数实现将减法转化为加法。补码的设计目的就是使符号位也能参与运算，从而简化运算规则。而减法运算转换为加法运算，就可以进一步简化计算机硬件设计，降低硬件成本。

补码的求解方法之一是：对于正数，其补码与原码和反码相同；对于负数，则需在它的反码基础上加 1。

例 1-11　假设机器字长分别为 8 位和 16 位，请写出 $(+53)_{10}$ 和 $(-53)_{10}$ 的补码。

解：

	8 位字长	16 位字长
$(+53)_{10}$ 的补码	$(00110101)_2$	$(0000000000110101)_2$
$(-53)_{10}$ 的补码	$(11001011)_2$	$(1111111111001011)_2$

在引入模的概念后，负数补码的求解方法之二是：负数的补码 = 模–负数的绝对值。另外，对于整数 x 和 y，有补码运算规则：$[x]_补 \pm [y]_补 = [x \pm y]_补$；$\left[[x]_补\right]_补 = [x]_原$。

例 1-12　假设机器字长为 8 位，请写出 $(-53)_{10}$ 的补码。

解：$(-53)_{10}$ 的补码 = 100000000–00110101 = 11001011。

例 1-13　假设机器字长为 8 位，请使用补码计算 7–5 等于多少。

解：+7 的补码为：00000111，–5 的补码为：11111011。利用补码可以将减法运算转换为加法运算。

```
    0 0 0 0 0 1 1 1   ---> +7
+   1 1 1 1 1 0 1 1   ---> –5
-----------------------
  1 0 0 0 0 0 0 1 0   ---> +2
```

最高位进位1将被抛弃；8位字长

例 1-14　利用位运算编程求解一个整数的补码。

```
#include <stdio.h>
#include <limits.h>
//函数功能：求补码
char * complementCode(char *buffer,int value){
    for(int i = sizeof(int)*8-1;i>-1;i--){
        buffer[31-i] = ((value>>i)&1)+'0';     //对 value 右移 i 位后与 1 按位与
    }
    buffer[sizeof(int)*8] = '\0';      //添加字串结束标志
    return buffer;
}
//主函数
int main(void){
    char buffer[33];                    //在主流编译器中，int 型数据占 4 字节 32 位
    int n;
    scanf("%d",&n);
    printf("补码：%s\n",complementCode(buffer,n));
    return 0;
}
```

(4) 移码表示法。

移码又叫增码或偏置码，通常用于表示浮点数的阶码，其表示形式与补码相似，只是其符号位用 1 表示正数，用 0 表示负数，数值部分与补码相同。有两种方法计算真值 x 的移码：

①根据移码的定义来计算，即：移码为 2^n+x 。

②先计算真值 x 的补码，然后将补码的符号位从 0 改为 1，或从 1 改为 0，即可得该真值的移码。

例 1-15　假设机器字长分别为 8 位和 16 位，请写出 $(+53)_{10}$ 和 $(-53)_{10}$ 的移码。

解：

	8 位字长	16 位字长
$(+53)_{10}$ 的移码	$(10110101)_2$	$(1000000000110101)_2$
$(-53)_{10}$ 的移码	$(01001011)_2$	$(0111111111001011)_2$

3．定点数与浮点数

在计算机中，根据小数点的位置是否固定，又分为定点数和浮点数。一般来说，定点数容许的数值范围有限，要求的处理硬件比较简单。而浮点数容许的数值范围很大，要求的处理硬件比较复杂。为解决小数点的表示问题，计算机中不采用二进制位来表示小数点，而是隐含规定小数点的位置。

(1) 定点数表示方法。

定点数就是约定小数点的位置固定不变，由于小数点事先隐含约定在特定的位置，这样就不必表示小数点。定点数可以表示定点整数(纯整数)和定点小数(纯小数)。

①定点整数。定点整数是将小数点位置看作固定在数值的最右端，符号位右边的所有位都用于表示整数数值。例如，二进制原码 00011001，实际表示+0011001。

②定点小数。定点小数是将小数点位置看作固定在数值的最左端，符号位右边的所有位都用于表示小数数值，例如，二进制原码 00011001，实际表示+0.0011001。

由于计算机中的初始数值、中间结果和最后结果可能会在很大范围内变动，如果计算机用定点整数或定点小数表示数值，则运算数据容易溢出或丢失精度。程序员为了避免出现上述现象，需要在运算的各个阶段预先设置比例因子，将数放大或缩小，这非常麻烦。采用浮点小数表示数值就可以解决这类问题。

(2) 浮点数。

浮点数是指小数点位置不固定的数，它既有小数部分又有整数部分。在计算机中，通常把浮点数分成符号位、指数位(也叫阶码)和尾数位 3 部分，阶码的长度决定数值的范围，尾数的长度决定数值的精度。对阶码和尾数分别采用不同的表示方法，阶码使用二进制定点整数表示，对于阶码中的阶符(正负号)采用隐含方式，即采用移码方式来表示正负指数。尾数使用二进制定点小数表示，为了提高表示精度，通常还对尾数进行规格化处理，即保证尾数的最高位为 1，实际数值通过阶码进行调整。

浮点数分为单精度数和双精度数。单精度数为 32 位字长，包括 1 位符号位、8 位指数位和 23 位尾数位；双精度数为 64 位字长，包括 1 位符号位、11 位指数位和 52 位尾数位，如图 1-3 所示。

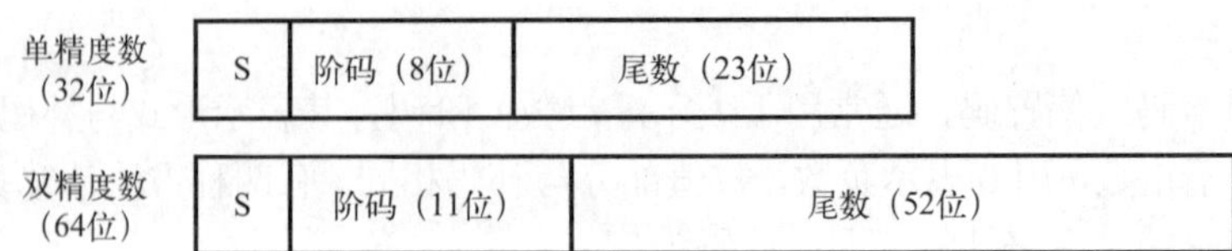

图 1-3 浮点数表示方法

1.2.5 非数值型信息表示方法

非数值数据是计算机中使用最多的数据，是人与计算机进行通信交流的重要形式。非数值数据主要包括西文字符(字母、数字、各种符号)和汉字字符，以及声音、图形、图像、视频等。这些非数值数据也要转换为二进制形式才能被计算机存储和处理，由于它们都采用不同的编码规则，计算机能够区别这些信息。

1. 字符编码

字符编码采用国际通用的 ASCII 码(American Standard Code for Information Interchange，美国信息交换标准代码)，每个 ASCII 码以 1 字节储存。如表 1-8 所示，标准的 ASCII 码只使用字节的低 7 位，最高位并不使用，其编码范围为 0x00～0x7F，即十进制的 0～127，定义了 128 个字符，包含了 33 个控制字符(具有某些特殊功能但是无法显示的字符)和 95 个可显示字符(数字、字母、符号)。由于标准 ASCII 字符集中的字符数目有限，无法满足应用要求，ISO 组织陆续又制定了一批适用于不同地区的扩充 ASCII 字符集，每种扩充 ASCII 字符集可以扩充 128 个字符，编码均为高位为 1 的 8 位代码(即十进制数 128～255)，称为扩展 ASCII 码。

表 1-8 标准的 ASCII 码对照表

$b_3b_2b_1b_0$	$b_6b_5b_4$							
	000	001	010	011	100	101	110	111
0000	NUL	DLE	SP	0	@	P	`	p
0001	SOH	DC1	!	1	A	Q	a	q
0010	STX	DC2	"	2	B	R	b	r
0011	ETX	DC3	#	3	C	S	c	s
0100	EOT	DC4	$	4	D	T	d	t
0101	ENQ	NAK	%	5	E	U	e	u
0110	ACK	SYN	&	6	F	V	f	v
0111	BEL	ETB	'	7	G	W	g	w
1000	BS	CAN	(	8	H	X	h	x
1001	HT	EM	)	9	I	Y	i	y
1010	LF	SUB	*	:	J	Z	j	z
1011	VT	ESC	+	;	K	[	k	{
1100	FF	FS	,	<	L	\	l	|
1101	CR	GS	–	=	M	]	m	}
1110	SO	RS	.	>	N	^	n	～
1111	SI	US	/	?	O	_	o	DEL

例 1-16　请写出“love”的 ASCII 码。

解：01101100 01101111 01110110 01100101。

2．汉字编码

在计算机中对汉字也采用二进制编码表示。根据应用目的的不同，汉字编码分为外码、交换码、机内码和字形码。

(1) 汉字外部码。

汉字外部码简称外码，也称为输入码，是用来将汉字输入计算机中的一组键盘符号，常用的输入码有拼音码、五笔字型码、自然码、表形码、认知码、区位码和电报码等。输入码应具有编码规则简单、易学易记、操作方便、重码率低、输入速度快等优点。

(2) 汉字交换码。

汉字交换码也称为汉字国标码，是用于汉字信息处理系统之间或者与通信系统之间进行信息交换的汉字代码。我国 GB/T 2312—80 标准就是汉字国标码，规定用 2 字节表示图形字符，每字节只使用低 7 位编码，因此最多能表示 128×128 = 16384 个汉字。该标准实际收集了 7445 个图形字符，包括 6763 个常用汉字和 682 个非汉字图形字符。

在 GB/T 2312—1980 字符集中，将包括汉字在内的所有字符编入一个 94×94 的二维表，每一行称为“区”，编号为 01～94；每一列称为“位”，编号为 01～94。每个字符由区和位唯一定位，其对应的区码和位码编号合并就是区位码。为了避免与 ASCII 字符中 0～32 的不可显示字符和空格字符相冲突，需要将区位码转换为国标码，转换方法是：首先将十进制的区位码转换为十六进制表示，然后对每字节(区和位)分别加上 20H，结果就是国标码，即：国标码 = 区位码+2020H。

例如：汉字“我”的区位码为 $(4650)_{10} = (2E32)_{16}$，对每字节加上 20H，就得到汉字“我”的国标码为 $(4E52)_{16} = (2E32)_{16} + (2020)_{16}$。

(3) 汉字机内码。

汉字机内码也称汉字内部码，简称内码，也采用 2 字节来表示。机器接收到外码后，要转换成内码进行存储、运算和传送。由于国标码中每字节的最高位均为 0，而 ASCII 码的最高位也为 0，因此为避免冲突，不能直接将国标码作为机内码，需将国标码的每字节最高位设为 1，这样就得到了机内码，转换公式为：机内码 = 国标码+8080H。

例如：汉字“我”的机内码为 $(CED2)_{16} = (4E52)_{16} + (8080)_{16}$。

综上，也可得到如下转换公式：机内码 = 区位码+A0A0H。

(4) 汉字字形码。

字形码用于显示或打印汉字，又称字模点阵码。汉字字形是指原来铅字排版汉字的大小和形状，在计算机中是指组成汉字的点阵。尽管汉字字形有多种变化，笔画繁简不一，但每个汉字都是方块字且大小相同，都可以写在同样的方块中。把一个方块看成 m 行 n 列矩阵，共有 $m \times n$ 个点，称为汉字点阵。例如，16×16 点阵共有 256 个点，每个点都用二进制数 0 或 1 表示，这样就可以用点阵显示或打印一个汉字，如图 1-4 所示。

(5) 汉字地址码。

汉字地址码是指汉字库中存储汉字字形信息的逻辑地址码。它与汉字内码有简单的对应关系，以简化内码到地址码的转换。

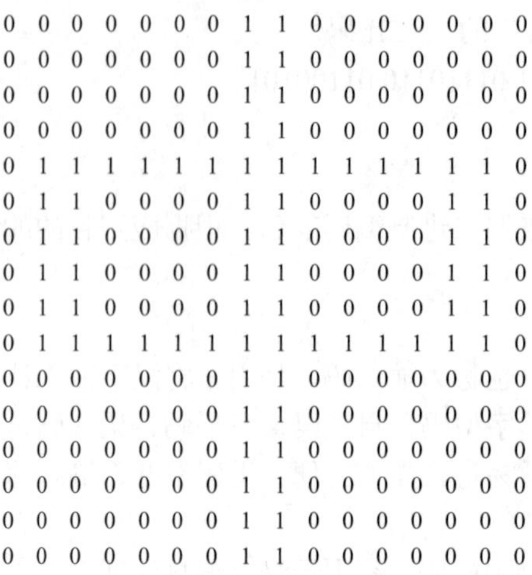

图 1-4　汉字“中”的字模点阵码

3．声音的表示

声音是传递信息的一种重要媒体，也是计算机信息处理的对象之一。计算机处理、存储和传输声音的前提是必须将声音信息数字化，也就是将声音的模拟信号转换为用二进制编码表示的数字化过程，分为采样、量化和编码 3 个步骤，如图 1-5 所示。

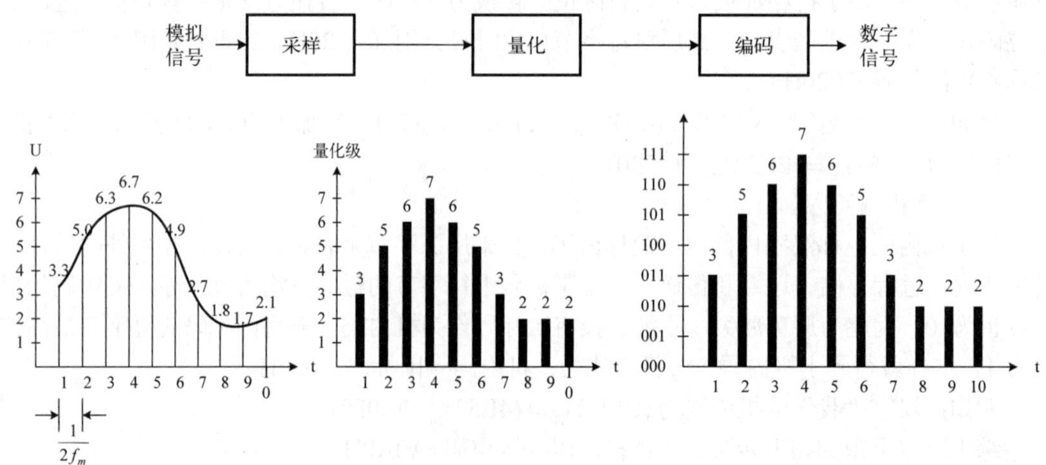

图 1-5　声音的数字化过程

(1) 采样是按照一定的时间间隔对模拟信号进行取样，这样就可把时间上的连续信号离散化为一系列不连续的样本，使用采样频率来表示单位时间内采集的样本数，即采样周期的倒数，采样频率单位为赫兹(Hz)。按照采样定理，如果采样频率 f 不低于声音信号最高频率 $f_{\max}$ 的 2 倍（$f=\frac{1}{T}\geqslant 2f_{\max}$），则采用所得到的离散信号序列就能完整地恢复出原始信号。在实际应用中，采样频率可达到信号最高频率的 4～8 倍。采样频率越高，所获得的波形越接近实际波形，即保真度越高，但同时占用的带宽也越大。采样频率一般有 4 种，最常见的频率是 44.1kHz，也就是每秒取样 44 100 次，用于标准的 CD 音质，可以达到很好的听觉效果；

22.05kHz 适用于语音和中等品质的音乐，很多网站都选用这样的采样率；11.25kHz 为低品质声音；5kHz 采样率仅能达到人们讲话的声音质量。由于人耳无法分辨高于 48kHz 的频率，因此在计算机上没有多少使用价值。

(2)量化是按照量化等级将采样得到的每个样本由连续值转换为离散值，为此可以通过四舍五入分级取整的方法将每个采样值取整为最小单位(量化单位)的整数倍。量化等级取决于量化精度，量化精度也称为采样位数，是指用多少位的二进制数来表示每个样本数据，一般有 8 位(移动通信)、16 位(CD 音质)和 32 位等。采样位数影响声音质量，采样位数越多，量化后的波形越接近于原始波形，声音保真度就越高，而需要的存储空间也越多。例如，把量化等级分为 8 级，则可以用 3 位二进制数 000～111 来分别代表不同的电平幅度。

(3)编码是把量化得到的数值进行二进制表示，将这些二进制数按时间序列组合在一起就得到相应的二进制编码序列。另外，一般也需要对经过采样和量化得到的数据进行数据压缩，以减少数据量，并按某种格式组织数据，以便于计算机进行存储、处理和传输。

综上，通常使用 3 个参数来表示声音：采样频率、采样位数和声道数。声道有单声道和立体声(双声道)之分，甚至更多。如果不采用数据压缩，那么声音文件的存储容量计算公式为：数字音频文件大小(Byte) = (采样频率×采样时长×采样位数×声道数)×时间/8。

例 1-17　一个 10 秒的立体声音频文件采样频率为 4.1kHz，每个采样点量化为 256 个等级，该文件的存储容量约为多少？

解：采样频率 4.1kHz 就是每秒采样 4100 个数据。每个样本点量化 256 个等级，采样位数需要 8 位(bit)。立体声为双声道。1B = 8b，1KB = 1024B。可得：文件存储容量 = (4100×8×10×2)/(8×1024)≈80.08KB。

例 1-18　使用脉冲编码调制(Pulse Code Modulation，PCM)对语音进行数字量化，如果采样周期为 125μs，声音分为 128 个量化级，那么一路语音需要的数据传输率为多少？

解：采样频率 = 1/采样周期 = 1/125μs = 8000Hz = 8kHz；128 个量化级需要采样位数为 7 位。可得：数据传输率 = 8kHz×7bit = 56Kbit/s。

4．图像的表示

日常生活中的照片、画报、图书、图纸等图像称为模拟图像，必须将模拟图像转换为数字图像后，才能在计算机中进行处理。图像数字化就是将空间分布和亮度取值均连续分布的模拟图像经采样和量化转换成计算机能够处理的数字图像的过程，如图 1-6 所示。图像的数字化过程主要包括采样、量化和编码。

(1)采样就是对二维空间上连续的模拟图像在水平和垂直方向进行等间距的分割，这样一幅图像被分割成一个个小的单元区域，每个区域称为像素。简单来讲，一幅图像被采样后会形成由有限个像素点构成的集合。在采样时，若水平方向行数为 n，垂直方向的列数为 m，则图像的总像素数为 $n×m$。一般来说，采样间隔越大，所得图像像素数越少，空间分辨率低，质量差，严重时会出现马赛克效应；采样间隔越小，所得图像像素数越多，空间分辨率高，图像质量好，但数据量大。

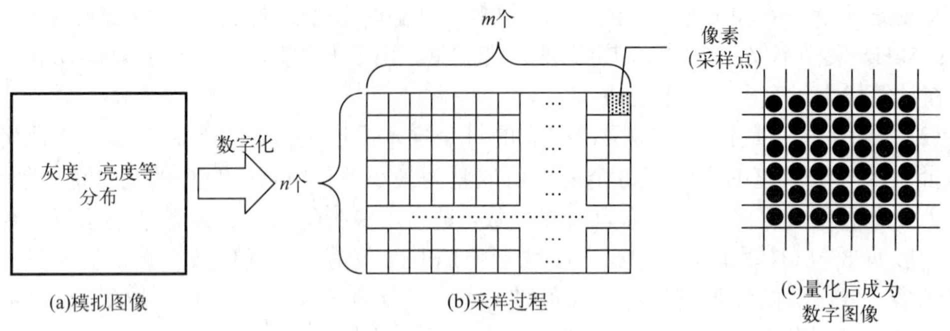

图 1-6　图像的数字化过程

(2)量化是指要使用多大范围的数值来表示图像采样之后的每一个像素点。例如：对一个像素点，若采用 4 位存储，则图像有 16 种颜色；若采用 8 位存储，则图像有 256 种颜色；若采用 16 位存储，则图像有 65536 种颜色。量化等级越多，所得的图像层次越丰富，灰度分辨率高，图像质量好，但数据量大；量化等级越少，图像层次欠丰富，灰度分辨率低，会出现假轮廓现象，图像质量变差，但数据量小。因此，往往需要在视觉效果和存储空间之间进行取舍。

(3)编码是指由于数字化后得到的图像数据量十分巨大，必须采用编码技术进行压缩。在一定意义上讲，编码压缩技术是实现图像存储和传输的关键。

1.3　计算机结构与机器指令

1944～1945 年，美籍匈牙利数学家冯·诺依曼最先提出了计算机制造应采用二进制、程序存储、顺序执行 3 个基本原则，以及计算机应由运算器、控制器、存储器、输入设备、输出设备 5 个部分组成，这套理论被称为冯·诺依曼体系结构。根据这套理论制造的计算机被称为冯·诺依曼结构计算机，冯·诺依曼也被称为“现代计算机之父”。

冯·诺依曼理论的要点是：数字计算机的数制采用二进制，数据和指令一律用二进制数表示；数据和指令不加区别混合存储在同一个存储器中；顺序执行程序的每一条指令。

冯·诺依曼结构计算机必须具有如下功能：

(1)把需要的程序和数据送至计算机中。

(2)计算机必须具有长期记忆程序、数据、中间结果及最终运算结果的能力。

(3)计算机具有能够完成各种算术、逻辑运算和数据传送等数据加工处理的能力。

(4)计算机能够根据需要来控制程序走向，并能根据指令来控制机器的各部件协调操作。

(5)计算机能够按照要求将处理结果输出给用户。

由此，冯·诺依曼提出的计算机基本结构和工作方式设想为计算机的诞生和发展提供了理论基础。到目前为止，计算机发展经历了 4 个阶段：第一代计算机为电子管数字计算机(1946～1958 年)；第二代计算机为晶体管数字计算机(1958～1964 年)；第三代计算机为集成电路数字计算机(1964～1970 年)；第四代计算机为大规模集成电路计算机(1970 年至今)。时至今日，尽管计算机软硬件技术飞速发展，但计算机本身的体系结构并没有明显的突破，当今的计算机仍属于冯·诺依曼体系结构。近年来，量子计算机已取得重大研究进步，但仍面临许多技术挑战，其发展仍有待探索。量子计算机是一种新型的计算机，它利用量子力学原理来进行计算。相较于传统的计算机，量子计算机具有更高的计算能力，能够解决传统计算机难以解决的复杂问题。

在微处理器(Microprocessor)问世之前，运算器和控制器是两个分离的功能部件，加上当时的存储器还是以磁芯存储器为主，计算机存储的信息量较少。因此，早期冯·诺依曼提出的计算机结构是以运算器为中心的，其他部件通过运算器完成信息的传递，如图 1-7 所示。

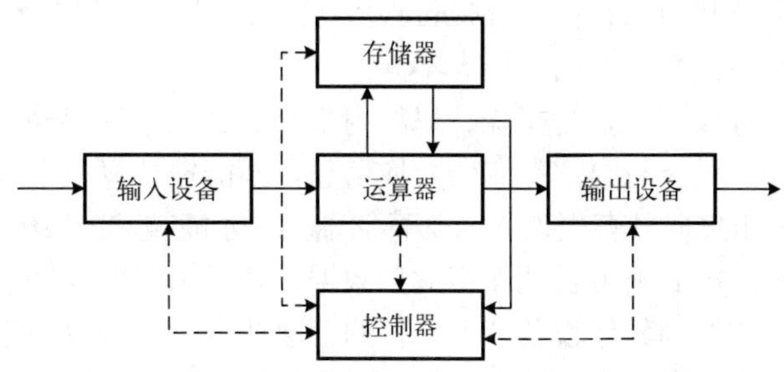

图 1-7　以运算器为中心的冯·诺依曼计算机组成结构

随着微电子技术的进步，人们成功地研制出了微处理器，可以将运算器和控制器集成在一个芯片里，称为中央处理器(Central Processing Unit，CPU)。同时，由于半导体存储器代替磁芯存储器，存储容量成倍扩大，加上需要计算机处理、加工的信息量与日俱增，以运算器为中心的结构已不能满足计算机发展的需求，甚至会影响计算机的性能。为适应发展的需要，现代计算机组织结构逐步转化为以存储器为中心的组织结构，如图 1-8 所示。

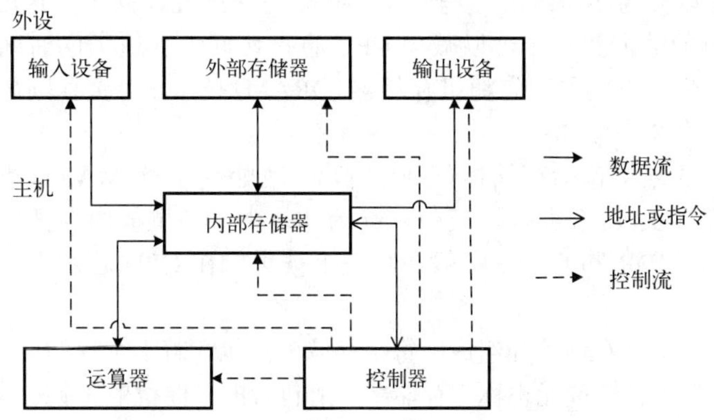

图 1-8　以存储器为中心的现代计算机组成结构

现代计算机也采用“存储程序”原理，在程序执行前，先将所有需要执行的机器指令连续地存放在内部存储器中，一旦启动程序执行，计算机就能够在无需人工干预的情况下，由控制器自动地从存储器中一条一条地读取指令并执行，这就极大地提高了机器的计算性能。

(1)存储器用于记忆程序和数据。程序和数据以二进制代码形式不加区别地存放在存储器中，存放位置由地址确定。

(2)运算器用于完成各种算术运算、逻辑运算和数据传送等数据加工处理。

(3)控制器用于控制程序的执行，是计算机的大脑。控制器根据存放在存储器中的指令序列(程序)进行工作，并由一个程序计数器控制指令的执行。控制器具有判断能力，能根据计算结果选择不同的工作流程。

(4)输入设备用于将数据或程序输入计算机中，例如：鼠标、键盘。

(5)输出设备将数据或程序的处理结果展示给用户，例如：显示器、打印机。

1.3.1 存储器组成结构

计算机存储器是计算机的记忆装置，主要用于保存数据和程序，具有存取功能。存储器分为外部存储器(Storage)和内部存储器(Memory)，它们之间常常频繁地交换信息，但二者在存取容量、存取速度和易失性等方面有很大不同。

外部存储器简称外存或辅存，是指除计算机内部存储器及缓冲存储器以外的储存器。外存是内部存储器的扩充，只能与内部存储器交换信息，不能被计算机系统的其他部件直接访问，外存中保存的程序和数据只有先调入内部存储器后，才能被 CPU 访问和处理。外存存储容量大，价格低，主机断电后也可长期保存大量数据，属于永久性存储器，另外它也可以很方便地将外存中的数据转储到其他设备。但外存的存取速度慢，一般用来存储暂时不用的程序和数据。常见的外存主要有硬盘、软盘、光盘、U 盘等。

内部存储器简称内存或主存，属于主机的组成部分，是衡量计算机性能的重要指标之一。内存直接与 CPU 相连接，其作用是存放当前运行程序的指令和数据，并直接与 CPU 交换信息，以及与硬盘等外存交换信息。内存的存储容量较小，价格高，主机断电后数据会全部丢失，但内存的存取速度快。微型机的内存一般采用半导体存储单元，从使用功能和工作原理上分主要有随机存储器(Random Access Memory，RAM)和只读存储器(Read-Only Memory，ROM)。另外，在 CPU 和内存之间一般还有高速缓冲存储器(Cache)，简称缓存。缓存可以分为多级缓存，是一种能够提高计算机数据读写速度的硬件组件，用于存储最近使用过的数据和指令，以减少 CPU 直接访问内存所需的时间，可以显著提高计算机的性能。内存一般采用动态随机存储器(DRAM)技术，而缓存则采用读写速度更快的静态随机存储器(SRAM)技术。

内存的逻辑组成结构包括存储体(存储矩阵)、地址寄存器(MAR)、数据寄存器(MDR)和高速缓冲存储器(Cache)等部件。其中，存储体是由插在主板内存插槽中的若干内存条组成的，而 MAR、MDR 和 Cache 一般在物理上被集成在 CPU 芯片内。内部存储器的结构如图 1-9 所示。

内部存储器由若干个存储单元组成，每个存储单元包含若干个存储位，每个存储位可以存储一个 0 或 1。每个存储单元也称为存储字，所包含的存储位的个数称为存储字长。无论是程序指令还是数据，都需要存储在若干个存储单元中。所有的存储单元就构成了存储体(存储矩阵)，所能够存储的总容量就是内存容量。

每个存储单元都与一条地址控制线 $W_i(0 \leqslant i \leqslant 2^n - 1)$ 相连接，当 $W_i = 1$ (有效)时，表明其所连接的存储单元当前可以执行读或写操作；当 $W_i = 0$ (无效)时，则不能执行读或写操作。在同一时刻，所有的 W_i 只能有一个为 1，而其余的均为 0。显然，地址控制线的条数就是存储单元的个数。

每个存储单元都有一个内存地址，假设存储矩阵有 2^n 个存储单元，那么需要 n 位的二进制数才能描述存储单元地址空间，对每个内存地址可以编码为 $A_{n-1} \cdots A_1 A_0$。因此，地址寄存器(MAR)需要有 n 个二进制位，相应地就会有 n 条地址编码线连接地址寄存器和地址译码器。

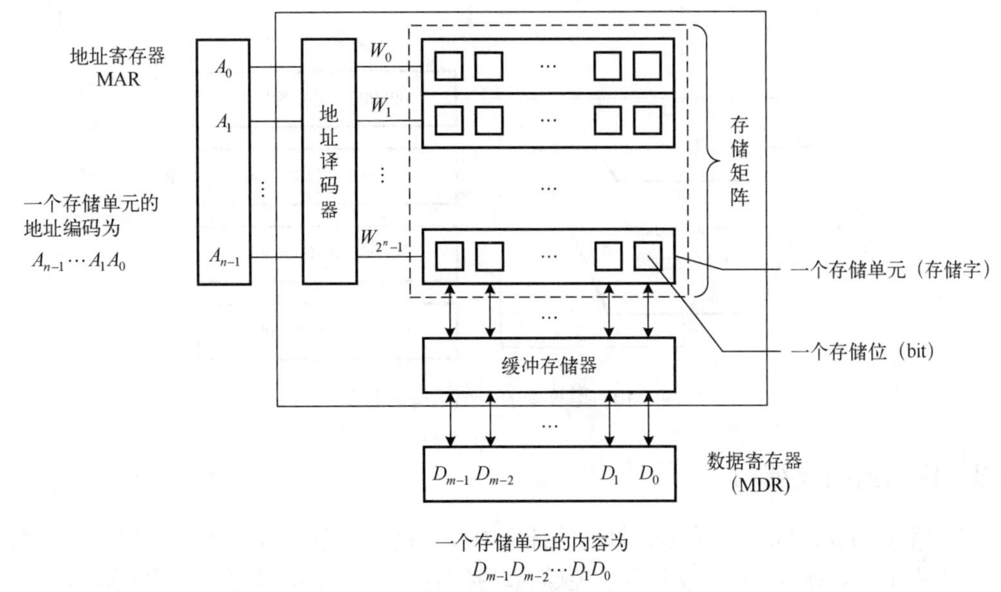

图 1-9　内部存储器的结构示意图

假设存储矩阵有 256 个存储单元，地址控制线就会有 256 条（$W_0 \sim W_{255}$）。而对于 MAR 则需要有 8 个二进制位，地址编码线就会有 8 条。对地址编码$(10000111)_2$经过地址译码器计算后，得到其十进制数为 135，这样就会将地址控制线W_{135}置为 1，而其余的地址控制线均置为 0，此时表明只有第 135 号存储单元可以读出或写入。显然，通过地址编码线的条数 n 可以计算出存储单元的个数为 2^n 。

每个存储单元也与缓冲存储器相连接，其连线 $D_j(0 \leqslant j \leqslant m-1)$ 被称为数据线。显然，数据线的条数等于存储字长。从存储单元读出的内容或将要写入存储单元的内容均通过缓冲存储器临时存放在数据寄存器中。

例 1-19　一个内部存储器有 32 条地址编码线和 32 条数据线，请问该存储器的存储容量是多少字节？

解：16 条地址编码线可以编码 $2^{16}=65536$ 个存储单元地址，16 条数据线说明每个存储单元的存储字长为 16 位，1 字节等于 8 位，则存储容量 $= 2^{16} \times 16/8 = 131072\text{B} = 128\text{KB}$ 。

1.3.2　运算器组成结构

运算器(Arithmetic Logic Unit，ALU)的内部主要包括算术逻辑部件和若干个用于临时存储数据的寄存器，如图 1-10 所示。算术逻辑部件的输入端和输出端均与所有寄存器相连接，运算所需要的操作数需要从内存取出并存放在寄存器中，运算结果也可以临时存储在寄存器中或转储到内存。

运算器本质上就是由基本的逻辑门电路组成的，对于算术逻辑部件，可以简单地理解为就是逻辑运算和加法器。这是因为在计算机内部，机器数采用补码表示，可以将减法运算转换为加法运算，将乘法运算转换为连加运算，将除法运算转换为连减运算。因此，运算器只需实现多位加法器，就能实现加减乘除四则运算。

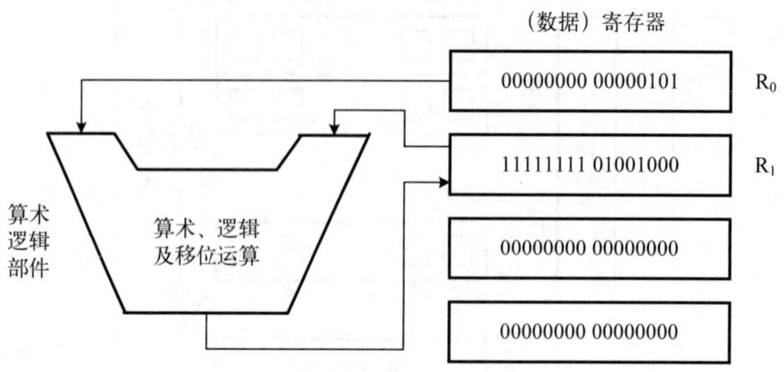

图 1-10　运算器的内部结构示意图

1.3.3　控制器组成结构

控制器(Control Unit，CU)是计算机的神经中枢，是发布命令的“决策机构”，负责指挥主机各个部件自动协调工作，使计算机能够自动按照程序设定的步骤进行一系列操作，以完成特定任务。控制器的内部结构如图 1-11 所示。

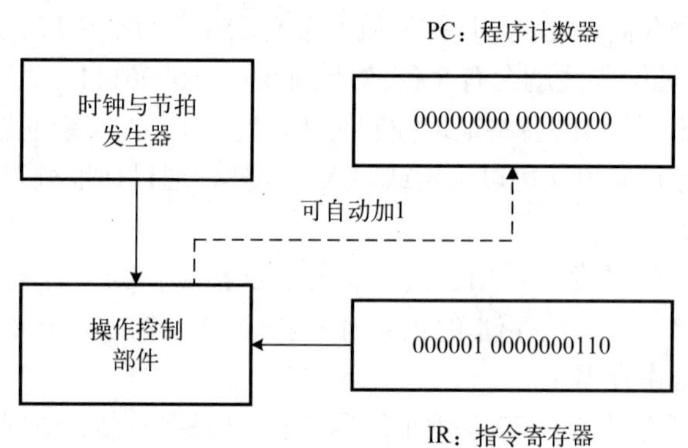

图 1-11　控制器的内部结构示意图

(1)操作控制部件(Operation Controller，OC)：将控制信号组合起来，控制各个部件完成相应的操作。

(2)时序脉冲发生器(Sequential Pulse Generator，SPG)：产生时序脉冲节拍信号，也就是产生时间标志信号，使计算机能够有节奏、有次序地工作。

(3)程序计数器(Program Counter，PC)：用于存放当前指令的内存地址，由于所有指令都是连续存放在存储器中的，也是顺序执行的，因此当一条指令被取出后，PC 中的数值将根据指令字长度自动递增加 1，这样就自动计算出下一条指令的内存地址。

(4)指令寄存器(Instructor Register，IR)：用于存放当前正在执行的指令内容。

(5)指令译码器(Instruction Decoder，ID)：对指令的操作码进行译码并分析指令功能，并产生相应的控制信号。

1.3.4　机器指令表示方法

计算机指令(机器指令)是机器可以直接分析并执行的命令，也可以使用由 0 和 1 组成的二进制编码来表示。一条指令的编码：操作码+地址码。如表 1-9 所示，机器所能完成的所有指令被称为“指令系统”。不同的机器，其指令系统也可能不同。

表 1-9　一个简单的指令系统

机器指令		对应的功能
操作码	地址码	
取数：000001	α：0000000100	将 α 号存储单元的数取出送到运算器
存数：000010	β：0000010000	将运算器中的数存储到 β 号存储单元
加法：000011	γ：0000001010	运算器中的数加上 γ 号存储单元的数，结果保留在运算器中
乘法：000100	δ：0000001001	运算器中的数乘以 δ 号存储单元的数，结果保留在运算器中
打印：000101	ε：0000001100	打印 ε 号存储单元的数，将其输出
停机：000110	ζ：0000000000	停机指令

例 1-20　某机器字长为 16 位，指令系统由表 1-9 给出。假设现有 10 条机器指令分别存储在存储器的第 1～10 号存储单元，数值 3、4、5、–37 分别存储在第 21～24 号存储单元，如表 1-10 所示。请分析这些指令的含义是什么？

表 1-10　例 1-20 指令内容

序号	指令内容	序号	指令内容
1	00000100 00010101	6	00001100 00011001
2	00010000 00010110	7	00001100 00011000
3	00001000 00011001	8	00001000 00011001
4	00000100 00010111	9	00010100 00011001
5	00010000 00010110	10	00011000 00000000

解：这段指令是求解 3×4+5×4+(–37)，具体求解过程如表 1-11 所示。

表 1-11　例 1-20 指令执行说明

存储单元地址		存储单元内容	指令执行说明
二进制	十进制		
00000000 00000001	1	00000100 00010101	指令：从 21 号存储单元读取数 3 至运算器
00000000 00000010	2	00010000 00010110	指令：在运算器中，乘以 22 号存储单元的数 4，得 3×4 = 12(乘法实际被转换为连加运算)
00000000 00000011	3	00001000 00011001	指令：将数 12 转储至 25 号存储单元
00000000 00000100	4	00000100 00010111	指令：从 23 号存储单元读取数 5 至运算器
00000000 00000101	5	00010000 00010110	指令：在运算器中，乘以 22 号存储单元的数 4，得 5×4 = 20
00000000 00000110	6	00001100 00011001	指令：在运算器中，加上 25 号存储单元的中间结果 12，得 12+5×4 = 32
00000000 00000111	7	00001100 00011000	指令：在运算器中，加上 24 号存储单元的数–37，得 32–37 = –5(补码可以实现将减法转换为加法)

续表

存储单元地址		存储单元内容	指令执行说明
二进制	十进制		
00000000 00001000	8	00001000 00011001	指令：将结果–5 转储至 25 号存储单元
00000000 00001001	9	00010100 00011001	指令：打印输出结果–5
00000000 00001010	10	00011000 00000000	指令：停机(即结束程序运行)
…	…	…	…
00000000 00010101	21	00000000 00000011	数据：数值 3 的补码
00000000 00010110	22	00000000 00000100	数据：数值 4 的补码
00000000 00010111	23	00000000 00000101	数据：数值 5 的补码
00000000 00011000	24	11111111 11011011	数据：数值–37 的补码
00000000 00011001	25	00000000 00001100 11111111 11111011	数据：第 1 次存放中间结果 12 的补码 数据：第 2 次存放最终结果 –5 的补码

1.4 机器程序执行

在例 1-20 中，仅仅介绍了数据存取及指令功能。本节将以指令的执行过程为例，简要介绍存储器、运算器和控制器之间是如何协同工作的。

一条机器指令的执行过程一般包括 5 个阶段：取出指令、指令译码、执行指令、访存取数和写回结果。

(1) 取出指令(Instruction Fetch，IF)阶段是指 CPU 从存储器中读取一条指令，将其存储在控制器的指令寄存器 IR 中。

(2) 指令译码(Instruction Decode，ID)阶段是指控制器中的指令译码器按照预定的指令格式，对取回的指令进行拆分和解释，识别区分出不同的指令类别及各种获取操作数的方法。解析指令的结果就是获得指令的操作码和地址码，将指令转换为可执行操作，并确定需要访问的寄存器或存储器位置。

(3) 执行指令(Execute，EX)阶段是指 CPU 完成指令所规定的各种操作，具体实现指令的功能。为此，CPU 的不同部分被连接起来，以执行所需的操作，并将结果存储到寄存器或存储器中。

(4) 访存取数(Memory，MEM)阶段是指如果指令需要访问存储器，CPU 将根据指令中的地址码，计算操作数在存储器中的地址，并从存储器中读取该操作数用于运算。

(5) 写回结果(Write Back，WB)阶段就是把执行指令阶段的运行结果数据“写回”到某种存储形式：结果数据经常被写到 CPU 的内部寄存器中，以便被后续的指令快速存取；在有些情况下，结果数据也可被写入相对较慢、但较廉价且容量较大的主存中。

在结果数据写回之后，若无意外事件(如结果溢出等)发生，计算机将从程序计数器 PC 中取得下一条指令地址，开始下一条指令的执行过程，直至所有指令执行完毕。

如图 1-12 所示，程序指令和数据平等地存储在存储器中，也就是说如果单纯从二进制数本身来看，很难分清存储单元中存放的是程序指令还是数据。存储器中的内容可能是数值内容，也可能是指令内容。存储器中的内容既可以传送给(或来自)运算器，也可传送给(或来自)控制器，一切都在控制器的控制之中。控制器中的操作(信号)控制部件，专门产生各种控制信号以便控制各部件的正确运行。

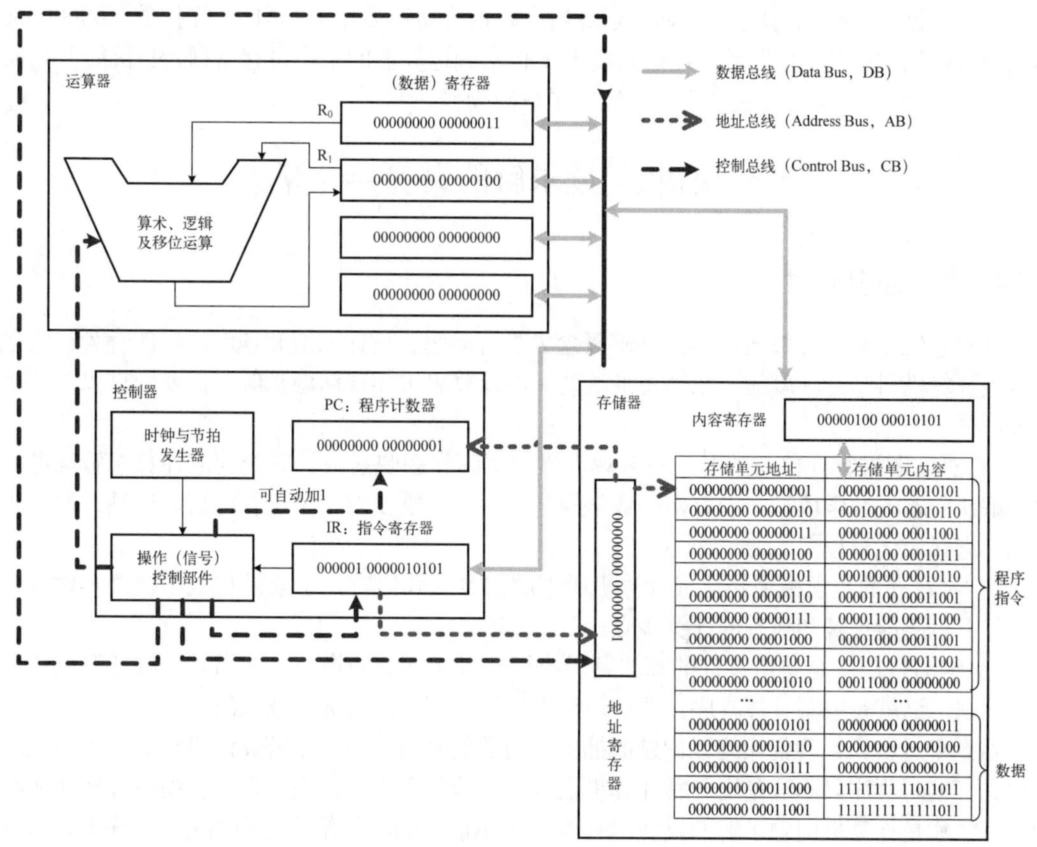

图 1-12　机器程序执行过程示意图

下面以例 1-20 中的第 1 条指令“00000100 00010101”为例，简要介绍指令的执行过程。

(1) 取出指令。

①控制器将第 1 条指令内存地址“00000000 00000001”存放在程序计数器 PC 中。

②控制器通过地址总线 AB 将 PC 的值发送给存储器的地址寄存器，并通过控制总线 CB 通知存储器。

③存储器按址访问第 1 条指令所在的存储单元，读取出指令内容“00000100 00010101”后，将其存放在内容寄存器中。

④内容寄存器中的值将通过数据总线 DB 被传送到控制器的指令寄存器 IR 中。

(2) 指令译码。

①控制器中的指令译码器解析 IR 中的指令内容，计算出指令编码中的操作码为“000001”（即读取操作数），地址码为“00 00010101（即第 21 号存储单元）”。

②经过指令译码后，控制器将第 1 个操作数的存储单元地址“00000000 00010101（即第 21 号存储单元）”经过地址总线 AB 发送到地址寄存器中。同时，控制器通过控制总线 CB 通知程序计数器 PC 使其值自动加 1，可得第 2 条指令地址为“00000000 00000010”。

(3) 执行指令，访存取数。

①存储器获得存储在地址寄存器中的第 1 个操作数的存储单元地址后，按址访问取出操作数“00000000 00000011（即十进制数 3）”并存放在内容寄存器中。

②控制器通过控制总线 CB 通知运算器，将内容寄存器中的第 1 个操作数“00000000 00000011(即十进制数 3)”通过数据总线 DB 传送到运算器的某个寄存器(假设存储到 R_0 寄存器)中。至此第 1 条指令执行完毕，完成了取数操作。

1.5 计算机问题求解的灵魂——算法

1.5.1 算法及其特性

计算思维是运用计算机科学的基础概念去求解问题、设计系统和理解人类的行为。它包括涵盖计算机科学之广度的一系列思维活动。用计算思维实现问题求解，需要经过以下几个步骤：

(1)对问题进行抽象与映射，将客观世界的实际问题映射成计算空间的计算求解问题，建立解决问题的数学模型。当有多个数学模型可用时，需要对模型进行分析、归纳、假设等优化，选择最优模型。

(2)将建立的数学模型转化成计算机所理解的算法和语言，也就是将数学模型映射或分解成计算机所能理解和执行的计算步骤。

(3)编写程序就是将所设计的算法翻译成计算机能理解的指令，即用某一种计算机语言描述算法，这就是编写计算程序。然后通过上机运行程序，完成问题求解。

在这个过程中，我们始终以问题的抽象、问题的映射、问题求解算法设计等为主线索展开讨论，编写程序只不过是用一种计算机语言去实施问题求解，而对数学模型进行转化所得到的算法才是计算机问题求解的灵魂。所谓算法(Algorithm)就是一组明确的、有序的、可以执行的步骤集合。算法的概念要求步骤集是有序的，这就要求算法中的各个步骤必须拥有定义完好的、顺序执行的结构。

算法应具有 4 个特性：有穷性、确定性、有零个或多个输入、有一个或多个输出。有穷性是指一个算法必须保证执行有限步骤之后结束。确定性是指算法的每一步骤必须有确切的定义，算法步骤必须没有二义性，不会产生理解偏差。有零个或多个输入是指描述运算对象的初始情况，所谓 0 个输入是指算法本身给出了初始条件。有一个或多个输出是指算法必须有结果。

算法主要分为两类：数值运算算法和非数值运算算法。数值运算算法主要用于解决数值求解问题，例如求方程的根、求函数的定积分、求最大公约数等。非数值运算算法主要用于解决需要用逻辑推理才能解决的问题，常见的是用于事务管理领域，例如图书检索、人事管理、行车调度管理、人机围棋大战和定制服务等。

对于算法分析，一般应遵循 4 个原则：

(1)一个算法必须是正确的，符合计算机所要求解的题目，能得到预期的结果。

(2)求解一个问题，分析执行算法所需要花费的时间。

(3)求解一个问题，分析执行算法所需要占用的存储空间。

(4)编制的算法要求条理清晰、易于理解、易于编码、易于调试。

1.5.2 算法表示方法

算法在描述上一般使用半形式化的语言，而程序是用形式化的计算机语言描述的；算法对问题求解过程的描述可以比程序粗略，算法经过细化以后可以得到计算机程序。一个计算机程序是一个算法的计算机语言表述，而执行一个程序就是执行一个用计算机语言表述的算法。在算法的表示上，常采用如下几种方式：

(1)用自然语言表示。这种方法易懂但不直观，因此除了很简单的问题外，一般不用这种方法描述。

(2)用流程图表示。如图 1-13 所示，这种方法采用不同的图元形状来表示“程序开始/结束”、“输入/输出”、“程序处理”、“选择判断”、“程序连接”、“流程线”和“注释”等程序描述要素。这种方法灵活、自由、形象、直观，可表示任何算法，但由于使用有向线来表示流程走向，有较大的随意性。要求熟练掌握，会看会画。

常用的流程图制作软件有：

①Visio 属于 OFFICE 系列，功能全面，推荐使用。

②Raptor 是一种基于流程图的可视化程序设计环境，推荐有一定编程基础的用户使用。

③Word 可以用于做基本的流程图，最容易上手。

例 1-21　用流程图表示求解 5!的算法。

问题分析与程序设计：

如图 1-14 所示，求解 5!本质上是两个数的乘法问题。因此，需要设计一个变量 t 保存初值 1，另一个变量 i 既作为操作数递增变量，同时也作为循环控制变量。变量 i 与 t 每做一次乘法运算后，变量 i 便以步长为 1 进行递增，继续循环计算 i 与 t 的乘法，直至 i 增长超过 5 后运算结束。算法所体现的思维方式就是通过将 1～5 这 5 个数的连乘运算分解为两个数的循环乘法运算，实现了将复杂问题分解为多个具有相同运算结构的简单问题。

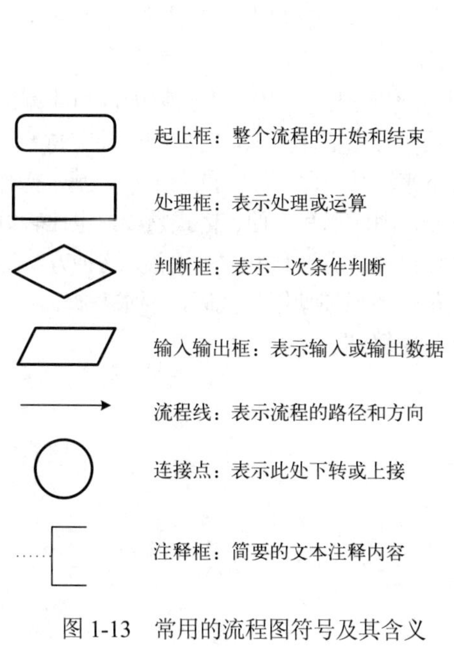

图 1-13　常用的流程图符号及其含义

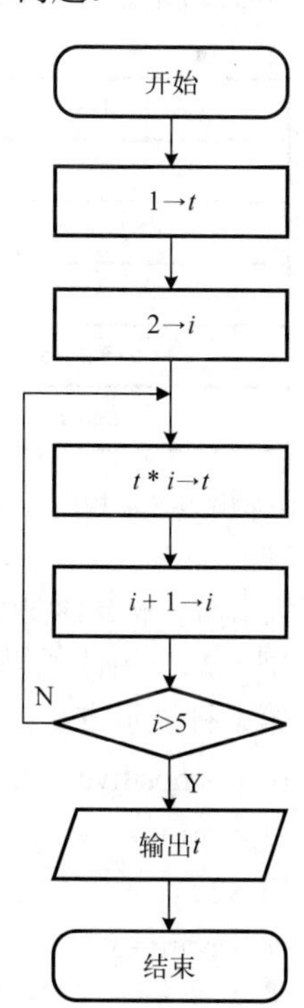

图 1-14　用流程图表示求解 5! 算法

(3)用N-S流程图(盒图)表示。如图1-15所示，这种方法完全去掉了带箭头的流程线，算法的所有处理步骤都写在一个大的矩形框内，表示方法简单、符合结构化思想。因此，N-S流程图比传统流程图更为简洁，要求熟练掌握。

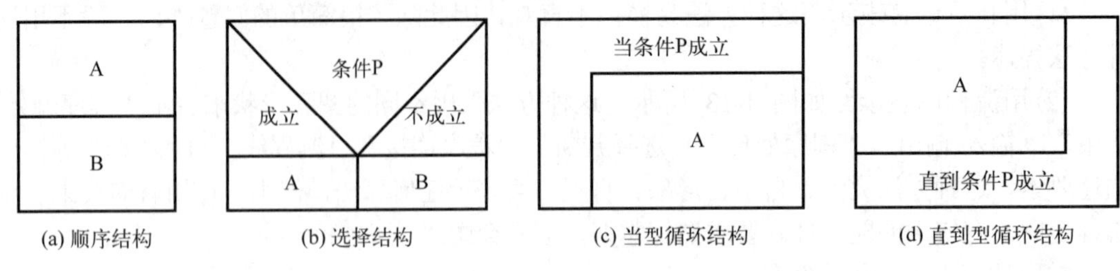

图1-15　N-S流程图符号及画法

使用图1-15中顺序结构、选择结构和循环结构这3种基本框，可以组成复杂的N-S流程图。

优点：

①N-S图强制设计人员按结构化程序设计(Structured Programming，SP)方法进行思考并描述其设计方案，因为除了表示几种标准结构的符号之外，它不再提供其他描述手段，这就有效地保证了设计的质量，从而也保证了程序的质量。

②N-S图形象直观，具有良好的可见度。例如循环的范围、条件语句的范围都是一目了然的，所以容易理解设计意图，为编程、复查、选择测试用例、维护都带来了方便。

③N-S图简单、易学易用，可用于软件教育和其他方面。

缺点：

主要是手工修改比较麻烦，这是有些人不用它的主要原因。

对于例1-21，若使用N-S流程图来表示算法，如图1-16所示。

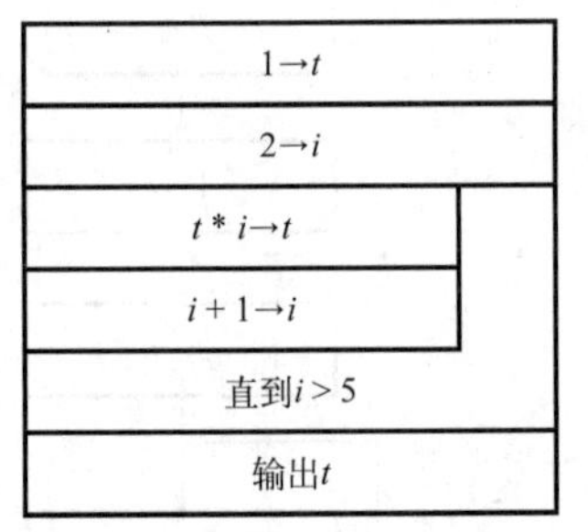

图1-16　用N-S流程图表示求解5！算法

(4)用伪代码表示。用介于自然语言和计算机语言之间的文字及符号来描述算法。它如同一篇文章一样，自上而下地写下来。每一行(或几行)表示一个基本操作。它不用图形符号，因此书写方便、格式紧凑，也比较好懂，也便于向计算机语言算法(即程序)过渡。这种方法适用于设计过程中需要反复修改的流程描述。软件专业人员一般习惯使用伪代码，要求掌握。

例1-22　用伪代码表示“打印x的绝对值”的算法。

第1种表示方法：使用英文书写伪代码。

```
IF x is positive THEN
    print x
ELSE
    print –x
```

第2种表示方法：使用中文书写伪代码。

```
若 x 为正
    打印 x
```

```
否则
    打印 –x
```

第 3 种表示方法：可以混合使用中英文书写伪代码。

```
if x 为正
    print x
else
    print –x
```

若使用伪代码表示求解 5!算法，则以下两种方式都可以。

伪代码描述方式一：

```
算法开始
    置 t 的初值为 1
    置 i 的初值为 2
    当 i< = 5，执行下面操作：{
        使 t = t×i
        使 i = i+1
    }
输出 t 的值
算法结束
```

伪代码描述方式二：

```
begin(算法开始)
    1→t
    2→i
    while i≤5 {
        t×i→t
        i+1→i
    }
    print t
end(算法结束)
```

1.6　程序设计中的数据和数据结构

程序设计方法学是讲述程序的性质及程序设计理论和方法的一门学科，主要有结构化程序设计(Structured Programming，SP)方法和面向对象的软件开发方法(Object-Oriented Programming，OOP)。在程序设计方法学中，SP 方法占有十分重要的地位，可以说，程序设计方法学是在 SP 方法的基础上逐步发展和完善起来的。

荷兰学者沃思(E.W.Dijkstra)等人在研究人的智力局限性随着程序规模的增大而表现出来的不适应之后，于 1965 年提出 SP 方法，主张把程序结构规范化，要求对复杂问题的求解过程应按照人类大脑容易理解的方式进行组织，而不是强迫大脑去接受难以忍受的冲击。沃思对结构化程序设计的描述，提出一个公式：程序 = 数据结构+算法。数据结构就是描述数据的类型和组织形式；算法是描述对数据的操作步骤。

SP 编程基本思想是，把大的程序划分为许多个相对独立、功能简单的程序模块。它是以过程为中心，主要强调过程及功能和模块化。任务的完成是通过一系列过程的调用和处理实现的。SP 体现了抽象思维及复杂问题求解的基本原则。

在程序设计方法学的发展中，SP 和 OOP 是程序设计方法中最本质的思想方法，SP 体现了抽象思维及复杂问题求解的基本原则，OOP 则深刻反映了客观世界是由对象组成这一本质特点。种种程序设计方法的一个主要区别在于问题分解的因子不同，思维模式不同。在计算机中数据结构和过程是密切相关的，SP 方法将数据结构和过程分开考虑，OOP 的方法则组合数据和过程于对象之中。从理论上而言，OOP 式方法将产生更好的模块内聚性，使软件更注重于重用与维护，但其在实践中的程序设计方法需要工具和环境的支撑，还需要考虑软件生命周期的各个环节。因而在选择程序设计方法时，需要综合考虑以上这些因素。

数据结构主要学习用计算机实现数据组织和数据处理的方法。随着计算机应用领域的不断扩大，无论设计系统软件还是应用软件都会用到各种复杂的数据结构。一个好的程序无非是选择一个合理的数据结构和好的算法，而好的算法的选择在很大程度上取决于描述实际问题所采用的数据结构，所以想编写出好的程序必须扎实地掌握数据结构。

数据是人们利用文字符号、数据符号及其他规定的符号对现实世界的事物及活动所做的抽象描述。从计算机的角度看，数据是所有能被输入计算机中，并能被计算机处理的符号的集合。数据元素是数据集合中的一个“个体”，是数据的基本单位。而数据结构是指数据及相互之间的联系，可以看作相互之间存在某种特定关系的数据元素的集合，因此可以把数据结构看作带结构的数据元素的集合。数据结构包括以下几个方面：

(1) 数据的逻辑结构。

是指数据元素之间的逻辑关系。比如一个表中的记录顺序反映了数据元素之间的逻辑关系，一个数组中元素的排列顺序也是数据元素之间的逻辑关系。

(2) 数据的存储结构（物理结构）。

数据元素及其逻辑关系在计算机存储器中的存储方式，一般只在高级语言的层次上来讨论存储结构。不同的逻辑结构有不同的存储结构。

(3) 数据的运算。

施加在该数据上的操作，是定义在数据的逻辑结构之上的，每种逻辑结构都有一组相应的运算。例如最常用的对数据增删改查、更新、排序等。数据的运算最终需要在对应的存储结构中用算法实现。

在一组数据中，数据元素及其顺序是一定的，但是可以用不同的逻辑结构表示，这样就有着不同的存储结构，对应着不同的运算算法。以上都属于数据结构的范畴。

数据结构和算法的关系：数据结构是算法实现的基础，算法总是要依赖某种数据结构来实现的，算法的操作对象是数据结构。数据结构关注的是数据的逻辑结构、存储结构，而算法更多的是关注如何在数据结构的基础上解决实际问题。算法是编程思想，数据结构则是这些思想的基础。

1.7 计算机问题求解的步骤

1.7.1 求解问题的一般步骤

借助计算机进行问题求解有其独特的概念和方法，思维方法和求解过程会发生很大变化，大致的步骤和过程如图 1-17 所示。在利用计算机求解问题的过程中，最关键的难点在于对客观世界的认识、问题的提出与分析、数学模型的建立、数据结构和算法的设计等环节，一旦突破这些难点和环节，后面的程序设计往往就“顺理成章、迎刃而解”。而这些难点也恰恰是我们学习编程语言，提高编程能力的真正的最大障碍，其根本的原因就在于对客观世界的认知（包括本学科/专业问题的认知）及思维转换（包括学科/领域融合的认知）的困难，其根本的能力要求就是计算思维能力。

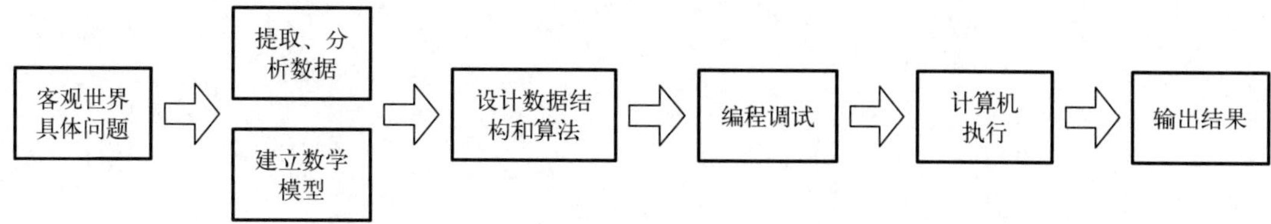

图 1-17　计算机求解问题的一般步骤

例 1-23　警察抓了 A、B、C、D 四名盗窃嫌疑犯，其中只有一人是小偷。在审问中，A 说“我不是小偷”，B 说“C 是小偷”，C 说“小偷肯定是 D”，D 说“C 在冤枉人”。他们中只有一人说的是假话。请问谁是小偷？

问题分析与程序思路：

尽管这个例子还比较小，还不足以全面完整充分地展示人的内在思维活动、思维形式、思维方法和思维过程，但也可从中看出编程过程实际上就是一个思维转换的过程，也可以反映出利用计算机求解问题的一般步骤。对于此问题，需要考虑并解决以下 3 个问题：

(1) 如何对 4 名嫌疑人的陈述进行适当的符号化表达？进而如何建立适当的数学模型或数学公式？

(2) 如何设计并运用适当的数据结构和算法，将上述模型映射为计算机可以理解和执行的步骤？对于算法，还需要考虑如何利用流程图等工具恰当的描述算法。

(3) 如何利用某种计算机语言编写程序并运行得到计算结果？

对上述 3 个问题，具体介绍如下：

(1) 设变量 x 为小偷，4 个人说的话表达为以下关系表达式：

A 说：x ! = 'A'

B 说：x == 'C'

C 说：x == 'D'

D 说：x ! = 'D'

以上 4 个关系式中必定有 3 个成立。

(2) 对上述 4 个关系表达式建立算术表达式：

(x != 'A') + (x == 'C') + (x == 'D') + (x != 'D')

(3) 算法流程如图 1-18 所示。

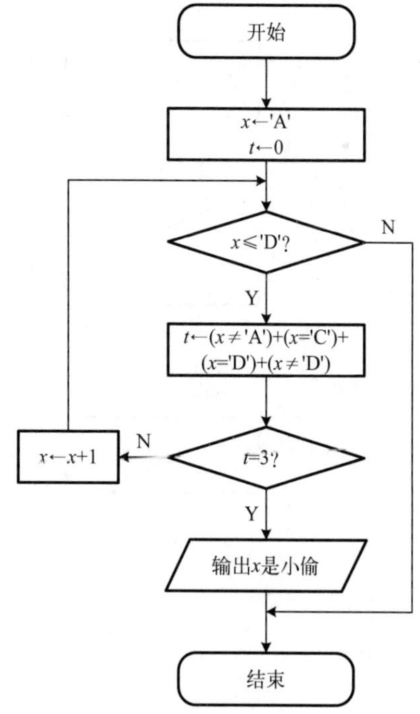

图 1-18　警察破案问题算法流程图

分别将 4 个可能的取值“A”“B”“C”“D”逐一赋值给变量 x，然后判断当 x 取什么值时，能使上述算术表达式的结果为 3。为此，再定义一个变量 t 来统计关系式成立的个数，当 $t = 3$ 时，则当前 x 的值就是小偷；否则继续列举下一个。

(4) 参考源码如下：

```
#include <stdio.h>
int main(void){
```

```
        char x='A';
        int model=0;
        while(x <='D'){
            model=(x!='A') + (x=='C') + (x=='D') + (x!='D');
            if(model==3){
                printf("%c is a criminal.", x);
                break;
            }else{
                x=x + 1;
            }
        }
        return 0;
    }
```

程序运行结果：

```
C is a criminal.
```

1.7.2　C 语言程序开发步骤

对于 C 程序的编写，通常包括 4 个步骤：编辑、编译、连接和运行，如图 1-19 所示。

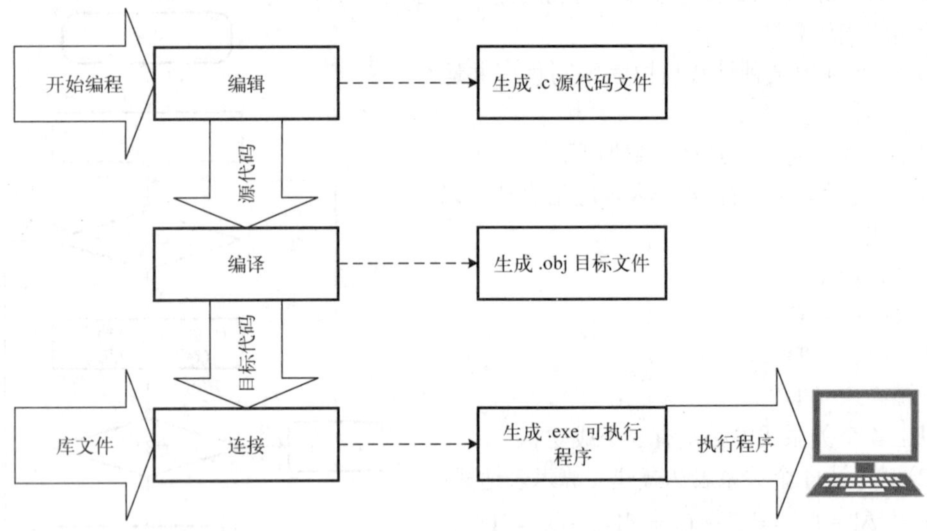

图 1-19　C 程序的编程过程

1. 编辑

程序的编辑过程就是代码的书写过程，用于实现计算机执行编程者期望的任务。理论上可以使用各种各样的文本编辑器来书写代码，例如：记事本、写字板、Vim、Word、WPS 等文本编辑软件。但为了更好地提高书写代码的效率，建议使用集成开发工具与环境，例如：Turbo C、Dev-C++、Code::Blocks 和 Microsoft Visual Studio 等。

下面以 Dev-C++开发工具为例，介绍 C 程序编程过程。

如图 1-20 所示，选择“File”→“New”→“Source File”菜单可以新建一个源代码文件。

编辑源代码后，选择“File”→“Save”菜单或单击“Save”按钮，在随后弹出的窗口中设置“文件名”，并选择“保存类型”为“C source files (*.c)”，就可以完成源代码文件的创建、编辑与保存。后缀为“.c”的文件是 C 语言的通用后缀名。

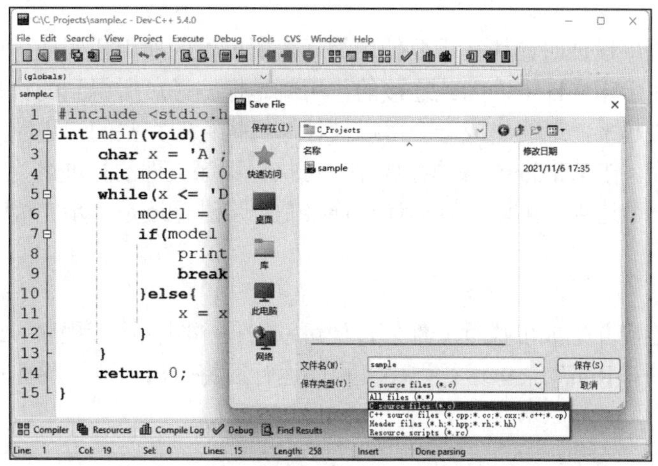

图 1-20　编辑并保存源代码

2. 编译

由于计算机只能识别机器语言的二进制指令，因此为了使计算机能工作，需要将设计好的程序转换为机器语言，计算机才能够按照设计人员的指令来工作，这种转换工作需要由一个被称为编译器的程序来完成。编译器将源代码文件作为输入，经过编译后生成一个磁盘文件，该文件包含了与源码文件语句所对应的二进制机器指令。编译器生成的机器语言指令被称为目标代码，而包含目标代码的磁盘文件被称为目标文件，通常使用“.obj”作为文件的扩展名。

如图 1-21 所示，选择“Execute”→“Compile”菜单对源代码进行编译。

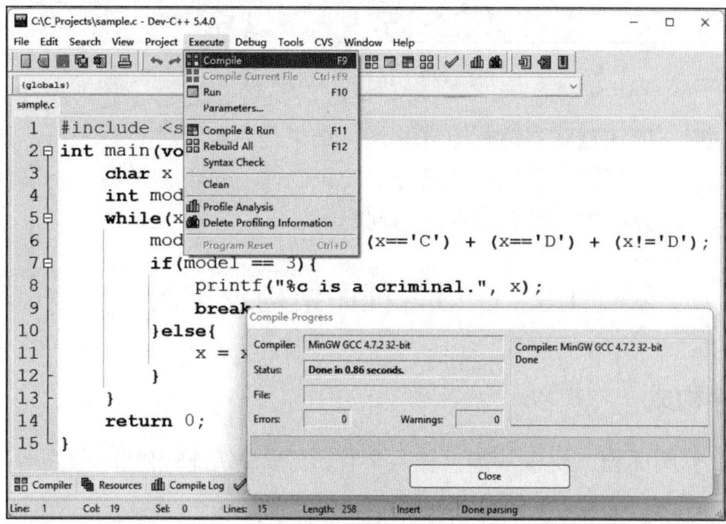

图 1-21　编译源代码

若编译通过，将弹出“Compile Progress”窗口显示相关信息；若编译失败，也将高亮显示有警告或错误的代码行等信息。

3. 连接

由于在进行程序设计时，往往需要使用编译器所提供的通用代码或程序，而这些通用代码或程序通常存在于库文件中，因此连接的作用就是把编译后所得到的目标文件与相应的库文件中的代码连接起来，最终生成一个可以被计算机执行的完整的二进制文件，这个文件也被称为可执行程序。在 Windows 操作系统中，可执行程序文件的扩展名为“.exe”。大多数开发环境都提供了一个选项，可以设置编译和连接是分步进行还是一步完成。

4. 运行

经过编译和连接并生成可执行文件后，便可双击程序图标运行程序，或者在图 1-21 中，选择“Execute”→“Run”菜单运行程序。程序运行后将弹出命令行界面窗口，显示运行结果，如图 1-22 所示。

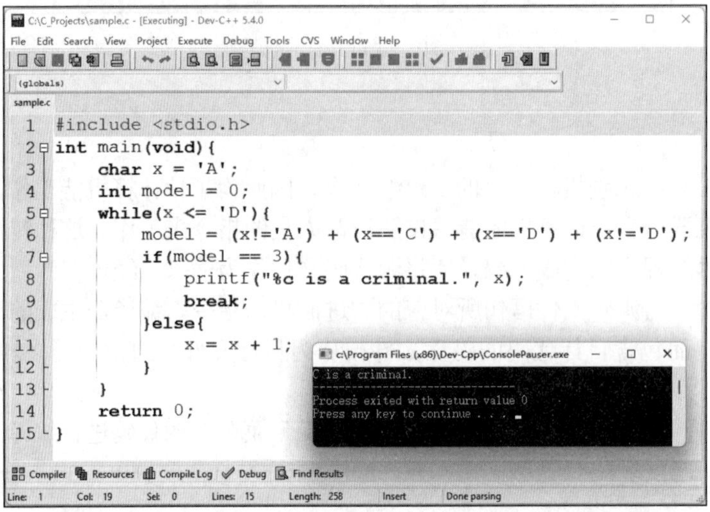
C:\C_Projects\sample.c - [Executing] - Dev-C++ 5.4.0
File Edit Search View Project Execute Debug Tools CVS Window Help
(globals)
sample.c
#include <stdio.h>
int main(void){
char x = 'A';
int model = 0;
while(x <= 'D'){
model = (x!='A') + (x=='C') + (x=='D') + (x!='D');
if(model == 3){
printf("%c is a criminal.", x);
break;
}else{
x = x + 1;
}
}
return 0;
}
c:\Program Files (x86)\Dev-Cpp\ConsolePauser.exe
C is a criminal.
Process exited with return value 0
Press any key to continue . . .
Compiler Resources Compile Log Debug Find Results
Line: 1 Col: 19 Sel: 0 Lines: 15 Length: 258 Insert Done parsing

图 1-22　运行可执行程序

在运行程序时，应注意观察运行方式和运行结果是否与设计目标相符。如果运行结果与期望结果不一致，则应重新审查代码或者算法的正确性。对于初学者，不仅要解决语言语法运用问题，更要注意算法思维是否存在逻辑问题。

1.8　C 语言程序结构及实例

1.8.1　C 程序构成

例 1-24　计算圆面积。要求从键盘输入半径，经计算后输出圆面积。

```
#include <stdio.h>
#define PI 3.14          //定义符号常量
```

```
double area(int x){
    double z;                    //定义圆面积变量
    z = PI*x*x;                  //计算圆面积
    return z;                    //返回 z 变量的值
}
int main(){
    int r;                       //定义半径变量
    double d;                    //定义圆面积变量
    scanf("%d", &r);             //从键盘输入一个整数为 r 变量赋值
    d = area(r);                 //调用 area()函数计算圆面积，实参 r 的数值传递给形参 d
    printf("area = %.2f", d);         //向显示器输出圆面积 d
}
```

1. 程序构成

C 程序由一个或多个函数所组成，函数的结构为：函数首部+函数体。例如：

```
函数类型 函数名(参数类型 参数名) {
    声明部分
    执行部分
}
```

C 程序必须有一个名为 main 的函数，该函数也被称为主函数。主函数以外的其他函数可以是系统提供的库函数，也可以是用户自定义的函数。

C 程序的执行是从主函数开始的。在程序运行之初，系统首先找到 main 函数，从 main 函数开始的大括号进入函数体，并根据程序的语句按序依次执行，直到遇到 main 函数最后的大括号结束。主函数是整个程序的控制部分，当主函数执行结束时，整个 C 程序的执行也就结束了。

2. 预编译命令

预编译命令是整个编译过程进行之前的工作。在本例中，#include 是预编译命令，用于控制 C 语言编译器在进行编译、连接操作过程中的行为。其含义是，在编译时将一个包含文件的内容添加到当前程序中。包含文件由#include 命令后面的内容所指定，它是一个独立的磁盘文件，该文件包含了可被程序或编译器使用的信息，最常用的是包含扩展名为“.h”的头文件。

3. 变量定义

C 语言规定，使用变量之前必须定义变量。变量定义就是将变量的名称及变量要存储的信息类型告知编译器。当前程序也可以根据需要不定义变量。

4. 程序语句

C 语言程序的实际工作是由语句完成的。在编写源码时，通常将每条语句编写在一行中，语句必须以分号结尾。

5. 程序注释

常用的注释有两种：

(1) 单行注释：以“//”作为引导符，只能在一行内进行注释。

(2) 多行注释：所有的注释内容都写在“/*”和“*/”之间，其中可以换行。

1.8.2 C 编程风格

在编写 C 程序时，应注意编程风格。通常有以下要求：

(1) 采用逐层缩进的形式。

(2) 一行仅写一条语句。

(3) 适当添加注释。

(4) 命名规范统一。

1.9 习　题

一、选择题

1．下列不同进制的数据中，具有最小数值的是(　　)。

A．$(10010111)_2$　　B．$(128)_{10}$　　C．$(520)_8$　　D．$(AB)_{16}$

2．与二进制数 1010.01101 等值的十六进制数为(　　)。

A．22.B　　B．A.0D　　C．22.0D　　D．A.68

3．8 位补码 10010011 等值扩展为 16 位后，其机器数为(　　)。

A．1111111110010011　　B．0000000010010011

C．1000000010010011　　D．1111111101101101

4．在 PCM 中，若采用 128 个量化等级，则编码时的位宽为(　　)位。

A．128　　B．256　　C．7　　D．8

5．假设模拟信号的频率范围为 6kHz～12kHz，采样频率必须大于(　　)，才能使得到的样本信号不失真。

A．12kHz　　B．16kHz　　C．20kHz　　D．24kHz

二、计算题

1．现有两个变量 x 和 y，x=10AFH，y=3456H。求二进制逻辑运算 x&y、x|y、～x、x^y 和 x>>2 的值。

2．已知某单位的计算机网络被划分为多个子网，其中某个子网中的一个主机 IP 地址为 192.168.16.100，子网掩码为 255.255.255.224。请计算：

(1) 该子网的子网地址。

(2) 该子网的广播地址。

(3) 该子网可分配的 IP 地址范围。

3．如果机器字长为 8 位，请分别计算+53 和–53 的原码、反码和补码。

4．假设发送方所发送的实际数据为“11000101”，若采用偶校验，请计算校验位。

5．当 PCM 用于语音数字化时，将声音分为 256 个量化级，采样速率为 2000 样本/秒，则其传输速率可达多少？

三、程序分析题

1. 假设某机器字长为 16 位，指令系统由表 1-9 给出，数值 3、4、5、6 分别被存储在存储器的第 8～11 号存储单元。请分析下面这段程序的含义是什么？

0000 0100 0000 1000
0001 0000 0000 1001
0000 1100 0000 1010
0001 0000 0000 1001
0000 1100 0000 1011
0000 1000 0000 1100
0001 0100 0000 1100
0001 1000 0000 0000

2. 请编译运行下列程序，并观察运行结果，分析程序功能。

```
#include <stdio.h>
int main(void){
    int n = 0b00000000000000001000110011100111;        //十进制数 36071
    printf("%d\n",n&0xF);//0xF 在内存中为 0000 0000 0000 0000 0000 0000 0000 1111
    printf("%d\n",n|0xF);
    return 0;
}
```

3. 请编译运行下列程序，并观察运行结果，分析表达式“(n&0x1) == 0”的作用及程序功能。

```
#include <stdio.h>
int main(void){
    int n;//定义一个整型变量
    for(n = 1;n< = 20;n++){     //n 为循环变量，共循环 20 次。每次循环后，n 都自增 1
        if((n&0x1) == 0)         //条件判断：若 n&0x1 等于 0，则执行输出语句
            printf("%d,",n); //输出 n 的值
    }
    return 0;
}
```

4. 请编译运行下列程序，观察运行结果。查找资料并从运算性质角度分析为什么按位异或运算能够实现交换两个变量 a 和 b 的数值？

```
#include <stdio.h>
int main(void){
    int a = 3,b = 5;
    a = a^b;
    b = a^b;
    a = a^b;
    printf("a = %d,b = %d",a,b);
    return 0;
}
```

5．使用异或运算可以实现简单的数据加密和解密，其原理是数据经过两次异或运算后，可以还原得到原始数据。请编译运行下列程序，观察运行结果，并分析这种加密方法所使用的密钥是否可以广而告之？请分析可否将下列代码改为按位与运算或者按位或运算也同样实现数据加密和解密？

```
#include <stdio.h>
int main(void){
    char plainText = 'a';                           //明文
    char secretKey = '*';                           //密钥
    char cipherText = plainText ^ secretKey;        //生成密文
    char decodeText = cipherText ^ secretKey;       //解密密文
    printf("明文: %c\n",plainText);                 //输出明文
    printf("密钥: %c\n",secretKey);                 //输出密钥
    printf("密文: %c\n",cipherText);                //输出密文
    printf("解密: %c\n",decodeText);                //输出解密结果(还原明文)
    return 0;
}
```

第 2 章　简单的 C 程序设计

数据是程序加工的对象。C 程序中的数据都是按照某种数据类型分配内存空间、确定数据表示范围及其加工处理的，数据类型决定了数据在内存中分配的字节数及其可参与的合法运算。本章首先介绍基本数据类型、运算符和数据的输入输出函数，然后介绍线性插值方法及其程序实现，最后通过综合实例介绍简单的 C 程序，即只包含顺序结构的程序。

2.1　标准 C 程序基本框架

本节将分析一个特定的 C 程序结构，然后介绍 C 程序的一般结构。标准 C 语言程序基本包括 3 个部分：库函数头文件包含部分、常量变量定义部分、函数部分。

例 2-1　下面程序的功能是求圆的周长和面积。

```
//本程序是求圆的周长和面积
#define PI 3.1415926          //宏定义，定义符号常量，值是 3.1415926
#include <stdio.h>            //包含标准输入输出头文件
#include <math.h>             //包含数学函数库头文件
int main() {                  //主函数
    float r=10,peri,area;     //声明变量，r、peri、area 分别存储半径、周长和面积
    peri=2*PI*r;              //计算圆的周长
    area=PI*pow(r,2);         //计算圆的面积
    printf("peri=%f,area=%f\n", peri,area);
                              //在显示器上输出圆的周长和面积
    return 0;                 //退出程序
}
```

下面简要说明该程序中的语句，每条语句的详细内容将在本章后面叙述。

1. 注释语句

在 C 语言中有两种注释方式：一种是以“/*”开始、以“*/”结束的块注释，块注释可以包含多行注释内容；另一种是以“//”开始、以换行符结束的单行注释。例如：

```
/*本程序是求圆的周长和面积，输入输出要求：
从键盘输入半径，从显示器输出圆的周长和面积。*/
//宏定义，定义符号常量，值是 3.1415926
```

在编写 C 语言源代码时，注释语句是对程序语句的解释性说明，有助于对代码的理解，提高程序的可读性。

2. 预处理命令

预处理是指在程序编译之前要执行的指令。本程序包括以#define 开头的宏定义和以

#include 开头的文件包含。

其中以#define 开头的宏定义是预处理命令的一种，它允许用一个标识符来表示一个字符串。本程序中包含以下宏定义：

```
#define PI 3.1415926          //宏定义，定义符号常量，宏名为PI，值是3.1415926
```

在编译之前将程序中该命令以后出现的所有的宏名 PI 都用字符串“3.1415926”代替，这个过程叫宏展开。如：

```
#define PI 3.1415926
peri = 2*PI*r;
```

宏展开后，该语句为：

```
peri = 2*3.1415926*r;
```

以#include 开头的文件包含，其后是包含附加语句的文件名称，本程序中包含以下两条文件包含命令：

```
#include <stdio.h>            //包含标准输入输出头文件
#include <math.h>             //包含数学函数库头文件
```

表明将 stdio.h 和 math.h 两个文件中的所有语句包含到本文件中，在程序编译之前替换掉这两条语句。文件名两侧的“<”和“>”符号说明该文件包含在 C 标准函数库中。C 标准函数库集成在符合 ANSIC 标准的 C 语言编译器运行环境中。stdio.h 文件包含是标准输入/输出函数库，包括常用的 scanf()输入函数和 printf()输出函数等输入输出函数；math.h 文件是数学计算函数库，包括三角函数、反三角函数、指数与对数、取绝对值等数学运算函数，如 pow(x,y)函数，计算 x^y 等数学函数。文件名后面的“.h”扩展名说明该文件是头文件。

3. 函数开始部分

每个 C 程序都有一组被称为 main 函数的语句。关键字 int 表示函数向操作系统返回一个整型值。函数的主体用花括号“{}”括起来。因此，下面两行语句说明主函数开始：

```
int main()                    //主函数
{
```

4. 函数体之声明部分

该程序的主函数包括两种类型的命令：声明和语句。声明定义了要被语句使用的存储单元，因此，声明必须在语句之前。声明时给定不给定初值都可以。本程序中声明 3 个变量：

```
float r = 10,peri,area;
```

在这个声明语句中，变量 r 声明时给定初值 10，变量 peri、area 声明时没给定初值。注意没有初值的变量初值是不确定的。关键字 float 表示这些变量存储为单精度浮点值，如 12.36、–0.005 等。

5. 函数体之语句部分

下面是示例程序中要执行的操作语句：

```
    peri = 2*PI*r;                              //计算圆的周长
    area = PI*pow(r,2);                         //计算圆的面积
    printf("peri = %f,area = %f\n", peri,area); //在显示器上输出圆的周长和面积
```

以上语句计算圆的周长 peri 和面积 area，最后用 printf()输出函数将结果输出。注意，声明和语句都要用分号结束。

示例程序用“return 0;”语句结束程序的执行，并且将控制权交还给操作系统，向操作系统返回一个值 0。返回值 0 表示程序执行成功。

6. 函数结束部分

main 函数的主体以右花括号“}”结束。

2.2　常量和变量

C 语言中数据，按其取值是否可改变又分为常量和变量两种。在程序执行过程中，其值不可变的量称为常量；其值可变的量称为变量。

2.2.1　常量

在程序执行过程中，其值不能被改变的量称为常量。常量可分为不同的类型，如 12、0、–7 为整型常量，3.14、–2.8 为实型常量，'a'、'b'、'c'则为字符常量。常量即为常数，一般从其字面形式即可判别。这种常量称为直接常量。

有时为了使程序更加清晰、可读性强、便于修改，用一个标识符来代表常量，即给某个常量取个有意义的名字，这种常量称为符号常量。

符号常量在使用之前必须先定义，其一般形式为：

```
    #define 标识符 常量
```

其中#define 是一条预处理命令(预处理命令都以“#”开头)，称为宏定义命令，其功能是把该标识符定义为其后的常量值。一经定义，以后在程序中所有出现该标识符的地方均代之以该常量值，如例 2-1 中的“#define PI 3.1415926”。

注意，符号常量也是常量，它的值在其作用域内不能改变，也不能再被赋值。例如，下面试图给符号常量 PI 赋值的语句是错误的：

```
    PI = 3.1415;                //错误!
```

为了区别程序中的符号常量名与变量名，习惯上用大写字母命名符号常量，而用小写字母命名变量。

使用符号常量的好处如下：

(1) 含义清楚，“见名知意”。

(2) 在需要改变一个常量时能做到“一改全改”。

2.2.2　变量

在程序执行过程中，其值可变的量称为变量。一个变量必须有一个名字，以便被引用，

在内存中占据一定的存储单元，在该存储单元中存放变量的值。请注意，变量名和变量值是两个不同的概念。变量名在程序运行的过程中不会改变，而变量值则可以发生变化。变量名实际上是以一个名字代表一个地址，在对程序编译链接时由编译系统给每一个变量名分配对应的内存地址。从变量中取值，实际上是通过变量名找到相应的内存地址，从该存储单元中读取数据，如图 2-1 所示。

变量名
b
4
变量值
存储单元

图 2-1　变量名和变量值

变量名是一种标识符，所谓标识符就是程序中用来为符号常量、变量、函数、数组、文件等命名的有效字符序列。标识符的命名规则如下：

(1) 只能由字母、数字和下划线组成。

(2) 第 1 个字符必须为字母或下划线。

(3) 不能使用 C 语言中的关键字，关键字如表 2-1 所示。

(4) 区分大小写字母，sum 和 Sum 是不同的标识符。

表 2-1　C 语言关键字

char	short	int	long	signed	unsigned	float	double
struct	union	enum	void	for	do	while	break
continue	if	else	goto	switch	case	default	return
auto	extern	register	static	typedef	const	sizeof	volatile

2.3　数 据 类 型

2.3.1　数据类型的一般概念

数据是程序处理的基本对象，每个数据在计算机中是以特定的形式存储的。例如，整数、实数和字符等。C 语言中根据数据的不同性质和用处，将其分为不同的数据类型，各种数据类型具有不同的存储长度、取值范围及允许的操作。

C 语言提供了基本类型、构造类型、指针类型和空类型等多种数据类型，如图 2-2 所示。

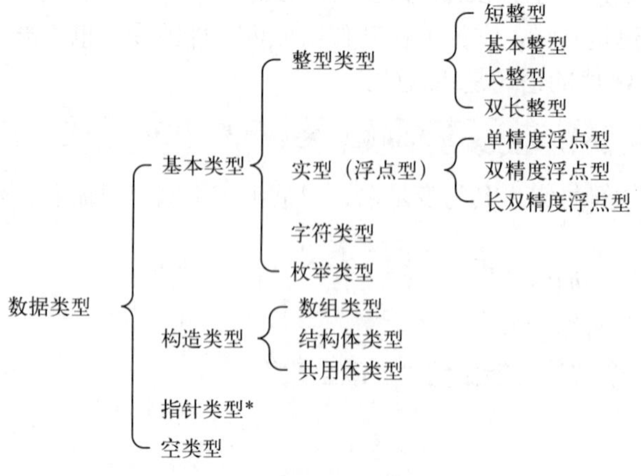

图 2-2　C 语言的数据类型

C 语言中数据有常量与变量之分，它们分别属于图 2-2 中这些数据类型。这些数据类型还可以构造出更复杂的数据类型，如表、树、栈等。

本节主要介绍基本数据类型，枚举类型除外。

2.3.2　整型数据

C 语言的整数类型(又称整型)用来表示整数。计算机中只能表示有限位的整数，整型是整数的一个有限子集，整型数据又可以分为整型常量和整型变量。

1. 整型常量

整型常量就是整常数。在 C 语言中使用的整常数有八进制、十六进制和十进制 3 种，使用不同的前缀进行区分。

(1) 八进制整常数。

八进制整常数必须以 0 开头，即以 0 作为八进制数的前缀。数码取值为 0～7，如 0123 表示八进制数 123，即 $(123)_8$，等于十进制数 83，即 $1\times8^2+2\times8^1+3\times8^0=83$；–011 表示八进制数–11，即 $(-11)_8$，等于十进制数–9。

(2) 十六进制整常数。

十六进制整常数的前缀为 0X 或 0x。其数码取值为 0～9、A～F 或 a～f，如 0x123 表示十六进制数 123，即 $(123)_{16}$，等于十进制数 291，即 $1\times16^2+2\times16^1+3\times16^0=291$；–011 表示十六进制数–11，即 $(-11)_{16}$，等于十进制数–17。

(3) 十进制整常数。

十进制整常数没有前缀，数码取值为 0～9，如 123，–456。

2. 整型变量的分类

整型变量可分为基本整型(int)、短整型(short int)、长整型(long int)、双长整型(long long int)和无符号型(unsigned)。

(1) 基本整型。

类型声明符为 int，在内存中占 2 字节或 4 字节。

说明： C 标准没有规定各种类型数据占用存储空间的长度，是由编译系统自行决定的。

(2) 短整型。

类型声明符为 short int 或 short，在内存中占 2 字节，取值范围为–32768～32767。

(3) 长整型。

类型声明符为 long int 或 long，在内存中占 4 字节。

(4) 双长整型。

类型声明符为 long long int 或者 long long，在内存中一般分配 8 字节。

说明： C 标准虽然没具体规定各种类型数据占用存储单元的长度，但是要求 long 型数据的长度不短于 int 型，int 型不短于 short 型，即：

$$\text{sizeof(short)} \leqslant \text{sizeof(int)} \leqslant \text{sizeof(long)} \leqslant \text{sizeof(long long)}$$

sizeof 是测算类型或变量长度的运算符。在 Turbo C 2.0 中，short 型和 int 型数据都是 2 字节 16 位，long 型数据是 4 字节 32 位；在 Dev C++和 Visual C++ 6.0 中，short 型数据是 2

字节 16 位，int 型和 long 型数据是 4 字节 32 位。

目前大多编译系统把 short 型数据定为 2 字节 16 位，int 型数据定为 4 字节 32 位，long 型数据定为 4 字节 32 位，long long 型数据定为 8 字节 64 位。

(5) 无符号型。

类型声明符为 unsigned，存储单元中全部二进制位(bit)都用作存放数本身，而不包括符号。无符号型又可与前面的 4 种类型匹配而构成另外几种类型。

①无符号短整型：类型声明符为 unsigned short。

②无符号基本整型：类型声明符为 unsigned int。

③无符号长整型：类型声明符为 unsigned long。

④ 无符号双长整型：类型声明符为 unsigned long long。

有符号数据存储单元中最高位代表符号位，0 为正，1 为负。各种无符号类型量所占的内存空间字节数与相应的有符号类型量相同。由于省去了符号位，故不能表示负数，但可存放的正数范围比一般整型变量中正数的范围扩大一倍。例如，定义 a 和 b 两个变量：

```
int a;
unsigned int b;
```

如果用 2 字节存放一个 int 型整数，则变量 a 的数值范围是–32768～32767，变量 b 的数值范围是 0～65 535，如图 2-3 所示。

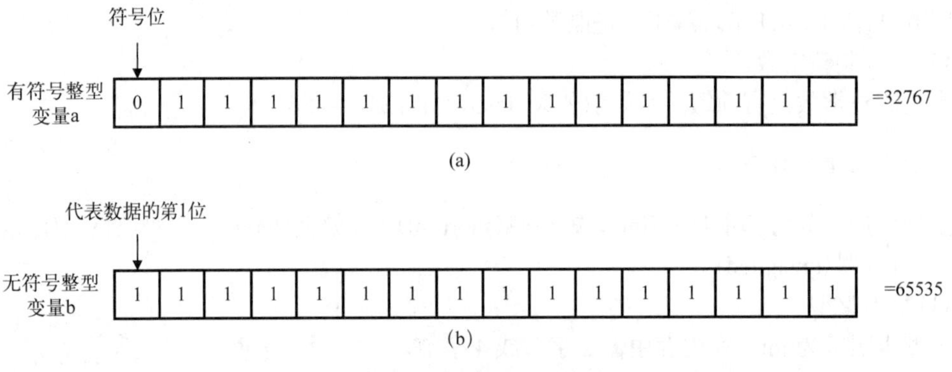

图 2-3　整型量的最大值

各种整型变量所分配的内存字节数及数的取值范围如表 2-2 所示。

表 2-2　整型变量的内存字节数及取值范围

类型声明符	字节数	取值范围
short [int]	2	–32 768～32 767，即-2^{15}～($2^{15}-1$)
int	2	–32 768～32 767，即-2^{15}～($2^{15}-1$)
	4	–2 147 483 648～2 147 483 647，即-2^{31}～($2^{31}-1$)
long [int]	4	–2 147 483 648～2 147 483 647，即-2^{31}～($2^{31}-1$)
long long [int]	8	–9 223 372 036 854 775 808～9 223 372 036 854 775 807，即-2^{63}～($2^{63}-1$)
unsigned short	2	0～65 535，即 0～($2^{16}-1$)
unsigned int	2	0～65 535，即 0～($2^{16}-1$)
	4	0～4 294 967 295，即 0～($2^{32}-1$)

续表

类型声明符	字节数	取值范围
unsigned long [int]	4	0～4 294 967 295，即 0～($2^{32}-1$)
unsigned long long [int]	8	0～18 446 744 073 709 551 615，即 0～($2^{64}-1$)

方括号表示其中的内容是可选的，可写可不写。

说明：只有整型和字符型数据可以加 unsigned 修饰符，实型数据则不能加。

3. 整型变量的定义

C 规定在程序中所有用到的变量都必须在程序中定义，即“强制类型定义”。

变量定义的一般形式为：

```
类型声明符 变量名标识符 1,变量名标识符 2, ...;
```

例如：

```
int a, b, c;                    //a、b、c 为整型变量
long m, n;                      //m、n 为长整型变量
unsigned int p, q;              //p、q 为无符号整型变量
```

变量定义时应注意以下几点：

(1) 允许在一个类型声明符后定义多个相同类型的变量，各变量名之间用逗号间隔。类型声明符与变量名之间至少用一个空格间隔。

(2) 最后一个变量名之后必须以分号“;”结束。

(3) 变量定义必须放在变量使用之前。

(4) 可在定义变量的同时给出变量的初值。其格式为：

```
类型声明符  变量名标识符 1 = 初值 1, 变量名标识符 2 = 初值 2, ...;
```

例 2-2　整型变量的定义与初始化。

程序代码：

```
#include <stdio.h>
int main( ){
    int a = 3, b = 5;
    printf("a+b = %d", a + b);
    return 0;
}
```

运行结果：a+b = 8。

4. 变量在内存中的存储形式

数据在内存中是以二进制形式存放的，如果定义了一个短整型变量 i：

```
short int i = 10;
```

十进制数 10 的二进制形式为 1010，每个整型变量在内存中占 2 字节，如图 2-4 所示，图 2-4(a) 是数据存放的示意图，图 2-4(b) 是数据在内存中实际存放的情况。

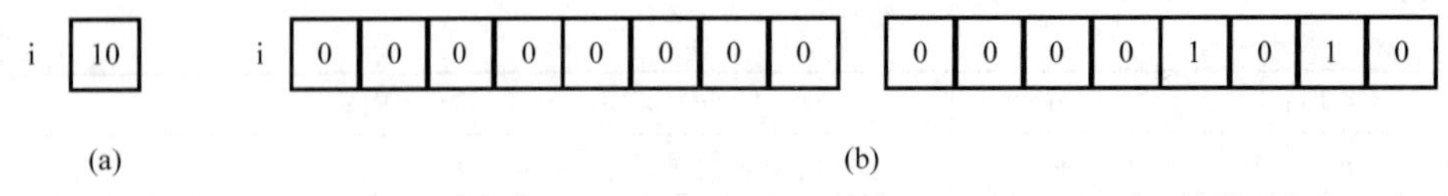

图 2-4　数据存放情况

数值是以补码的形式存放的。正数的补码和其原码的形式相同；负数的补码是：将该数的绝对值的二进制形式，按位取反末尾加 1。如–10 的补码：取–10 的绝对值 10；10 的原码二进制形式为 00000000 00001010（一个整数占 16 位）；按位取反得 11111111 11110101；末位加 1 得 11111111 11110110，如图 2-5 所示。

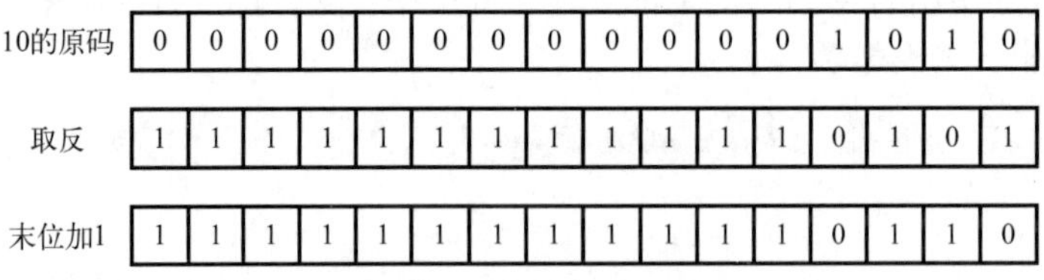

图 2-5　–10 的补码

最左面的一位是符号位，0 表示正数，1 表示负数。

5. 整型数据的溢出

一个 short int 型变量用 2 字节存放，取值范围是–32 768～32 767，超过这个范围则为溢出。

例 2-3　整型数据的溢出。

程序代码：

```
#include <stdio.h>
int main( ){
    short int a,b;
    a = 32767;
    b = a+1;
    printf("a = %d,b = %d\n", a , b);
    return 0;
}
```

运行结果：a = 32767，b = –32768。

程序说明：

32 767 在内存中的存放形式是 01111111 11111111，加 1 后变为 10000000 00000000，而它是–32 768 的补码形式，所以变量 b 的值是–32 768。一个短整型变量只能容纳–32 768～32 767 范围内的数，超过这个范围则为溢出。但运行时系统并不给出“错误信息”，要靠细心和经验来保证结果的正确。

溢出操作的输出结果可以这样计算：将该数减去该数据类型的模，模是该数据类型所能表示的数的个数，短整型数据类型的模是 65 536。

例如：

```
short int i = 65535;
printf("%d\n", i);
```

输出结果：–1，因为 65535–65536 = –1。

2.3.3　实型数据

在 C 语言中，实型数又称浮点数。

1. 实型变量的分类

按照数值的取值范围，不同实型分为以下 3 种：

(1) 单精度实型：类型声明符为 float，在内存中占 4 字节。

(2) 双精度实型：类型声明符为 double，在内存中占 8 字节。

(3) 长双精度实型：类型声明符为 long double，不同编译系统处理方法不同，Turbo C 2.0 和 Dev C++中给 long double 型分配 16 字节，Visual C++ 6.0 中给它分配 8 字节。

各种实型变量的数据长度、精度和取值范围与所选择的系统有关，不同系统有所差异。各种实型变量的数据长度、精度和取值范围如表 2-3 所示。

表 2-3　实型数据

类型名称	类型说明符	字节数/B	位数/bit	有效数字	取值范围
单精度实型	float	4	32	6～7	$-3.4\times10^{-38} \sim 3.4\times10^{38}$
双精度实型	double	8	64	15～16	$-1.7\times10^{-308} \sim 1.7\times10^{308}$
长双精度实型	long double	8	64	15～16	$-1.7\times10^{-308} \sim 1.7\times10^{308}$
	long double	16	128	18～19	$-1.2\times10^{-4932} \sim 1.2\times10^{4932}$

2. 实型变量的定义

实型变量声明的格式和书写规则与整型相同。

例如：

```
float x, y;                    //x、y 为单精度变量
double a, b;                   //a、b 为双精度变量
```

也可在声明变量为实型的同时，给变量赋初值。

例如：

```
float x=3.2, y=5.3;            //x、y 为单精度变量，且有初值
double a=0.2, b=1.3;           //a、b 为双精度变量，且有初值
```

3. 实型数据的存储方式

实型数据的存储方式与整型不同，它是按照指数形式存储的。系统把实型数据分成小数和指数两部分分别存放。例如，实数 3.14159 在内存中的存放形式如图 2-6 所示。

其中小数部分和指数部分各占多少位，由 C 编译系统自定。在 Turbo C 系统中，float 类型的变量占 4 字节 32 位，24 位表示小数部分 (最高位是小数部分的符号)，8 位表示指数部分 (最高位是指数部分的符号)。小数部分占的位数越多，数的有效数字越多，精度越高；指数部分占的位数越多，表示的数值范围越大。

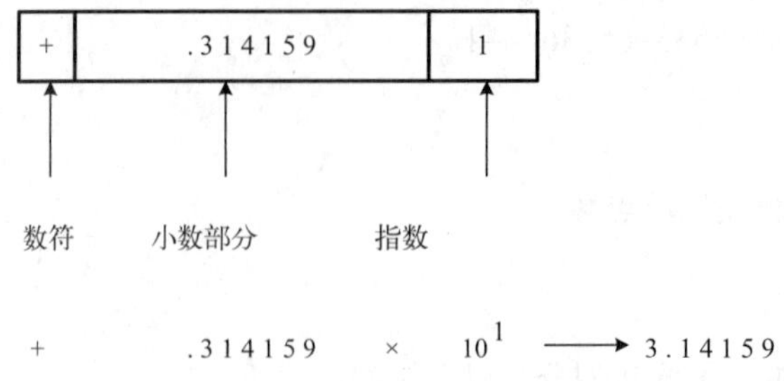

图 2-6　3.14159 的内存存放形式

4. 实型常量

在 C 语言中，实数只采用十进制表示。

(1)实型常量的表示形式。

有两种形式：十进制数形式和指数形式。

①十进制数形式。由数码 0～9 和小数点组成。例如 0.0、.25、5.789、0.13、5.0、300.、-267.8230 等均为合法的实数。

②指数形式。一般格式是“实数+e(或 E)+整数”，记为 a E n，其值为 $a\times10^{n}$。注意，字母 e 之前必须有数字，并且 e 后面必须是整数，如 e2、2.1e3.5、.e3、e 都是不合法的指数形式。123.456 的指数形式有 123.456e0、1.23456e2、0.123456e3 等多种写法，但 1.23456e2 是规范化的指数形式，即在字母 e 之前的小数部分中小数点左边有且仅有一位非零的数字。

(2)实型常量的类型。

许多 C 编译系统将实型常量作为双精度来处理，例如：

```
float a;
a = 1.23456*6543.21;
```

系统将 1.23456*6543.21 按双精度存储和运算，得到一个双精度的结果，然后取前 7 位赋值给变量 a。这样做可以保证计算结果更精确，但降低了运算的速度。为了提高速度可以改为：a = 1.23456f *6543.21f;，这样系统就会将 1.23456*6543.21 按单精度存储和运算。

一个实型常量可以赋给一个 float 型、double 型或 long double 型变量，系统根据变量的类型自动截取相应的有效数字。

下面的例子说明了 float 和 double 的不同。

例 2-4　演示 float 和 double 的区别。

程序代码：

```
#include <stdio.h>
int main( ){
    float a;
    double b;
    a = 33333.333333;
    b = 33333.333333333;
    printf("a = %f\nb = %f\n", a, b);
```

```
    return 0;
}
```

运行结果：

```
a = 33333.332031
b = 33333.333333
```

程序说明：

本例中，由于 a 是单精度浮点型，有效位数只有 7 位。而整数已占 5 位，故小数 2 位之后均为无效数字。b 是双精度型，有效位为 16 位。但 Turbo C 规定小数点后最多保留 6 位，其余部分四舍五入。

2.3.4　字符型数据

字符型数据包括字符常量、字符变量和字符串常量。

1．字符常量

字符常量是用一对单引号括起来的单个字符，如'A'、'a'、'X'、'?'、'$'等都是字符常量。注意，单引号是定界符，不是字符常量的一部分。

在 C 语言中，字符常量可以和数值一样在程序中参加运算，其值就是该字符的 ASCII 码值。例如，字符'A'的数值为十进制数 65。

除了以上形式的字符常量外，C 语言还允许用一种特殊形式的字符常量，即转义字符。转义字符以反斜线“\”开头，后跟一个或几个字符。转义字符具有特定的含义，通常用来表示键盘上的控制代码和某些用于功能定义的特殊符号，如回车符、换页符等。常用的转义字符及其含义如表 2-4 所示。

表 2-4　常见的转义字符

转义字符	表示含义	ASCII 代码
\\	反斜杠字符“\”	92
\'	单引号字符	39
\"	双引号字符	34
\n	换行，将当前位置移到下一行开头	10
\t	水平制表，横向跳到下一个输出区	9
\r	回车，将当前位置移到本行开头	13
\f	换页，将当前位置移到下页开头	12
\b	退格，将当前位置移到前一列	8
\ddd	1 到 3 位八进制数所代表的字符	
\xhh	1 到 2 位十六进制数所代表的字符	

转义字符是将反斜杠'\'后面的字符转换成另外的意义。如'\n'不代表字母 n 而作为换行符；'\101'代表 ASCII 码为 $(101)_8$ 的字符'A'；'\x41'代表 ASCII 码为 $(41)_{16}$ 的字符'A'。

例 2-5　转义字符的使用。

程序代码：

```
#include <stdio.h>
int main(){
    int a, b, c;              //定义 a、b、c 为整数
    a=5; b=6; c=7;
    printf("%d\n\t%d  %d\n  %d  %d\t\b%d\n", a, b, c, a, b, c);
    return 0;
}
```

运行结果：

```
5
        6  7
  5   67
```

程序说明：

程序在第 1 列输出 a 的值 5 之后就是'\n'，故回车换行；接着又是'\t'，于是跳到下一制表位置(设制表位置间隔为 8)，再输出 b 值 6；空两格再输出 c 值 7 后又是'\n'，因此再回车换行；再空两格之后又输出 a 值 5；再空 3 格又输出 b 的值 6；再次遇'\t'跳到下一制表位置，但下一转义字符'\b'又使之退回一格，故紧跟着 6 再输出 c 的值 7。

2．字符变量

字符变量用来存放字符常量，即单个字符。每个字符变量被分配 1 字节的内存空间，因此只能存放一个字符。

字符变量的类型声明符为 char，字符变量类型声明的格式如下：

```
char a, b;                   //定义字符变量 a 和 b
a='x', b='y';                //给字符变量 a 和 b 分别赋值'x'和'y'
```

将一个字符常量存放到一个变量中，实际上并不是把该字符本身放到变量内存单元中去，而是将该字符相应的 ASCII 代码放到存储单元中。例如字符'x'的十进制 ASCII 码是 120，字符'y'的十进制 ASCII 码是 121。对字符变量 a、b 赋予'x'和'y'(a = 'x'; b = 'y';)，实际上是在 a、b 两个单元中存放 120 和 121 的二进制代码：

a　　0 1 1 1 1 0 0 0

b　　0 1 1 1 1 0 0 1

既然字符数据在内存中以 ASCII 码存储，它的存储形式与整数的存储形式相类似，所以也可以把它们看成整型变量。C 语言允许对整型变量赋字符值，也允许对字符变量赋整型值。在输出时，允许把字符数据按整型形式输出，也允许把整型数据按字符形式输出。以字符形式输出时，需要先将存储单元中的 ASCII 码转换成相应的字符，然后输出。以整数形式输出时，直接将 ASCII 码值当作整数输出。也可以对字符数据进行算术运算，此时相当于对它们的 ASCII 码进行算术运算。

整型数据为 2 字节或 4 字节，字符数据为 1 字节，当整型数据按字符变量处理时，只有低 8 位参与处理。

例 2-6　字符变量的使用。

程序代码：

```
#include <stdio.h>
int main(){
    char a, b;
    a=120;
    b=121;
    printf("%c,%c\n%d,%d\n", a, b, a, b);
    return 0;
}
```

运行结果：

```
x,y
120,121
```

程序说明：

本程序中，定义 a、b 为字符变量，但在赋值语句中赋予整型值。从结果看，a、b 值的输出形式取决于 printf 函数格式串中的格式符，当格式符为“%c”时，对应输出的变量值为字符形式，当格式符为“%d”时，对应输出的变量值为整数形式。

例 2-7　将小写字母转换成大写字母。

问题分析与程序思路：

字符数据以 ASCII 码存储在内存中，形式和整数的存储形式相同，所以字符型数据和其他算术型数据之间可以相互赋值和运算。

要进行大小写字母之间的转换，就要找到一个字母的大写形式和小写形式之间的内在联系。从 ASCII 码表中可以找到其内在规律：同一个字母，用小写表示的字符的 ASCII 码比用大写表示的字符的 ASCII 码大 32。例如字符'a'的 ASCII 码是 97，而'A'的 ASCII 码是 65。将小写字母的 ASCII 码减 32，就能得到大写字母。

程序代码：

```
#include <stdio.h>
int main(){
    char a, b;
    a='x';
    b='y';
    a=a-32;                                   //把小写字母转换成大写字母
    b=b-32;
    printf("%c,%c\n%d,%d\n", a, b, a, b);     //分别以字符型和整型输出
return 0;
}
```

运行结果：

```
X,Y
88,89
```

程序说明：

由于每个小写字母比它相应的大写字母的 ASCII 码大 32，如'a' = 'A'+32、'b' = 'B'+32，因此，语句“a = a−32;”即可将字符变量 a 中原有的小写字母转换成大写字母。

3. 字符串常量

字符常量是由一对单引号括起来的单个字符。C 语言除了允许使用字符常量外，还允许使用字符串常量。字符串常量是由一对双引号括起来的字符序列，如："CHINA"、"C program"和"$12.5"等都是合法的字符串常量。

可以输出一个字符串，例如：

```
    printf("Hello world!");
```

初学者容易将字符常量与字符串常量混淆。'a'是字符常量，"a"是字符串常量，二者不同。假设 c 被指定为字符变量，则“c = "a";”是正确的，而“c = "a";”是错误的。即：不能把一个字符串赋值给一个字符变量。

那么，'a'和"a"究竟有什么区别呢？C 语言规定，在每一个字符串的结尾加一个字符串结束标记，系统据此判断字符串结束。C 语言规定以字符'\0'作为字符串结束标记。'\0'是一个 ASCII 码为 0 的字符，也就是空操作字符，即它不引起任何控制动作，也不是一个可显示的字符。如字符串"WORLD"在内存中的实际存放形式为：

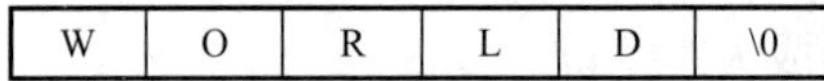

W	O	R	L	D	\0

可以看出，字符串"WORLD"在内存中需要 6 字节的存储空间，最后 1 字节存储的是字符串结束标记'\0'。注意，'\0'是系统自动加上的。因此，"a"实际包含了两个字符：'a'和'\0'，因此，把"a"赋值给一个字符变量显然是错误的。

在 C 语言中，没有专门的字符串变量，字符串如果需要存放在变量中，则需要用字符数组来存放，这将在 5.3 节中介绍。

2.4 运　算　符

2.4.1 赋值运算符

1. 赋值运算

赋值符号“ = ”就是赋值运算符，由赋值运算符组成的表达式称为赋值表达式。其一般形式为：

变量名 = 表达式

赋值的含义是指将赋值运算符右边的表达式的值存放到以左边变量名为标识的存储单元中。

2. 复合赋值运算符

为了提高编译生成的可执行代码的执行效率，C 语言规定可以在赋值运算符“ = ”之前加上其他运算符，以构成复合赋值运算符。其一般形式为：

变量　双目运算符 = 表达式

等价于：变量 = 变量 双目运算符 表达式

例如：

```
n +=1        //等价于 n=n + 1;
x *=y+1      //等价于 x=x * (y+1); 运算符“+”的优先级高于复合赋值运算符“*=”
```

赋值表达式中的“表达式”也可以是一个赋值表达式。复合赋值运算符的优先级与赋值运算符的优先级相同，结合方向也一致(自右至左)。例如：

```
a=(b=5)                    //赋值表达式值为 5，a、b 的值均为 5
a=(b=4) + (c=3)            //赋值表达式值为 7，a 的值为 7，b 的值为 4，c 的值为 3
a +=a -=a * a              /*如果 a 初值为 12，因为结合方向是自右至左的，此赋值表达
式的求解步骤如下：先进行“a-=a*a”的运算，相当于 a=a-a*a=12-12*12=-132；再进行
“a+=-132”的运算，相当于 a=a+(-132)=-132-132=-264*/
```

C 语言规定，所有双目运算符都可以与赋值运算符一起组合成复合赋值运算符。共有 10 种复合赋值运算符，即+=、-=、*=、/=、%=、<<=、>>=、&=、^=、||=。其中后 5 种是有关位运算的。

3. 赋值语句

赋值语句是由赋值表达式再加分号构成的表达式语句，一般形式为：

```
标识符=表达式 ;
```

其中表达式可以是常量、变量或者运算结果。例如：

```
int a=3;                        int a;
float f=3.21;                   float f;
                                a=3;
                                f=3.21;
```

以上两组语句都是声明了变量 a 和 f，并且给变量赋值，a 的值是 3，f 的值是 3.21，它们的内存示意如下：

a [3]　　　　f [3.21]

上面的例子中，左边的语句定义变量的同时对变量进行了初始化，右边的语句是先定义变量再赋值，赋值语句可以放在程序的任何地方，用来改变变量的值。

C 语言允许多重赋值，如：

```
x=y=z=1;
```

如果给变量赋的值和变量的数据类型不同，在赋值语句执行过程中就会发生数据类型的转换。有时数据类型转换会使信息丢失，如：

```
int a;
a=3.14;
```

因为 a 被定义为整型，所以不能存储小数，因此，赋值语句执行后 a 的值为 3。为了保证在数据转换时不发生错误，我们按照如下顺序(从高到低)排列所有的数据类型，并以此限制数据转换方向。

```
高      long  double
│       double
│       float
│       long  int
│       int
▼       short  int
低      char
```

如果数据按照上面的顺序转换为一个比自身更高的数据类型，则信息不会丢失；反之信息可能会丢失。

还可以强制类型转换，其一般形式为：

(类型声明符)(表达式)

其功能是把表达式的运算结果强制转换成类型声明符所表示的类型。例如：(float)a 把 a 转换为实型，(int)(x+y)把 x+y 的结果转换为整型。

在使用强制转换时应注意下列问题：

(1)类型声明符和表达式都必须加括号(单个变量可以不加括号)，如把(int)(x+y)写成(int)x+y 则成了把 x 转换成 int 型之后再与 y 相加。

(2)无论是强制转换还是自动转换，都只是为了本次运算的需要而对变量进行的临时性转换，而不改变变量本身的类型。

例 2-8 类型的强制转换。

程序代码：

```
#include <stdio.h>
int main(){
    float f=5.75;
    printf("(int)f=%d,f=%f\n", (int)f, f);
    return 0;
}
```

运行结果：

```
(int)f=5,f=5.750000
```

程序说明：

本例表明，f 虽被强制转为 int 型，但只在运算中起作用，这种转换是临时的，而 f 本身的类型并没有改变。

C 语言中规定了各种运算符号，它们是构成 C 语言表达式的基本元素。

运算是对数据进行加工的过程，用来表示各种不同运算的符号称为运算符。C 语言提供了相当丰富的运算符，除了一般高级语言所具有的算术运算符、关系运算符、逻辑运算符外，还提供了位运算符、自增自减运算符等。运算符分类如表 2-5 所示。

表 2-5 C 语言的运算符

运算符种类	运算符
算术运算符	+、−、*、/、%
自增、自减运算符	++、−−

续表

<table>
<tr><th>运算符种类</th><th>运算符</th></tr>
<tr><td>关系运算符</td><td>>、<、==、>=、<=、!=</td></tr>
<tr><td>逻辑运算符</td><td>!、&&、||</td></tr>
<tr><td>位运算符</td><td><<、>>、–、|、∧、&</td></tr>
<tr><td>赋值运算符</td><td>= 及其扩展赋值运算符</td></tr>
<tr><td>条件运算符</td><td>?　:</td></tr>
<tr><td>逗号运算符</td><td>,</td></tr>
<tr><td>指针运算符</td><td>*、&</td></tr>
<tr><td>求字节数运算符</td><td>sizeof</td></tr>
<tr><td>强制类型转换运算符</td><td>(类型)</td></tr>
<tr><td>分量运算符</td><td>. 、-></td></tr>
<tr><td>下标运算符</td><td>[ ]</td></tr>
<tr><td>其他</td><td>如函数调用运算符()</td></tr>
</table>

2.4.2 基本算术运算符

1．基本算术运算符种类

基本算术运算符的种类和功能如表 2-6 所示。

表 2-6　基本算术运算符的种类和功能

运算符	名称	举例	功能
+	正号运算符	+x	取 x 的正值
–	负号运算符	–x	取 x 的负值
*	乘法运算符	x*y	求 x 与 y 的积
/	除法运算符	x/y	求 x 与 y 的商
%	求余(或模)运算符	x%y	求 x 除以 y 的余数
+	加法运算符	x+y	求 x 与 y 的和
–	减法运算符	x–y	求 x 与 y 的差

使用算术运算符应注意以下几点：

(1)减法运算符“–”可用作取负值运算符，这时它为单目运算符。例如–(x+y)、–10 等。

(2)使用除法运算符“/”时，若参与运算的变量均为整数，则其结果也为整数(舍去小数)；若除数或被除数中有一个为负数，则舍入的方向是不固定的。例如：–7/4，在有的机器上得到的结果为–1，而在有的机器上得到的结果为–2。多数机器上采取“向零取整”原则，例如：7/4 = 1，–7/4 = –1，取整后向零靠拢。

(3)使用求余运算符(模运算符)“%”时，要求参与运算的变量必须均为整型，其结果值为两数相除所得的余数。一般情况下，所得的余数与被除数符号相同。例如：

7%4 = 3，10%5 = 0，–8%5 = –3，8%–5 = 3

2．算术表达式

用算术运算符、圆括号将运算对象(或称操作数)连接起来的、符合 C 语法规则的式子，称为 C 算术表达式。其中运算对象可以是常量、变量、函数等。例如：a*b/c–1.5+'a'，在该表达式后面加上分号就是表达式语句。

C 算术表达式的书写形式与数学中表达式的书写形式是有区别的，在使用时要注意以下几点：

(1) C 表达式中的乘号不能省略。例如：数学式 b^2-4ac，相应的 C 表达式应写成 b*b–4*a*c。

(2) C 表达式中只能使用系统允许的标识符。例如：数学式 πr^2 相应的 C 表达式应写成 3.14*r*r。

(3) C 表达式中的内容必须书写在同一行，不允许有分子分母的形式，必要时要利用圆括号保证运算的顺序。例如：数学式 $\frac{a+b}{c+d}$ 相应的 C 表达式应写为 (a+b)/(c+d)。

(4) C 表达式不允许使用方括号和花括号，只能使用圆括号帮助限定运算顺序。可以使用多层圆括号，但左右括号必须配对，运算时从内层圆括号开始、由内向外依次计算表达式的值。

3．基本算术运算符的优先级和结合性

C 语言规定了在表达式求值过程中各运算符的优先级和结合性。

(1) 优先级：是指当一个表达式中如果有多个运算符时，则计算是有先后次序的，这种计算的先后次序称为运算符的优先级。

(2) 结合性：是指当一个运算对象两侧的运算符的优先级别相同时，进行运算的结合方向。按“从右向左”的顺序运算，称为右结合性；按“从左向右”的顺序运算，称为左结合性。算术运算符的优先级和结合性如表 2-7 所示。

表 2-7　算术运算符的优先级和结合性

运算种类	结合性	优先级
*、/、%	从左向右	高 ↓ 低
+、–	从左向右	

在算术表达式中，若包含不同优先级的运算符，则按运算符的优先级别由高到低进行运算；若表达式中运算符的优先级别相同时，则按运算符的结合性进行运算。

在书写包含多种运算符的表达式时，应注意各个运算符的优先级，从而确保表达式中的运算符能以正确的顺序执行。如果对复杂表达式中运算符的计算顺序没有把握，可用圆括号来强制实现计算顺序。

2.4.3　自增、自减运算符

自增、自减运算符是单目运算符，即仅对一个对象运算，运算结果仍赋予该运算对象。参加运算的对象只能是变量而不能是表达式或常量(例如 6++或(a+b)++都是不合法的)，其功能是使变量值自增 1 和自减 1。自增、自减运算符的种类和功能如表 2-8 所示。

表 2-8　自增、自减运算符

运算符	名称	举例	等价运算
++	自增运算符	i++或++i	i = i+1
– –	自减运算符	i– –或– –i	i = i–1

自增、自减运算符可以用在运算量之前(如++i、– –i)，称为前置运算；自增、自减运算符也可以用在运算量之后(如++i、– –i)，称为后置运算。

对一个变量 i 实行前置运算(++i)或后置运算(i++)，其运算结果是一样的，即都使变量 i 值加 1(i = i+1)。但++i 和 i++的不同之处在于++i 是先执行 i = i+1 后，再使用 i 的值；而 i++是先使用 i 的值后，再执行 i = i+1。

例如：假设 i 的初值等于 3，则：

```
j = ++i        //i 的值先变成 4，再赋给 j，j 的值为 4
j = i++        //先将 i 的值赋给 j，j 的值为 3，然后 i 变为 4
```

综上所述，前置运算与后置运算的区别在于：

(1)前置运算是变量的值首先加 1 或减 1，然后再以该变量变化后的值参加其他运算。

(2)后置运算是变量的值参加有关的运算，然后再将变量的值加 1 或减 1，即参加运算的是变量变化前的值。

自增运算符(++)或自减运算符(– –)的结合方向是“从右向左”。例如，对于–i++，因为“–”运算符与“++”运算符的优先级相同，而结合方向为“从右向左”，即它相当于–(i++)。

2.4.4　逗号运算符

在 C 语言中，逗号运算符即“,”，可以用于将若干个表达式连接起来构成一个逗号表达式。其一般形式为：

```
表达式 1，表达式 2，…，表达式 n
```

求解过程为：自左至右，先求解表达式 1，再求解表达式 2，……，最后求解表达式 n。表达式 n 的值即为整个逗号表达式的值。例如：“3 + 5, 6 + 8”是一个逗号表达式，它的值为第 2 个表达式 6+8 的值，即 14。

逗号运算符在所有运算符中的优先级最低，且具有从左向右的结合性。它起到了把若干个表达式串联起来的作用。例如：

```
a = 3 * 4, a * 5, a + 10
```

求解过程为：先计算 3*4，将值 12 赋给 a，然后计算 a*5 的值为 60，最后计算 a+10 的值为 12+10 = 22，所以整个表达式的值为 22。注意变量 a 的值为 12。

使用逗号表达式应注意以下两点：

(1)一个逗号表达式可以与另一个表达式组成一个新的逗号表达式；例如：

```
(a = 3 * 4, a * 5), a + 10
```

其中逗号表达式“a = 3*4, a*5”与表达式 a+10 构成了新的逗号表达式。

(2)不是任何地方出现逗号都作为逗号运算符。例如，在变量声明中的逗号只起间隔符的作用，不构成逗号表达式。

下面总结一下本节介绍运算符的优先级和结合性，如表 2-9 所示。

表 2-9　本节介绍的运算符的优先级和结合性

优先级	运算符	含义	运算对象个数	结合方向
1	++	自增运算符	1(单目运算符)	从右向左
	--	自减运算符		
	-	负号运算符		
2	*	乘法运算符	2(双目运算符)	从左向右
	/	除法运算符		
	%	求余运算符		
3	+	加法运算符	2(双目运算符)	从左向右
	-	减法运算符		
4	= += -= *= /= %=	赋值运算符	2(双目运算符)	从右向左
5	,	逗号运算符		从左向右

2.5　标准输入输出

输入输出语句能够在程序执行时读取键盘输入以改变变量的值，或者把程序计算结果显示在显示器上。

C 本身不提供输入输出语句，是由函数完成的。在 C 标准函数库中提供一些输入输出函数，如 putchar 函数、getchar 函数、printf 函数和 scanf 函数等。

使用这些语句之前，在程序中必须包含下面的预处理命令：

```
#include <stdio.h>        //stdio 是 standard input & output 的缩写
```

这条指令告诉编译器，这段代码将使用标准 C 库函数中输入输出相关的函数。

2.5.1　输出字符函数 putchar

输出字符函数 putchar 用于向终端输出一个字符，将函数参数对应的字符输出到计算机屏幕上，格式如下：

```
putchar(c);
```

例如：

```
putchar('a');
putchar('b');
putchar('\n');
putchar('c');
```

输出结果：

```
ab
c
```

说明：putchar 函数可以输出能在屏幕上显示的字符，如 putchar('a')，也可以输出控制字符，如 putchar('\n')。

putchar(c)函数中的参数 c 可以是字符类型也可以是整型类型，因此，上述程序段也可以写成如下形式：

```
putchar(97);
putchar(98);
putchar(10);
putchar(99);
```

2.5.2　输入字符函数 getchar

输入字符函数 getchar()的作用是从键盘输入来读取一个字符，并将该字符的 ASCII 码作为函数返回值带回。格式如下：

```
getchar();
```

说明：getchar 函数没有参数，但是 getchar 后的括号不能省略。getchar 函数只能接收单个字符，如果输入多个字符，也只接收第 1 个字符，输入数字也按字符处理。

例 2-9　输入单个字符。

```
#include <stdio.h>
int main (){
    char c;
    c=getchar();
    putchar(c);
}
```

在运行时，如从键盘输入字符'a'，按回车键，则在屏幕上就会输出字符'a'。

```
a↙        (输入'a'后，按 Enter 键后，字符才送到内存)
a         (输出变量 c 的值)
```

getchar 函数调用也可以作为表达式的一部分，如 putchar(getchar())。

2.5.3　输出函数 printf

输出函数 printf 可以在屏幕上输出值和说明性文字，它包含两个参数：格式控制和输出表列。例如：

printf("peri = %f,area = %f\n", peri,area);

　　　　格式控制　　　　输出表列

其中格式控制是用双引号括起来的字符串，包含格式说明和普通字符。格式说明用于指定输出格式，是以%开头的字符串，在%后面跟有各种格式字符，以说明输出数据的类型、形式、长度、小数位数等。如“%d”表示按十进制整型输出，“%f”表示按小数形式输出实型数等，如表 2-10、表 2-11 所示。普通字符在输出时原样输出，在显示中起提示作用。输出变量表列中给出了各个输出项，要求格式控制字符串和输出表列在数量和类型上必须一一对应。例如：

```
printf("peri = %f,area = %f\n", peri,area);
```

格式说明（指 %f、%f）

```
printf("peri = %f,area = %f\n", peri,area);
```

普通字符（指 peri =、,area =、\n）

表 2-10　printf 函数格式字符

格式字符	功能
d	按十进制形式输出带符号的整数(正数前无+号)
o	按八进制形式无符号输出(无前导 0)
x,X	按十六进制形式无符号输出(无前导 0x)
u	按十进制无符号形式输出
c	按字符形式输出 1 字符
f	按十进制形式输出单、双精度浮点数(默认 6 位小数)
e,E	按指数形式输出单、双精度浮点数
g,G	选格式%f 或%e 中输出宽度较短的一种格式，且不输出无意义的 0
s	输出一个字符串

表 2-11　printf 函数附加格式说明符

格式字符	功能
m 附加格式说明符	按宽度 m 输出，右对齐；若宽度大于 m，按实际位数输出，下同
–m 附加格式说明符	按宽度 m 输出，左对齐
m.n 附加格式说明符	按宽度 m 输出，对实数表示输出 n 位小数；对字符串表示截取字符串前 n 个字符输出，右对齐
–m.n 附加格式说明符	按宽度 m 输出，对实数表示输出 n 位小数，对字符串表示截取字符串前 n 个字符输出，左对齐

举例：

1．如果变量 a = 123，b = 12345，printf("%4d,%4d",a,d)；

输出结果：␣123,12345

2．int a = –1; printf("%d,%o,%15o",a,a,a)；

输出结果：–1,37777777777,␣␣␣␣37777777777

说明：将内存单元中的 0 或 1 按照八进制形式无符号输出，所以输出的数值不带符号，即将符号位作为八进制数的一部分输出。

3．int a = –1; printf("%d,%o,%x",a,a,a)；

输出结果：–1, 37777777777,ffffffff

4．unsigned short int a = 65535;

printf("a = %d,%o,%x,%u\n",a,a,a,a)；

输出结果：65535,177777,ffff,65535

5．char c = 'a';

　int i = 97;

　printf("%3c,%3d,%3c,%3d",c,c,i,i)；

输出结果：␣␣a,␣97, ␣␣a, ␣97

6．printf("%3s,%7.2s,%.4s,%-5.3s\n","china","china","china","china");

输出结果：china,␣␣␣␣␣ch, chin, chi␣␣

7．float x = 111111.111,y = 222222.222;

printf("%f",x+y);

输出结果：333333.328125

单精度默认输出 6 位小数，前 7 位有效，超过 7 位无意义，并不是输出的所有数字都是准确的。

8．float f = 123.456;

printf("%f,%12f,%10.2f,%.2f",f,f,f,f);

输出结果：123.456001,␣␣123.456001, ␣␣␣␣123.46,123.46

9．printf("%e",123.456);

输出结果：1.234560e+002

说明：数值按标准化指数形式输出，小数点前有且只有一个非零数字，默认输出 6 位小数，指数部分占 5 位(如 e+002)，其中 e 占 1 位，指数符号占 1 位，指数占 3 位。

10．double f = 123.468;

printf("%f,%e,%g",f,f,f);

输出结果：123.468000,1.234680e+002,123.468

说明：%g 选格式%f 或%e 中输出宽度较短的一种格式，且不输出无意义的 0。

2.5.4　输入函数 scanf

使用 scanf 函数可以在程序执行时从键盘输入数据。例如，一个程序要计算一段时间后新长出青草的面积，如果在程序中时间段是一个常量，那么当需要改变时间段时，就需要改变这个常量，然后程序需要重新编译和执行，这样才能得到不同时期的输出值。如果使用输入函数就灵活多了，使用 scanf 函数来读取时间，不需要重新编译程序，只需要重新执行并输入改变的时间即可。

scanf 函数可以用来输入任何类型的多个数据。形式如下：

```
scanf(格式控制,地址表列);
```

格式控制的含义同 printf 函数；地址表列是由若干个地址组成的表列，可以是变量的地址或字符串的首地址。

例如：

```
int a,b,c;
scanf("%d%d%d",&a,&b,&c);
printf("%d,%d,%d\n",a,b,c);
```

输入：3␣4␣5↙　　　　　　(输入 a、b、c 的值)

输出：3,4,5　　　　　　　(输出 a、b、c 的值)

说明："%d%d%d"表示按十进制整数形式输入数据，输入数据时两个数据之间以一个或多个空格间隔，或 Enter 键、Tab 键。&a,&b,&c 中的“&”是地址运算符，&a 指 a 在内存中的地址。scanf 函数的作用是按照 a、b、c 在内存中的地址将 a、b、c 的值存进去。变量 a、b、 c 的地址是在定义 a、b、c 之后编译阶段分配的。

举例：

1．scanf("%d,%d",&a,&b);

输入：3,4↙

说明：在“格式控制”字符串中除了格式说明外还有其他字符，则在输入数据时应输入与这些字符相同的字符。

2．scanf("a = %d,b = %d,c = %d",&a,&b,&c);

输入：a = 12,b = 34,c = 56↙

3．scanf("%c%c%c",&c1,&c2,&c3);

输入：abc↙　　　　(字符间没有空格)

说明：在用%c 格式输入字符时，%c 只要求输入一个字符，后面不需要用分隔符。另外空格字符和转义字符都可作为有效字符输入。

如果输入：a␣b␣c↙　　　　(字符间有一个空格)

则 c1 = 'a',c2 = '␣',c3 = 'b'。

4．输入数据时不能规定精度，“scanf("%7.2f",a);”是错误的。

2.6　数值算法——线性插值

在许多实际问题及科学研究中，因素之间往往存在着函数关系，然而，这种关系经常很难有明显的解析表达，通常只是由观察与测试得到一些离散数值。有时，即使给出了解析表达式，却由于表达式过于复杂，不仅使用不便，而且不易于进行计算与理论分析。解决这类问题的方法有两种：一种是插值法，另一种是拟合法。在此介绍一种简单的插值方法——线性插值。

线性插值是指插值函数为线性函数的插值方法，其插值函数为一次多项式。它利用经过两个点(x_0, y_0)和(x_1, y_1)的直线来近似求解 x 的原函数值，如图 2-7 所示。

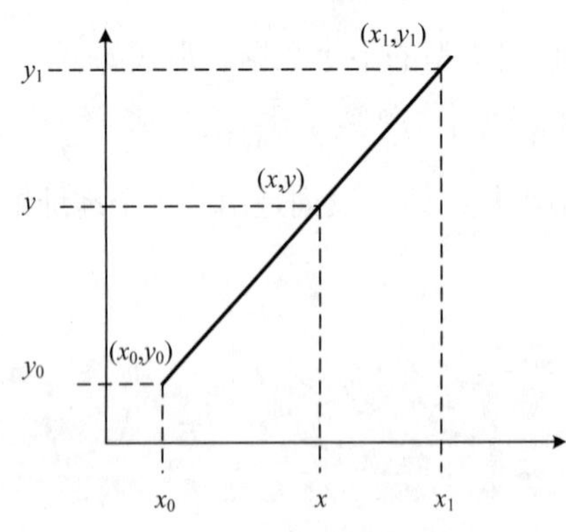

图 2-7　线性插值

假设已知点(x_0, y_0)、(x_1, y_1)，试问在 x 处插值，y 的值是多少？$(x_0 < x < x_1)$

已知两个点的坐标可以得到一条线，又已知线上一点的一个坐标可以求得这个点的另一个坐标值。这就是线性插值的原理，如式(2-1)所示。

$$y = y_0 + \frac{y_1 - y_0}{x_1 - x_0}(x - x_0) \tag{2-1}$$

例 2-10　假如某一天中测得了其中 7 个时间点的温度。1 点、3 点、8 点、12 点、15 点、20 点、24 点的温度分别是 8、9、16、23、22、18、10 摄氏度。请编写程序用线性插值的方法得到这一天中 1 点到 24 点之间其他时间点的温度？

程序代码：

```
#include <stdio.h>
int main(void){
    int x,x0,x1,y,y0,y1;                        //声明变量
    printf("输入 x0 和 y0 :\n");                 //从键盘读取用户输入
    scanf("%d%d",&x0,&y0);
    printf("输入 x1 和 y1: \n");
    scanf("%d%d",&x1,&y1);
    printf("请输入 x: \n");
    scanf("%d",&x);
    y=y0 + (y1-y0)/(x1-x0)*(x-x0);              //使用线性插值计算 y
    printf("%d 点的温度是%d 摄氏度\n",x,y);       //打印 x 点的温度
    return 0;
}
```

运行结果：

```
输入 x0 和 y0:
8⊔16↙
输入 x1 和 y1:
12⊔23↙
请输入 x:
10↙
10 点的温度是 18 摄氏度
```

2.7　综合应用实例

2.7.1　估算身高

警察破案时常需要推断罪犯的身高，一般身高是脚长的 6.876 倍。当然，通过脚的大小来推测犯人的身高，肯定会有误差，但一般误差不会大。除此之外，还可以通过罪犯步距(步印的间距)来推测，步距与身高通常是按比例递增的关系，理论上步距越大身高越高。身高和步距的关系是：男性身高×0.415 = 步距；女性身高×0.413 = 步距。这两种方法经常结合起来使用。

例 2-11　下面设计一个 C 程序，用户输入嫌疑人的脚长和步距，程序将会分别用脚长和步距估算出男性和女性的身高，并输出计算值。

1．问题陈述

分别用脚长和步距估算嫌疑人的身高。

2. 输入/输出描述

如图 2-8 所示，程序的输入是脚长和步距，输出高度由输入决定。因为不知道嫌疑人是男性还是女性，所以程序同时估算男性和女性身高。

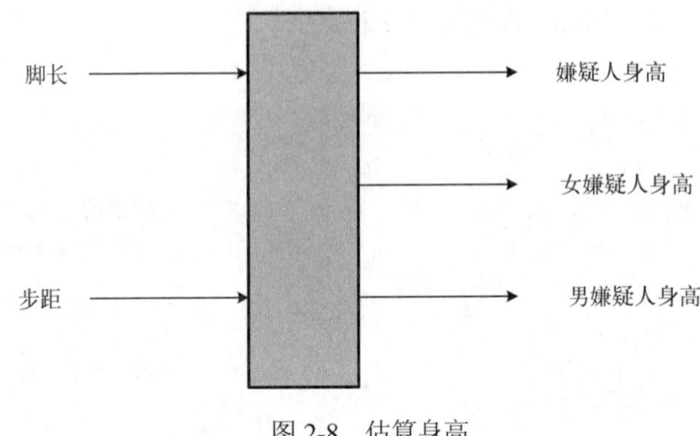

图 2-8　估算身高

3. 手工演示示例

如果嫌疑人 41 号鞋，则脚长 25.5 厘米，步距是 73.0 厘米，身高估算如下：
男性/女性身高(脚长) = 脚长×6.876 = 0.255×6.876 = 1.753
男性身高(步距) = 步距/0.415 = 0.730/0.415 = 1.759
女性身高(步距) = 步距/0.413 = 0.730/0.413 = 1.768

4. 算法设计

算法设计的第一步是将问题解决方案分解成可以顺序执行的步骤。
(1) 读取脚长和步距。
(2) 估算身高。
(3) 输出身高。
这个程序比较简单，分解步骤可以直接转换为 C 程序。

```
#include <stdio.h>
int main() {
    double fl,sd,h_f,h_s_m,h_s_f;                         //声明变量
    scanf("%lf,%lf",&fl,&sd);                             //从键盘获取用户输入
    h_f=fl*6.876;                                         //以脚长计算身高估算值
    h_s_m=sd/0.415;
    h_s_f=sd/0.413;
    printf("根据脚长计算罪犯的估算身高:%lf\n",h_f);          //打印身高估算值
    printf("根据步距计算男罪犯的估算身高:%lf\n",h_s_m);
    printf("根据步距计算女罪犯的估算身高:%lf\n",h_s_f);
    return 0;                                             //退出程序
}
```

运行结果：

```
0.255,0.73↙
根据脚长计算罪犯的估算身高:1.753380
根据步距计算男罪犯的估算身高:1.759036
根据步距计算女罪犯的估算身高:1.767554
```

2.7.2　飞机升力系数

风洞是指一个可以产生不同风速或马赫数的试验室(马赫是风速除以音速)。精确的飞机比例模型可以被安装在支持压力测试的试验室中，并且以多种不同的风速和角度来对模型进行压力测试。在一个扩展风洞测试结束后，通过使用测试中收集的大量数据，就可以确定一架新机型在不同航速和位置下的各种空气动力学性能表现的系数，比如升力和阻力等。下面给出一个风洞试验中收集的具体试验数据，如表 2-12 所示。

表 2-12　风洞测试数据

飞行路径角(°)	升力系数
–4	–0.182
–2	–0.056
0	0.097
2	0.238
4	0.421
6	0.479
8	0.654
10	0.792
12	0.924
14	1.035
15	1.076
16	1.103
17	1.120
18	1.121
19	1.115
20	1.099
21	1.059

例 2-12　假设现在要使用线性插值法来确定飞行路径角为–4°～21°的升力系数。编写程序，让用户自行输入两对数据点和两对点之间的飞行路径角，然后计算出相应的升力系数。

程序代码：

```
#include <stdio.h>
#include <math.h>
int main(void) {
    //声明变量
    double ja;            //飞行路径角 1
    double sa;            //升力系数 1
    double jb;            //飞行路径角 2
```

```
    double sb;              //升力系数 2
    double jc;              //飞行路径角 3，需要输入飞行路径角
    double sc;              //升力系数 3，待求的升力系数
    //从键盘获取用户输入
    printf("根据表中数据，输入飞行路径角和升力系数\n");
    printf("请输入第一个飞行路径角和升力系数：\n");
    scanf("%lf%lf",&ja,&sa);
    printf("请输入第二个飞行路径角和升力系数：\n");
    scanf("%lf%lf",&jb,&sb);
    printf("请输入第三个飞行路径角：\n");
    scanf("%lf",&jc);
    sc=sa + (jc-ja)/(jb-ja)*(sb-sa);     //使用线性插值计算新的升力系数 sc
    printf("新的升力系数 sc 是： %f \n",sc);     //打印新的升力系数 sc
    return 0;
}
```

运行结果：

```
根据表中数据，输入飞行路径角和升力系数
请输入第一个飞行路径角和升力系数：
0⊔0.097↙
请输入第二个飞行路径角和升力系数：
2⊔0.238↙
请输入第三个飞行路径角：
1↙
新的升力系数 sc 是：0.167500
```

2.7.3　汽车停车视距

在车辆行驶中，从驾驶员看到障碍物开始到做出判断而采取制动措施停车所需的最短距离叫停车视距。停车视距由 3 部分组成：一是驾驶员反应时间内行驶的距离(即反应距离)；二是开始制动到车辆完全停止所行驶的距离(即制动距离)；三是车辆停止时与障碍物应该保持的安全距离。其中，制动距离主要与行驶速度和路面类型有关。根据测试，某型车辆在潮湿天气于沥青路面行驶时，其行车速度与制动距离的关系如表 2-13 所示。

表 2-13　行车速度与制动距离的关系

行车速度/(km/h)	20	30	40	50	60	70	80
制动距离/m	3.15	7.08	12.59	19.68	28.34	38.57	50.4
行车速度/(km/h)	90	100	110	120	130	140	150
制动距离/m	63.75	78.71	95.22	113.29	132.93	154.12	176.87

例 2-13　假设驾驶员的反应时间为 10s，安全距离为 10m。请问：若以表中数据为参考，使用线性插值法设计一条最高时速为 150km/h 的高速公路，则设计人员应该保证驾驶者在公路上任一点的可视距离为多少米？

程序代码：

```
#include <stdio.h>
int main(void) {
double dis,v1,d1,v2,d2,v,d;
//从键盘获取用户输入
printf("请输入第一个行车速度和制动距离：\n");
scanf("%lf%lf",&v1,&d1);
printf("请输入第二个行车速度和制动距离：\n");
scanf("%lf%lf",&v2,&d2);
printf("请输入行车速度：\n");
scanf("%lf",&v);
//使用线性插值计算制动距离
d = d1 + (d2-d1)/(v2-v1)*(v-v1);
//计算可视距离
dis = v*1000/3600*10+d+10;
//打印可视距离
printf("可视距离是：%f \n",dis);
return 0;
}
```

运行结果：

```
请输入第一个行车速度和制动距离：
120␣113.29↙
请输入第二个行车速度和制动距离：
130␣132.93↙
请输入行车速度：
125↙
可视距离是：480.332222
```

2.8　习　　题

一、选择题

1．下列 4 组选项中，均不是 C 语言关键字的选项是(　　)。

A．define　　IF　　type

B．getc　　char　　printf

C．include　　case　　scanf

D．while　　go　　pow

2．下列 4 组选项中，均是合法转义字符的选项是(　　)。

A．'\”'　　'\\'　　'\n'　　　　B．'\'　　'\017'　　'\”'

C．'\018'　　'\f'　　'xab'　　　　D．'\\0'　　'\101'　　'xlf'

3．将字符 g 赋给字符变量 c，表达式(　　)是正确的。

A．c="g"　　　B．c=101　　　C．c='\147'　　　D．c='\0147'

4．已知字母'b'的 ASCII 码值为 98，如 ch 为字符型变量，则表达式 ch = 'b'+'5'−'2'的值为(　　)。

A. e　B. d　C. 102　D. 100

5. 以下表达式值为 3 的是(　　)。

A. 16–13%10　B. 2+3/2　C. 14/3–2　D. (2+6)/(12–9)

6. 以下叙述不正确的是(　　)。

A. 在 C 程序中，逗号运算符的优先级最低

B. 在 C 程序中，MAX 和 max 是两个不同的变量

C. 若 a 和 b 类型相同，在计算了赋值表达式 a = b 后，b 中的值将放入 a 中，而 b 中的值不变

D. 当从键盘输入数据时，对于整型变量只能输入整型数值，对于实型变量只能输入实型数值

7. 以下程序的输出结果是(　　)。

```
#include<stdio.h>
void main(){
    int a=2,c=5;
    printf("a=%%d,b=%%d\n",a,c);
}
```

A. a = %2,b = %5　B. a = 2,b = 5

C. a = %%d,b = %%d　D. a = %d,b = %d

8. 在 C 语言中，不正确的 int 类型的常数是(　　)。

A. 32768　B. 0　C. 037　D. 0xAF

9. 以下选项中合法的实型常数是(　　)。

A. 5E2.0　B. E–3　C. .2E0　D. 1.3E

10. 以下选项中合法的用户标识符是(　　)。

A. long　B. _2Test　C. 3Dmax　D. A.dat

二、填空题

1. 在 C 语言中，用“\”开头的字符序列称为转义字符。转义字符“\n”的功能是(　　)；转义字符“\r”的功能是(　　)。

2. 表达式(3+10)/2 的值为(　　)。

3. 设 x = 2.5，a = 7，y = 4.7，则算术表达式 x+a%3*(int)(x+y)%2/4 的值是(　　)。

4. 运算符“%”两侧运算对象的数据类型必须都是(　　)。

5. 下面程序段输出结果是(　　)。

```
int x=100,y=200;
printf("%d",(x,y));
```

6. 下面程序段输出结果是(　　)。

```
int x=100,y=200;
printf("%d",x,y);
```

7. 若以下变量均是整型，且 num = 7，计算表达式 sum = ++num，则 sum 的值为(　　)。

8. 若以下变量均是整型，且 num = 7，计算表达式 sum = num++，则 sum 的值为(　　)。

9．若所有变量均为整型，则表达式(a = 2,b = 5,a++,b++,a+b)的值为(　　)。

10．在C语言中，如果下面的变量都是int类型，则输出的结果是(　　)。

```
sum = pad = 5,pAd = sum++,pAd++,++pAd;
printf("%d\n",pad);
```

三、分析下面程序段，指出错误并改正。

1．int a,b; scanf("%d,%d",a,b);

2．int a,b; scanf("a = %d,b = %d",&a,&b); printf("a = %d,b = %d",a,b);

程序运行时输入：6,2↙

3．float f = 2.39; printf("%d",f);

4．改错题(改正注释所在行的错误)

```
# include <stdio.>              //**** Found ****
void mian() {                   //**** Found ****
    int a,b;                    //**** Found ****
    scanf("%d",a);              //**** Found ****
    scanf("d%",&b);             //**** Found ****
    a+=b                        //**** Found ****
    printf("a = %d,a);          //**** Found ****
}
```

四、程序分析题

1．下面程序段输出结果是(　　)。

```
int x = 023; printf("%d\n",--x);
```

2．下面程序段的输出是(　　)。

```
#include <stdio.h>
void main(){
    int x = 10,y = 3;
    printf("%d\n",y = x/y);
}
```

3．若x为float型变量，则以下语句输出结果是(　　)。

```
x = 213.82631; printf("%-4.2f\n",x);
```

4．以下程序输出结果是(　　)。

```
#include <stdio.h>
void main(){
    int i = 3,j = 2,a,b,c;
    a = (--i == j++)?--i:++j;
    b = i++;
    c = j;
    printf("%d,%d,%d\n",a,b,c);
}
```

五、编程题

1. 在 C 编译器中创建一个文件，写入例 2-1 程序，然后编译运行程序，会得到以下输出：peri = 62.831852,area = 312.159271。

2. 将上题中圆的半径改成 15，再运行程序，用计算器检查程序输出的结果。

3. 小明从小就讨厌数学，尤其是代数的部分。有一天老师出了一个题目如下：x + y = a；x^2+y^2 = b。请求出 x^3+y^3 的结果。小明看到这个题目，顿时眼冒金星，请你帮忙设计程序，解决小明的难题。

4. 将 d 天 h 小时 m 分钟换算成分钟，输入 d、h、m，输出换算好的分钟数。

5. 编写程序，输入 3 个浮点数，求它们的平均值并输出。

6. 写一程序，读入角度值，输出弧度值。

7. 不用中间变量，交换两整型变量的值。

8. 编写程序，输入两个整数，分别求它们的和、差、积、商、余数并输出。

9. 编写程序，根据父母身高计算孩子的遗传身高，公式为：儿子身高 = (父亲身高+母亲身高)÷2×1.08；女儿身高 = (父亲身高×0.923+母亲身高)÷2。

10. 假设我们观测“离海岸距离”与“海水深度”的关系。将海岸线的位置作为 0，每隔 50 米或者 100 米测量一次海水的深度，便得到了许多组数据，如表题 2-1 所示。编写程序，输入离海岸距离(50～450 米)，用线性插值方法计算海水深度的估算值。

表题 2-1 离海岸距离与海水深度的数据

离海岸距离/m	50	100	150	200	250	300	350	400	450
海水深度/m	12.3	18	23.4	29.5	34.2	39	45.6	53.8	60.1

第3章　程 序 结 构

结构化程序设计是一种程序设计技术，强调“自顶向下，逐步求精”设计原则，以提高程序的可读性、易维护性和可扩充性。结构化程序设计只允许出现3种基本程序结构，即顺序结构、选择结构和循环结构。C语言是一种结构化程序设计语言，它提供了3种基本控制结构。顺序结构是按照语句的先后顺序，自前向后逐条依次执行，它是一种最简单、最基本的结构。本章重点介绍C语言中的选择结构和循环结构等内容。

3.1　条件表达式

3.1.1　关系运算符

“关系运算”是将两个值进行比较，判断比较的结果是否符合条件。例如：关系表达式a>1，大于号(>)为一个关系运算符，如果a的值为2，则满足给定的条件“a>1”，关系表达式的值为“真”(即“条件满足”)；如果a的值为0，不满足条件“a>1”，则关系表达式的值为“假”。关系表达式的值为逻辑值“真”或“假”，即：1或0。

C语言共有6种关系运算符，包括：<(小于)，<=(小于等于)，>(大于)，>=(大于等于)，==(等于)，!=(不等于)。

优先次序：前4种优先级别相同，后2种优先级相同。前4种高于后2种。

运算规则：

(1)同级运算，自左向右，即：左边优先。

(2)关系运算符优先级低于算术运算符。

(3)关系运算符的优先级高于赋值运算符。

3.1.2　关系运算符实例解析

例3-1　某选秀活动，限制18岁才能参加，18岁以下不能参加。设计程序判断报名者的年龄是否满18岁，并给出提示。

问题分析与程序思路：

在现实世界中，不是全部的事情都按顺序进行的，需要根据客观条件做出判断和选择。在C语言中，使用if和else关键字对条件进行判断。if语句将在3.2节中进行详解。

程序代码：

```
#include <stdio.h>
int main(){
    int  age=0;
    printf("请输入您的年龄：");
    scanf("%d",&age);
    if (age >=18)
```

```
            printf("亲，您已成年，可以报名，祝您好运！\n");
        else
            printf("不好意思，等您 18 岁之后再来吧！\n");
    }
```

3.1.3　逻辑运算符

C 语言有 3 种逻辑运算符，具体为：

(1)&&：逻辑与(相当于“并且”)。

(2)|| ：逻辑或(相当于“或者”)。

(3)! ：逻辑非(相当于“取反”)。

优先次序如下：

!(逻辑非)运算符的级别与其他单目运算符级别一样是 2 级，其运算级高于算术运算符、关系运算符、赋值运算符等。&&(逻辑与)优先级高于||(逻辑或)优先级。

逻辑运算规则如表 3-1 所示。

表 3-1　逻辑运算的真值表

a	b	a&&b	a||b	!a	!b
真	真	真	真	假	假
真	假	假	真	假	真
假	真	假	真	真	假
假	假	假	假	真	真

说明：

(1)同级运算，自左向右。

(2)&&：当且仅当两个运算对象的值都为 1(真)时，结果为 1(真)，否则为 0(假)。即：同时为真才为真，否则为假。

(3)||：当且仅当两个运算对象的值都为 0(假)时，结果为 0(假)，否则为 1(真)。即：同时为假才为假，否则为真。

(4)!：当运算对象的值为 1(真)时，结果为 0(假)；否则，反之。

3.1.4　逻辑运算符实例解析

例 3-2　现在研发出了一款新的软件，要求使用者必须成年，并且成绩大于等于 60。

问题分析与程序思路：

使用&&逻辑运算符，表示 age>=18 和 score>=60 两个条件必须同时成立才能执行 if 后面的代码，否则就执行 else 后面的代码。

程序代码：

```
#include <stdio.h>
int main(){
    int age;
    float score;
    printf("请输入您的年龄和成绩：");
    scanf("%d %f", &age, &score);
```

```
    if(age>=18 && score>=60)
        printf("您满足条件，欢迎使用\n");
    else
        printf("因您还未成年或您的成绩不及格，不能使用！\n");
    return 0;
}
```

3.1.5 条件运算符

条件运算符要求有3个操作对象，称其为三目(元)运算符。条件运算符不是单一的符号，而是由“？”和“：”复合而成的，它是C语言中惟一的一个三目运算符。由3个操作对象与条件运算符“？”和“：”构成的表达式是条件表达式。

语句格式：

```
表达式1？表达式2：表达式3
```

语法解释：

(1)执行过程如图3-1所示。首先求解表达式1，若为非0(真)则继续求解表达式2，表达式2的值作为此条件表达式的结果；若表达式1的值为0(假)，则求解表达式3，此时表达式3的值为此条件表达式的结果。“？”是判断表达式1“真”“假”的符号，“：”是“真”与“假”结果的分隔符。

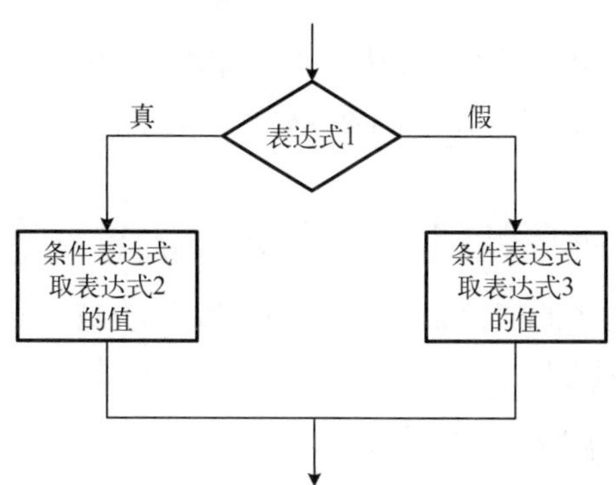

图3-1　条件表达式执行流程图

例：条件表达式中x=9,y=4，max=?

```
max=(x>y)? x:y
```

因为条件运算符运算级别高于赋值运算符，要先进行条件运算，(x>y)结果为“真”，所以将x的值赋给max，max=9。

(2)条件运算符优先于赋值运算符，低于逻辑运算符、关系运算符和算术运算符。上例可去掉括号写为：

```
max=x>y? x:y
```

当x>y时将x的值赋给max，当x≤y时将y的值赋给max，所以无论x>y是否满足，都是向同一个变量赋值。可以用下面的条件运算符替代，有：

```
max = (x>y)? x:y;
```

其中(x>y)?x:y 是一个“条件表达式”。如果(x>y)条件为真，则条件表达式取值 x；否则取值 y。

如果有 x>y? x: y+1，相当于 x>y?x:(y+1)。

(3)条件运算符可以嵌套，结合方向为“自右至左”。例如有以下条件表达式：

```
x>y?x:z>d?z:w
```

相当于 x>y?x: (z>w?z: w)

如果 x = 1，y = 2，z = 3，w = 4，则条件表达式的值等于 4。

(4)条件表达式还可以写成以下形式：

```
x>y?(x = 100):(y = 100)
```

或

```
x>y?printf("%d",x):printf(("%d",y)
```

即“表达式 2”和“表达式 3”可以是数值表达式，还可以是赋值表达式或函数表达式。

(5)条件表达式中，表达式 1 的类型可以与表达式 2 和表达式 3 的类型不同。

例如：

```
x?'y':'z'
```

整型变量 x 的值若等于 0，则条件表达式的值为'z'。表达式 2 和表达式 3 的类型也可以不同，此时条件表达式的值的类型为二者中较高者的类型。

例如：

```
x>y?2:2.1
```

如果 x≤y，则条件表达式的值为 2.1；若 x>y，值应为 2.0，由于 2.1 是实型数，比整型数 2 级别高，因此，将 2 转换成实型值 2.0。

3.1.6 条件运算符实例解析

例 3-3 输入一个字符，判别它是否大写字母，如果是，将它转换成小写字母；如果不是，输出字符。

问题分析与程序思路：

关于大小写字母之间的转换方法，从 ASCII 码表中可以知道小写字母 ASCII 码比它相应的大写字母 ASCII 码大 32。

程序代码：

```
#include<stdio.h>
int main(){
    char w;
    printf("input AL: ");
    scanf("%c",&w);
    w = (w> = 'A'&&w< = 'Z')?(w+32): w;
```

```
    printf("%c\n",w);
}
```

说明：条件表达式“(w>='A'&&w<='Z')?(w+32):w)”的作用是：如果字符变量 w 的值为大写字母，则条件表达式的值为(w+32)，即相应的小写字母 ASCII 码，32 是小写字母 ASCII 码与其对应的大写字母 ASCII 码的差；如果 w 的值不是大写字母，则条件表达式的值为 w，即小写字母，不进行转换。

3.2 选择结构语句

if 语句根据判定条件的结果(真或假)，决定执行哪一分支操作。if 语句最基本的形式有两种：if 单分支结构和 if 双分支结构。

3.2.1 单分支结构 if 语句

语句格式：

```
if(表达式) 语句;
```

语法解释：

if 语句的执行过程是，如果 if 后面括号中的表达式的值为真，则执行其后的语句，否则不执行该语句，如图 3-2 所示。

说明：if 单分支结构是以“;”结束的，其中“语句”是这条语句的一部分。

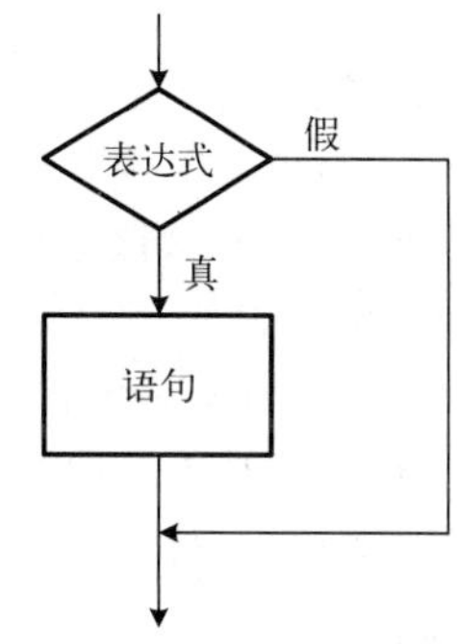

图 3-2 if 单分支语句执行流程图

3.2.2 双分支结构 if 语句

if 单分支结构可以完成单一分支的选择，如条件满足就执行此分支语句，条件不满足就执行下一条语句。如果在条件不满足情况下，有另一分支操作要求，就可以通过 if 双分支结构来实现。

语句格式：

```
it(表达式) 语句1;
else 语句2;
```

语法解释：

在 if 语句执行时，首先要计算 if 后括号中表达式的值，如果表达式结果为“真”(非零)，则执行 if 后“语句 1”，然后执行 if 的下一条语句；如果表达式结果为“假”(0)，则执行 else 后“语句 2”，然后执行 if 的下一条语句。if 双分支结构的执行过程如图 3-3 所示。

其他说明：

if 的双分支结构是 1 条语句，包含 if 和 else 两个分句，if 分句和 else 分句都以“;”结束。只要有 else 分句存在，其前面必须有 if 分句与其相呼应。注意：else 不可单独使用，必须与 if 配对使用。

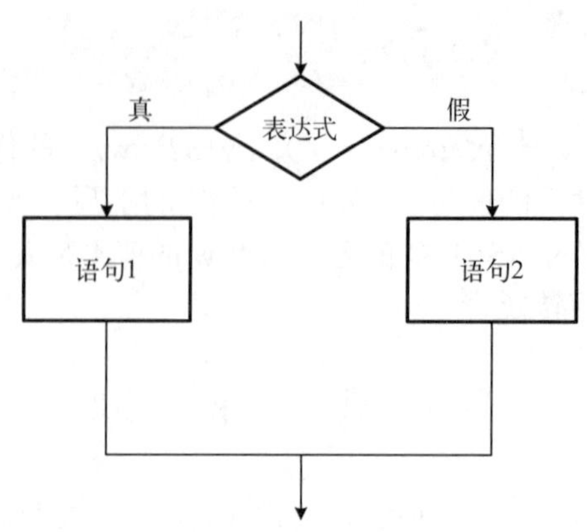

图 3-3　if 双分支语句执行流程图

if 语句的括号内的表达式是用来进行条件判断的，表达式运算结果应该是逻辑量“真”和“假”两个值。if 语句的括号内的表达式并不只限于关系表达式或逻辑表达式，可以是任意运算对象，但是运算结果一定是逻辑量“真”和“假”，运算结果为非“0”时即为“真”，只有“0”为“假”。为“真”时称为条件满足；为“假”时称为条件不满足。整数 1 表示逻辑“真”，整数 0 表示逻辑“假”。

if 语句的括号内可以是任意运算量和任意表达式，系统最终以非 0 和 0 来判定它们属于“真”或“假”，其括号内的结果必定是逻辑量“真”或“假”。

例如：

if(5)、if(–2)、if(a = 4)、if('a')：左侧 if 语句条件判断都为真。

if(!–1)、if(3–3)、if(b = 0)、if(0&&a&&b+7< = b++)：左侧 if 语句条件判断都为假。

if(c == 0)、if(c–9! = 0)：左侧 if 语句条件判断结果要根据 c 的值而定。

关于 if 语句表达式的注意事项如下：

(1) if(b = = 0)与 if(b = 0)是不同的，双等号“ = = ”为关系运算符，含义为是否相等，而单等号“ = ”为赋值运算符，功能是将等号右边的值赋值给等号左边的变量。在 if 语句中通常用双等号“ == ”进行相等判断；如：if(a == 0)是判断 a 是否等于 0，如果相等，那 if 的条件就为真，否则为假；而 if(b = 0)是将 0 赋值给 b，if(b = 0)等价于 if(0)，if 条件判断为假。

(2) if(10>x>1)与 if(x<10&&x>1)是不同的，对于 if(10>x>1)，是先进行 10>x 关系运算，再将其结果逻辑值 0 或 1 进行是否“>1”比较，显然 10>x>1 的结果永远为假(0)，因为无论 10>x 的结果为 1 或 0 都不会“>1”，所以 if(10>x>1)等价于 if(0)；对于 if(x<10&&x>1)，先进行 x<10 运算，再进行 x>1 运算，最后是&&(与)运算，只有在 x<10 和 x>1 两个表达式都为真的情况下 if(x<10&&x>1)的条件判断结果才为真。在 if 语句中要注意逻辑运算符&&(与)、||(或)、!(非)的使用。

(3) if 语句括号内不可为空。

例 3-4　当 x≥1 时，y = 6x–10，求函数 y 的值，试编写程序。

问题分析与程序思路：

只有当 x≥1 时，y = 6x–10，因此需要条件判断，考虑使用单分支选择结构。

程序代码：

```
# include <stdio.h>
int main(){
    int x,y=0;
    scanf("%d",&x);
    if(x>=1)
        y=6*x-10;
    printf("%4d",y);//如果 x>=1 为真，输出对应的 y 值，否则输出 y 值为 0
}
```

例 3-5 火车行李托运规定每张车票托运行李 100 公斤以内是 1.05 元每公斤，而超过 100 公斤的部分每公斤是原来的 3 倍，设计程序实现自动计费。

问题分析与程序思路：

首先输入行李重量，然后判别是否超过 100 公斤。此题也可以用 if 单分支结构完成，但用双分支结构更直观、简洁。

程序代码：

```
# include <stdio.h>
int main(){
    float x,y;
    scanf("%f",&x);
    if(x>100)
        y=100*1.05+ (x-100)* 1.05*3;    //x 超重情况
    else
        y=x*1.05;                       //x 未超重情况
    printf("y=%f\n",y);
}
```

例 3-6 输入 3 个整数 x1、x2、x3，求其中的最大值。

问题分析与程序思路：

(1)任取一个数赋值 max(最大值)。

(2)用其余两个数依次与 max 比较：如果 x > max，则 max = x。比较完所有的数后，max 中的数就是最大值。

程序代码：

```
#include <stdio.h>
int main() {
    int x1, x2, x3, max;
    printf(" Please input three numbers: ");
    scanf("%d,%d,%d", &x1, &x2, &x3);
    max=x1;
    if (x2 > max)
        max=x2;//max=max{x1, x2 }
    if (x3 > max)
        max=x3;
    printf("The three numbers are:%d,%d,%d\n",x1,x2,x3);
    printf("max=%d\n",max);
}
```

3.2.3　多分支选择结构 if 语句

前面介绍的 if 语句两种基本结构只能实现单分支或双分支选择任务，而实际应用中常常需要用到多分支的选择。需要根据不同的情况，选择不同的分支操作。

语句格式：

```
if(表达式 1) 语句 1;
else if(表达式 2) 语句 2;
else if(表达式 3) 语句 3;
……
else if(表达式 m) 语句 m;
else 语句 n;
```

if 多分支结构的执行过程如图 3-4 所示。

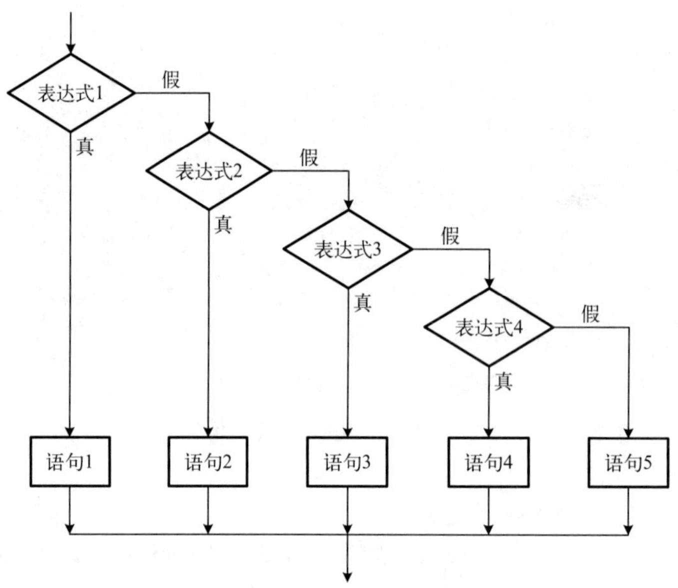

图 3-4　if 多分支结构的执行流程图

语法解释：

(1) 在 if 语句的括号内都有表达式，常用逻辑表达式或关系表达式。在执行 if 语句时先对表达式求解，若表达式的值为 0，按“假”处理，若表达式的值为非 0，按“真”处理，执行指定的语句。

(2) 在每个 else 前面有一分号，else 前的分号是 if 分句的分号，如果无此分号，则出现语法错误。不要误认为上面是两个语句(if 语句和 else 语句)，它们都属于同一个 if 语句，是 if 分句和 else 分句，都以分号结束。再次强调：else 分句不能作为语句单独使用，它必须是 if 语句的一部分，与 if 配对使用。

(3) 在 if 和 else 后面可以只含一个内嵌的操作语句，也可以有多个操作语句，此时用花括号“{}”将几个语句括起来形成一个复合语句。

例 3-7　从键盘输入 1 个成绩：0～100 整数，根据成绩输出等级。

（0～59：D　60～79：C　80～89：B　90～100：A）

问题分析与程序思路：

设成绩为 score，假设取值为 0～100 的整数，正确输入情况下：

60>score≥0	D
80>score≥60	C
90>score≥80	B
100≥score≥90	A

程序代码：

```
#include <stdio.h>
int main( ) {
    int score;
    printf("score = ");
    scanf("%d", &score);
    if(score> = 0&&score<60 )
        printf("grade is D");
    else if(score >= 60 && score<80)
        printf("grade is C");
    else if(score> = 80&& score<90)
        printf("grade is B");
    else
        printf("grade is A");
    printf("\n");
}
```

下面程序是否能实现上一程序的功能？

```
#include <stdio.h>
int main( ) {
    int score, grade;
    printf("score = " );
    scanf("%d", &score );
    if(score<60) grade = 'D';          //60>score≥0
    if(score<80) grade = 'C';          //80>score≥0
    if(score<90) grade = 'B';          //90>score≥0
    if(score<100) grade = 'A';         //100>score≥0
    printf( "grade is %c\n", grade);
}
```

显然是不能，使用 if 语句，要注意 else 运用，还要注意条件的表示形式和顺序。

if 多分支结构是在 else 分句中包含 if 语句，通过多个 if 的条件判断来选择相应的分支操作。但如果 if 语句层数较多，则条件判断也多，造成程序冗长，可读性降低。初学者要尽量避免使用这种方法解决分支较多的问题。

3.2.4　多分支选择结构 switch 语句

switch 语句专门用于处理多分支选择问题。对于分支较多的问题，switch 语句很有优势，它不仅结构清晰，编程也相对容易。

语句格式：

```
switch(表达式) {
    case 常量表达式 1:    语句 1;
    case 常量表达式 2:    语句 2;
    ………
    case 常量表达式 n:    语句 n;
    default: 语句 n+1;
}
```

可以用 switch 语句实现前面的例 3-7。如图 3-5 所示，从键盘输入成绩 0～100 整数，根据成绩输出等级(0～59：D　60～79：C　80～89：B　90～100：A)。

```
#include <stdio.h>
int main( ){
    int score, grade;
    printf("score = ");
    scanf("%d" , &score);
    grade = score/10;      //将成绩整除 10，转化成 case 标号
    switch(grade) {
        case 10:
        case 9: printf("A\n"); break;
        case 8: printf("B\n"); break;
        case 7: printf("C\n"); break;
        case 6: printf("C\n"); break;
        default: printf("D\n");
    }
}
```

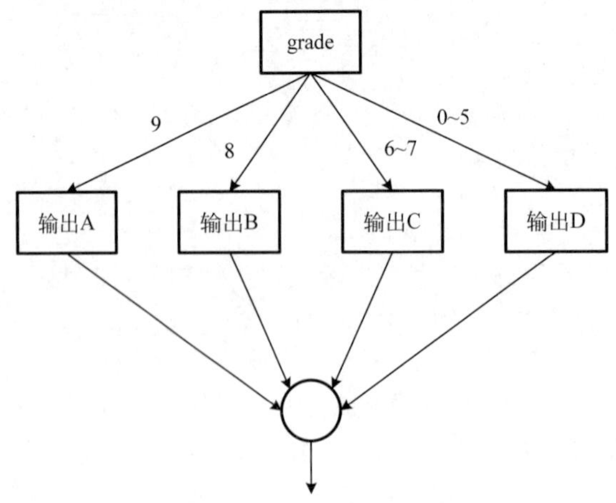

图 3-5　switch 结构执行流程图

语法解释：

(1) switch 后面括号内的“表达式”，ANSI 标准允许它为任何类型。

(2) 当 switch 表达式的值与某 case 后常量表达式的值相等时，就执行此 case “:” 后面的语句，若遇到 break 语句就跳出含有此 break 语句的 switch 结构(“}” 之外)，继续执行下一条语句，若所有的 case 中的常量表达式的值都与表达式的值不匹配，就执行 default 后面的语句。

(3) case 与后面的常量表达式要用空格隔开，否则不识别 case；每一个 case 后面的常量表达式的值必须是常量且互不相同，否则就会出现互相矛盾的现象(对表达式的同一个值，有两种或多种执行方案)。

(4) 各个 case 和 default 的出现次序不影响执行结果。例如，可以先出现 “default:…”，再出现 “case 8:…”，然后是 “case 9:…”。

(5) 执行完一个 case 后面的语句后(如果没有 break 语句)，流程控制转移到下面 case 后的语句继续执行。“case 常量表达式” 只是起语句标号作用，并不是在该处进行条件判断。在执行 switch 语句时，根据 switch 后面表达式的值找到匹配的入口标号，就从此标号开始执行下去，不再进行判断。思考上面的例子：如果去掉程序中所有 break 语句，输入成绩 85，输出如何？会在输出 “B” 后继续输出 “C” 和 “D”。

因此，在执行一个 case 分支后，应该使流程跳出 switch 结构，即终止 switch 语句的执行，这是一个很重要的问题。如上例，可以用 break 语句来达到此目的。最后一个分支(default)可以不加 break 语句。在 case 后面虽然包含了一个以上的执行语句，但可以不必用花括号括起来，会自动顺序执行本 case 后面所有的执行语句。当然加上花括号也可以。注意：switch 表达式后不可加 “;”，因为 switch 语句没有结束。

(6) 多个 case 可以共用一组执行语句，例如：

```
switch(grade){
    case 10:
    case 9:
    case 8:
    case 7:
    case 6: printf("pass\n"); break;
    default: printf("No pass\n");
}
```

grade 的值为 10、9、8、7 或 6 时都执行同一组语句 “printf("pass\n"); break;”，值为 0～5 时执行语句 “printf("No pass\n");”。

例 3-8 某单位食堂员工底薪为 1000 元，每月还按营业额 X(长整型)提成，提成的方法如下：(单位：元)

0≤X≤10000 没有提成；
10000<X≤20000 提成 5%；
20000<X≤30000 提成 10%；
30000<X≤40000 提成 15%；
40000<X 提成 20%。

问题分析与程序思路：

分析本题可知，提成比例的变化点都是 10000 的整数倍，如果将营业额 X 整除 10000，则：

0≤X≤10000 对应结果为 0、1
10000<X≤20000 对应结果为 1、2

20000<X≤30000　　对应结果为 2、3

30000<X≤40000　　对应结果为 3、4

40000<X　　对应结果为 4、5、6……

如何解决两个相邻区间对应结果的重叠问题？

最简单的方法：营业额 X 先减 1(最小增量)，然后再整除 10000 即可，但 0 减 1 会成负数，可以采用取绝对值的方法来解决。

–1≤X≤9999　　对应 0

9999<X≤19999　　对应 1

19999<X≤29999　　对应 2

29999<X≤39999　　对应 3

39999<X　　对应 4、5、6……

程序代码：

```
#include<stdio.h>
#include<math.h>
int main() {
    long X;
    int grade;
    float salary=1000;
    printf("Input  X: ");
    scanf("%ld", &X);
    grade=abs(X-1)/10000;   //将(X-1)取绝对值(数学函数)
    X=X-10000;              //减去不提成的部分
    switch(grade) {
        case 0: break;
        case 1: salary +=X*0.05; break;
        case 2: salary +=10000*0.05+(X-10000)*0.1; break;
        case 3: salary +=10000*(0.05+0.1)+(X-20000)*0.15; break;
        default: salary +=10000*(0.05+0.1+0.15)+(X-30000)*0.2;
    }
    printf("salary=%.2f\n", salary);
}
```

注意：switch 语句可以嵌套，break 语句只跳出它所在的 switch 语句(跳出一层)。

在 switch 语句中，case 的常量表达式相当于一个语句标号，根据某标号与表达式值的相等与否来决定是否转向该标号的执行语句，所以，使用 switch 语句关键是如何将一个问题用 switch 的表达式来表述，case 的标号要对应表达式的值，不同标号对应不同的分支处理语句。

if-else if-else 语句与 switch 语句的区别：if-else if-else 语句，用于多个条件依次判别，每个条件对应一个出口，从多个条件中取一的情况；switch 语句用于单条件、多结果的测试，从多种结果中取一的情况。要根据具体的问题，具体分析后选择适合的语句结构。

3.2.5 if 语句的嵌套

if 语句的嵌套是在 if 语句中又包含一个或多个 if 语句，通过使用嵌套的 if 语句可以解决一些比较复杂的选择问题。

例如：用 if 嵌套结构实现，判断某一年是否闰年。

```
#include<stdio.h>
int main() {
    int year,leap;
    scanf(" %d",&year);
    if(year%4 == 0)
        if(year%100 == 0)
            if(year%400 == 0) leap = 1;
            else  leap = 0;
        else leap = 1;
    else leap = 0;
    if(leap)
        printf("%d: leap\n",year);
    else
        printf("%d: non leap\n",yaer);
}
```

语句格式：

形式 1：	形式 2：	形式 3：
if (　)	if (　)	if (　)
if (　)　语句 1	if (　)　语句 1	语句 1
else　　语句 2	else　　语句 2	else
else	else	if (　)　语句 2
if (　)　语句 3	语句 3	else　　语句 3
else　　语句 4		

语法解释：

if 语句可以内嵌在 if 分支中，也可以内嵌在 else 分支中，当然也可以同时内嵌在 if 分支和 else 分支中。

需要注意的是，else 与它上面最近的且没有 else 配对的 if 相匹配。因此，为了避免视觉混淆，在 if 与 else 个数不相等的情况下，尽量使用花括号解决 if 和 else 的对应问题。在程序书写时，也要注意位置上的对称和相应的层次感，养成良好的程序书写习惯也是很重要的。

例 3-9　编写程序求解函数 $y=\begin{cases} 2x, & x<1 \\ 7x-2, & 1\leqslant x<20 \\ 4x-6, & x\geqslant 20 \end{cases}$，输入一个 x 值，输出 y 值。

问题分析与程序思路：

可以用 if 语句序列，也可以用 if 语句嵌套结构完成，但两种方法有差异。

程序代码：

(1)用 if 语句序列实现：

```
#include <stdio.h>
int main(){
    float x,y;
    printf("Input x:");
```

```
    scanf("%f", &x);
    if(x<1)
        y = 2*x;
    if(x> = 1&&x<20)
        y = 7*x-2;
    if(x> = 20)
        y = 4*x-6;
    printf("y = %.2f\n", y);
}
```

此程序不论 x 为何值，3 个 if 语句都要被执行。

(2)用 if 语句嵌套结构实现：

具体算法流程如图 3-6 所示。

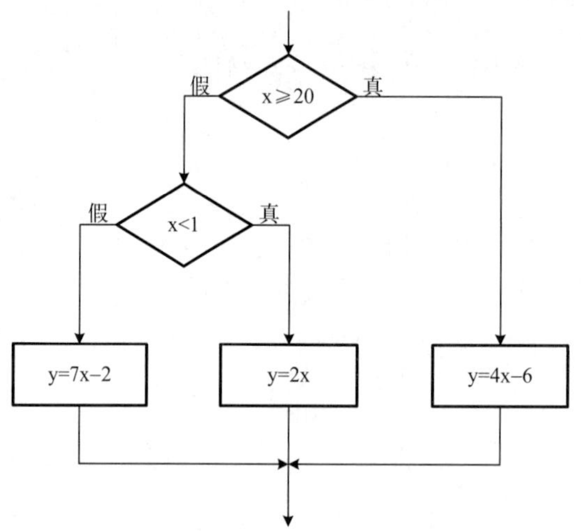

图 3-6　if 语句嵌套结构求解流程图

```
#include <stdio.h>
int main(){
    float x,y;
    printf("Input x:");
    scanf("%f", &x);
    if(x> = 1)
        if(x> = 20)
            y = 4*x-6;
        else
            y = 7*x-2;
    else
        y = 2*x;                    //为第 1 个 if 的 else，是 x<1 的情况
    printf("y = %.2f\n", y);
}
```

此程序当 x<1 时就跳到“else y = 2*x;”语句，不是所有的语句都要被执行。与用 if 语句序列实现的程序相比，这种方法提高了工作效率，具有良好的可读性。

3.3　循环结构语句

3.3.1　循环结构 while 语句

while 循环的一般形式为：

```
while(表达式) {
    语句
}
```

while 循环在执行时首先判断循环条件，即括号内的表达式。若判断结果为真，则执行其后的语句即循环体。循环体每执行一次，都会重新判断循环条件。若初次判断循环条件结果为假，则跳过循环，执行循环后面的语句；若初次判断循环条件结果为真，在其后的循环过程中，必须有判断循环条件结果为假的情况，否则循环将陷入死循环。循环体可以是一条简单的语句，也可以是复合语句。while 循环的执行流程图如图 3-7 所示。

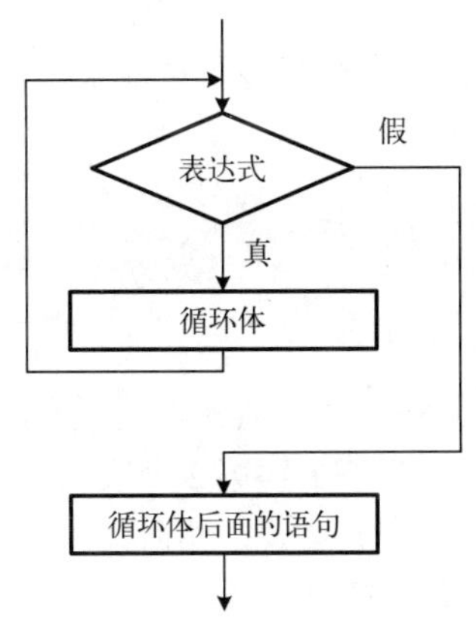

图 3-7　while 循环的执行流程图

while 循环的执行过程如下：

(1)求解表达式的值。

(2)若其值为真，则执行 while 循环中的循环体，然后执行步骤(1)；若其值为假，则执行步骤(3)。

(3)循环结束，执行 while 循环后面的语句。

例 3-10　计算从 1 到 200 所有数字的总和。

问题分析与程序思路：

利用 while 循环将 1 到 200 进行累加运算，直到表达式的值为假，循环结束，执行 while 循环后面的语句。

首先定义两个变量 SUM 和 NUM，SUM 表示计算累加和 1 到 200 的结果，NUM 表示 1 到 200 的所有数字。SUM 初始赋值为 0，NUM 初始赋值为 1。然后根据 while 循环条件判断 NUM 是否小于等于 200，若结果为真，则执行 while 循环中的循环体；若结果为假，则跳过循环执行后面的语句。在循环体中，SUM 等于先前计算结果加上 NUM 当前的值，完成累加操作。执行“NUM++;”语句，表示自身加 1。循环体执行结束，while 重新判断新的 NUM 值。当 NUM 大于 200 时，循环终止，输出 SUM 结果。

程序代码：

```
#include<stdio.h>
int main() {
    int SUM = 0;
    int NUM = 1;
    while(NUM< = 200) {
        SUM = SUM+NUM;
        NUM++;
    }
    printf("the result is:%d\n",SUM);
    return 0;
}
```

3.3.2 循环结构 for 语句

for 循环与 while 循环相似，但它的循环逻辑更加丰富。相较于其他循环结构，for 循环用法最为灵活。for 循环的一般形式为：

```
for(表达式 1;表达式 2;表达式 3) {
    语句
}
```

for 循环括号内包含 3 个用分号隔开的表达式，其后紧跟着循环语句，即循环体。for 循环执行时，首先求解第 1 个表达式，接着求解第 2 个表达式。若第 2 个表达式的值为真，程序就执行循环体的内容，并求解第 3 个表达式；然后检验第 2 个表达式，执行循环；如此反复，直到第 2 个表达式的值为假，跳出循环。

for 循环的执行流程图如图 3-8 所示。

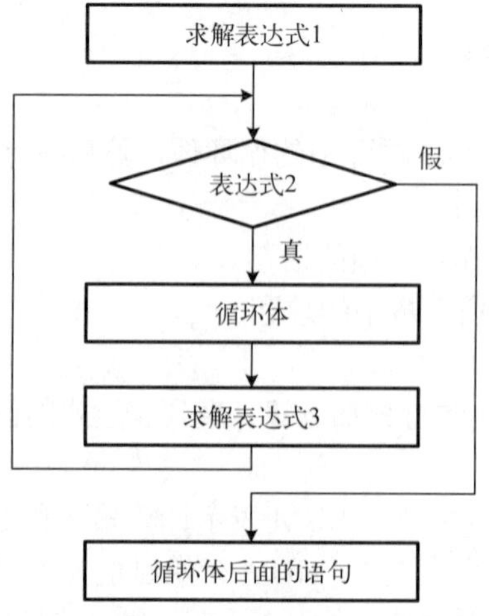

图 3-8　for 循环的执行流程图

for 循环的执行过程如下：

(1)求解表达式 1 的值。

(2)求解表达式 2 的值，若其值为真，则执行 for 循环中的循环体，然后执行步骤(3)；若其值为假，则转到步骤(5)。

(3)求解表达式 3 的值。

(4)执行步骤(2)。

(5)循环结束，执行 for 循环后面的语句。

例 3-11 输入 20 名学生的成绩，统计及格率和平均成绩。

问题分析与程序思路：

利用 for 循环将 1 到 20 名学生的成绩累加求和并统计及格人数，直到表达式 3 的值为假，循环结束，执行 for 循环后面的语句，即计算及格率和平均成绩。

首先定义整型变量 N 和循环变量 i，N 表示及格人数，初始值是 N = 0，在 for 循环中对 i 赋初值 i = 1，判断 i< = 20 的条件是否为真，根据判断的结果选择是否执行循环体。然后定义浮点型变量 G 和 S，G 表示学生成绩，S 表示总成绩，初始值是 S = 0，利用输入函数，根据指定的格式从键盘上把 20 名学生成绩输入指定的变量 G 中。在循环体中计算这些学生成绩的总和 S，并通过 if 语句判断输入的每个成绩是否大于等于 60。最后将总和 S 除以 20 计算平均成绩，将成绩大于等于 60 的学生人数除以 20.0 计算及格率，输出结果。

程序代码：

```
#include<stdio.h>
int main() {
    int N = 0,i;
    float G,S = 0;
    for(i = 1;i< = 20;i++) {
        scanf("%f",&G);
        S = S+G;
        if(G> = 60)
            N++;
        }
    printf("平均成绩 = %.2f\n",S/20);
    printf("及格率 = %.2f%%\n",N/20.0*100);
    return 0;
}
```

3.3.3 循环结构 do-while 语句

while 循环和 do-while 循环的主要区别为 while 循环在每次执行循环体之前检验条件，do-while 循环在每次执行循环体之后检验条件。while 循环结构中的 while 关键字出现在循环体的前面，do-while 循环结构中的 while 关键字出现在循环体的后面。

do-while 循环先执行循环中的循环体，然后再求解表达式的值是否为真，如果为真则继续循环；如果表达式的值为假，则结束循环。因此，do-while 循环至少要执行一次循环体。

do-while 循环的一般形式为：

```
do
    语句
while(表达式);
```

do-while 循环首先执行一次循环体中的内容，然后求解表达式的值，当表达式的值为真时，返回重新执行循环体，直到表达式的值为假时，循环结束。在使用 do-while 循环时，循环条件要放在 while 关键字后面的括号中，并且必须加上一个分号，这是许多初学者容易忘记的。

do-while 循环的执行流程图如图 3-9 所示。

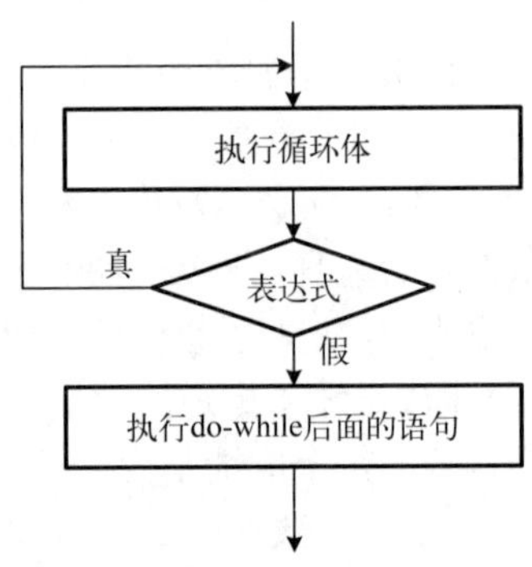

图 3-9　do-while 循环执行流程图

do-while 循环的执行过程如下：

(1) 执行循环体。

(2) 求解表达式的值，若其值为真，则执行步骤(1)；若其值为假，则执行步骤(3)。

(3) 循环结束，执行 do-while 循环后面的语句。

例 3-12　利用 do-while 循环显示 1 到 7 天的日期。

问题分析与程序思路：

利用 do-while 循环将 1 到 7 按顺序显示。

首先第 1 次循环显示 day 的初始值 1，并将 day 的值加 1，day = 2。然后进行条件判断，day <= 7 的结果为真，返回到循环体进入下一次循环，直到 day 的值为 7 时，显示 day 的值为 7，day 的值加 1。最后 day = 8，进行条件判断，day <= 7 的结果为假，结束循环。

程序代码：

```
#include<stdio.h>
int main(){
    int day=1;
    do {
        printf("%d\n",day);
        day++;
    }
    while(day<=7);
    return 0;
}
```

3.4　循环的嵌套

循环的嵌套是一个循环体内又包含另一个完整的循环结构。若内层循环又包含了一个完整的循环，则构成多重循环。

例 3-13　打印乘法口诀表。

1*1 = 1
1*2 = 2　2*2 = 4
1*3 = 3　2*3 = 6　3*3 = 9
1*4 = 4　2*4 = 8　3*4 = 12　4*4 = 16
1*5 = 5　2*5 = 10　3*5 = 15　4*5 = 20　5*5 = 25
1*6 = 6　2*6 = 12　3*6 = 18　4*6 = 24　5*6 = 30　6*6 = 36
1*7 = 7　2*7 = 14　3*7 = 21　4*7 = 28　5*7 = 35　6*7 = 42　7*7 = 49
1*8 = 8　2*8 = 16　3*8 = 24　4*8 = 32　5*8 = 40　6*8 = 48　7*8 = 56　8*8 = 64
1*9 = 9　2*9 = 18　3*9 = 27　4*9 = 36　5*9 = 45　6*9 = 54　7*9 = 63　8*9 = 72　9*9 = 81

问题分析与程序思路：

利用两次 for 循环完成乘法口诀表的顺序显示，第 1 个 for 循环可看成乘法口诀表的行数，同时也是每行进行乘法运算的第 1 个因子；第 2 个 for 循环范围的确定建立在第 1 个 for 循环的基础上，即第 2 个 for 循环的最大取值是第 1 个 for 循环中变量的值。

首先定义变量 y 控制每行数据中乘法运算第 2 个因子的最大值，y 的初始值为 1，终值为 x。输出的每组数据又与变量 x 和 y 有关，每组数据由变量 x、y 及 x*y 构成。最后输出共 9 行数据，每行要输出若干组数据和换行。每行数据的数量与行数有关，即第 x 行输出 x 组数据，这 x 组数据又可用另一个循环结构控制输出，每次输出一组数据。

程序代码：

```
#include <stdio.h>
int main() {
    int x,y;
    for(x = 1;x< = 9;x++) {
        for(y = 1;y< = x;y++) {
            printf("%d*%d = %-4d",y,x,x*y);
        }
        printf("\n");
    }
}
```

循环嵌套的注意事项：

(1) 内循环和外层循环不能交叉，外层循环必须完整地包含内层循环。

(2) 若内循环和外层循环均为 for 循环，循环控制变量不能同名。

(3) 3 种循环可以相互嵌套。

3.5 循环结构的讨论

3.5.1 while 循环、for 循环和 do-while 循环的比较

while 循环、for 循环和 do-while 循环都可以用来处理同一个问题，一般可以互相代替。while 和 do-while 循环的，循环体中应包括使循环趋于结束的语句。利用 while 和 do-while 循环时，循环变量的初始化应在 while 和 do-while 语句之前完成，而 for 语句可以在表达式 1 中实现循环变量的初始化。

例 3-14 利用 for 循环实现例 3-10。

问题分析与程序思路：

利用 for 循环执行循环操作，括号中第 1 个表达式为循环变量 num 进行赋值 num = 1。第 2 个表达式是判断条件，条件为真，执行循环体中的内容；条件为假，不进行循环操作。在循环体中，进行累加操作。然后执行 for 括号中的第 3 个表达式，“num++”是对循环变量进行自增操作。循环结束后，将保存有计算结果的变量 sum 进行输出。

程序代码：

```
#include<stdio.h>
int main() {
    int num;
    int sum = 0;
    for(num = 1;num< = 200;num++) {
        sum = sum+num;
    }
    printf("the result is:%d\n",sum);
    return 0;
}
```

例 3-15 利用 do-while 循环实现例 3-10。

问题分析与程序思路：

对于 do-while 循环，do 关键字之后先执行循环体，在循环体中进行累加操作，并对 num 变量进行自增操作。对于 while 语句循环条件，如果表达式的值为真，则继续执行上面的循环体；若其值为假，则循环结束，执行 do-while 循环后面的语句。

程序代码：

```
#include<stdio.h>
int main(void) {
    int num = 1;
    int sum = 0;
    do {
        sum = sum+sum;
        sum++;
    }while(num< = 200);
    printf("the result is:%d\n",sum);
```

```
    return 0;
}
```

对于相同的问题，比较例3-10、例3-14和例3-15，在使用while循环之前，变量要先进行赋初值。num = 1 相当于 for 循环中第 1 个表达式的作用。在 while 括号中的表达式num< = 200与for循环中第2个表达式相对应。while循环体中的“num++”与for循环括号中的最后一个表达式相对应。对应do-while循环，是先执行do关键字之后的循环体，再进行条件求解。一般情况下，while循环、for循环和do-while循环能完成相同的功能。

3.5.2 提前终止循环 break 语句

break 语句通常用来提前结束循环，即不管表达式的结果如何(不是循环条件)，强行终止循环。当break语句用于while循环、for循环和do-while循环时，可使程序终止循环而执行循环后面的语句。通常break语句总是与if语句连在一起，即满足条件时跳出循环。

break语句的一般形式为：

```
break;
```

例3-16 在输出1～10序列的循环中，使用break语句在输出值为4时跳出循环。

问题分析与程序思路：

首先变量count在for语句中被赋初值为0，因为count<10，所以循环执行10次。在循环语句中使用if语句判断当前count的值。当count值为5时，if判断为真，使用break语句跳出循环。

程序代码：

```
#include<stdio.h>
int main() {
    int count;
    for(count = 0;count<10;count++) {
        if(count == 5) {
            printf("Break here\n");
            break;
        }
    printf("the counter is:%d\n",count);
    }
    return 0;
}
```

提前终止循环break语句的注意事项如下：

(1)break语句对if-else的条件语句不起作用。

(2)在嵌套循环中，一个break语句只向外跳一层循环。

3.5.3 提前结束本次循环 continue 语句

continue语句的作用是跳过循环本中剩余的语句而强行执行下一次循环。continue语句只用于while循环、for循环和do-while循环的循环体中，常与if条件语句一起使用，用来加速循环。continue语句的一般形式是：

```
    continue;
```

例 3-17　在输出 1～10 序列的循环中，使用 continue 语句跳过 5。

问题分析与程序思路：

对于相同的问题，比较例 3-16 和例 3-17，区别在于将使用 break 语句的位置改写成了 continue 语句。continue 语句只结束本次循环，所以剩下的循环还会继续执行。

程序代码：

```
#include<stdio.h>
int main() {
    int count;
    for(count = 0;count<10;count++) {
        if(count == 5) {
            printf("Continue here\n");
            continue;
        }
    printf("the counter is:%d\n",count);
    }
    return 0;
}
```

3.6　数值方法——一元函数定积分近似求解

梯形公式(Trapezoidal Rule)是一种求定积分的方法。根据定积分的定义及几何意义，定积分就是求函数在区间中图线下包围的面积等分，各子区间的面积近似等于梯形的面积，面积的计算运用梯形公式求解，再累加各区间的面积，所得的和近似等于被积函数的积分值，区间等分个数 n 越大，所得结果越精确。以上就是利用梯形公式实现定积分的计算的算法思想。

梯形公式求解定积分步骤如下：

(1)根据输入区间(a,b)的等分个数计算步长(len)。

(2)根据公式 F = len×f(a)计算每个等分区间的面积。

(3)计算等分区间的面积的累加和。

梯形公式求定积分算法如下。

算法输入：输入积分区间的端点值 a、b 和输入区间的等分个数 n(要求尽可能大，以保证程序运行结果有较高的精确度)。

算法输出：方程 f(x)在(a,b)上积分近似值。

算法步骤：

(1) begin

(2)输入积分区间的端点值 a 和 b、区间的等分个数 n

(3)定义被积函数

(4)循环控制变量 i 初始化为 0

(5) for(i = 0;i<n;i++) {

(6) f+ = len*f(a);

(7) a+ = len;

(8)}

(9)输出 f

(10)end

例 3-18　编写一个用梯形法求一元函数 f(x)在(a,b)上积分近似值的函数过程。并就 f(x) = sin(3x)+x，当[a,b] = [0,5]、小区间数 n = 25 时，计算并输出积分的近似值 X，保留 3 位小数。

根据梯形公式，求解上述积分的程序设计如下：

```
#include<stdio.h>
#include<math.h>
float f(float x) {
    return  sin(3*x)+x;
}
int  main() {
    float a,b,len,F = 0;
    int n,i;
    printf("请输入 a,b: ");
    scanf("%f%f",&a,&b);
    printf("请输入 n 的值: ");
    scanf("%d",&n);
    len = (b-a)/n;
    for(i = 0;i<n;i++) {
        F+ = len*f(a);
        a+ = len;
    }
    printf("%.3f\n",F);
    return 0;
}
```

运行结果：

```
请输入 a,b: 0 5
请输入 n 的值: 25

12.504
```

3.7　综合应用实例

3.7.1　摄氏度与华氏度的对照表

例 3-19　生成华氏温度 0～300℃与摄氏温度的对照表。

问题分析：摄氏度和华氏度具体的转化公式为：C = 9/5*(F–32)。其中 C 表示摄氏温度，F 表示华氏温度。

程序代码：

```
#include <stdio.h>
int main(){
```

```
    int F,C;
    int low, high, step;
    low = 0;
    high = 300;
    step = 20;
    F = low;
    printf("华氏度\t 摄氏度\n");
    while(F< = high){
        C = 5*(F-3)/9;
        printf("%d\t\t%d\n", F, C);
        F = F + step;
    }
    return 0;
}
```

运行结果：

```
华氏度  摄氏度
0       -1
20      9
40      20
60      31
80      42
100     53
120     65
140     76
160     87
180     98
200     109
220     120
240     131
260     142
280     153
300     165
```

3.7.2　奖金发放情况

例 3-20　企业发放的奖金根据利润提成。利润 X 低于或等于 5 万元时，奖金可提 10%；利润高于 5 万元，低于 10 万元时，低于 5 万元的部分按 10%提成，高于 5 万元的部分可提成 7.5%；10 万元到 20 万元之间时，高于 10 万元的部分可提成 5%；20 万元到 30 万元之间时，高于 20 万元的部分可提成 3%；30 万元到 50 万元之间时，高于 30 万元的部分可提成 1.5%；高于 50 万元时，超过 50 万元的部分按 1%提成。从键盘输入当月利润 X，求应发放奖金总数。

问题分析：利用数轴来分界，定位。定义时需把奖金定义成长整型。

程序代码：

```
#include<stdio.h>
int main(){
```

```
        float i, money;
        printf("请输入当月利润(单位/万元):");
        scanf("%f", &i);
        if (i <=5)
            printf("应发放奖金总数为(单位/万元):%.3f\n", i*0.1);
        else if (i>5&&i<=10)
            printf("应发放奖金总数为(单位/万元):%.3f\n", 5*0.1+(i-5)*0.075);
        else if (i>10&&i<=20)
            printf("应发放奖金总数为(单位/万元):%.3f\n", (i-10)*0.05 +
(10-5)*0.075 + 5*0.1);
        else if (i>20&&i<=30)
            printf("应发放奖金总数为(单位/万元):%.2f\n", (i-20)*0.03 +
(20-10)*0.05 + (10-5)*0.075 + 5*0.1);
        else if (i>30&&i<=50)
            printf("应发放奖金总数为(单位/万元):%.2f\n", (i-30)*0.015 +
(30-20)*0.03 + (20-10)*0.05 + (10-5)*0.075 + 5*0.1);
        else
            printf("应发放奖金总数为(单位/万元):%.2f\n", (i - 50)*0.01 + (50 -
30)*0.015 + (30 - 20)*0.03 + (20 - 10)*0.05 + (10 - 5)*0.075 + 5*0.1);
        return 0;
    }
```

执行程序，以当月利润为 55 万元为例，运行结果：

```
请输入当月利润(单位/万元): 55
应发放奖金总数为(单位/万元): 2.02
```

3.7.3 舰船识别

例 3-21　编写一个程序，读取每艘舰船的舰体长度和舰体上层建筑高度，计算比率，确定哪两艘有相近的比率。舰船数据如表 3-2 所示。

表 3-2　舰船数据

	图像 1	图像 2	图像 3
舰体长度	45.2	45.3	44.7
舰体上层建筑高度	7.7	9.1	8.9

问题分析：舰船识别的一种有效的技术是比较舰船关键点距离的比率值。这些比率值中常用的一个是舰体长度除以舰体上层建筑的高度。因为这些测量值是比率，所以可以对不同大小的图像进行计算。计算机程序在计算这些比率值之前首先需要在图像中定位舰船的位置，然后在舰船上定位首尾和其他关键点的位置。如果图像中的舰船不是正侧方，而是转向不同的方向，那就需要对图像做额外的处理。假设有 3 张正侧方的舰船图像，想要确定是否其中两张图像是同一舰船，我们使用的技术是比较舰体长度和舰体上层建筑的高度的比率。

程序的输入是 3 张不同图像的舰体长度和舰体上层建筑高度，输出的是以这些距离比率为基础的最相近的两张图像的编号。

算法设计如下：

(1) 读取每幅图像的距离。

(2) 计算每幅图像的比率。

(3) 计算两两比率的差值。

(4) 找到最小的差值。

(5) 输出最佳匹配的对应图像的编号。

程序代码：

```
#include <stdio.h>
#include <math.h>
int main(){
    double length_of_ship_1,length_of_ship_2,length_of_ship_3,
    height_of_hull_superstructure_1,height_of_hull_superstructure_2,
    height_of_hull_superstructure_3,ratio_1,ratio_2,ratio_3,diff_1_2,
diff_1_3,diff_2_3;
    printf("Enter length of ship and height of hull superstructure for
image 1: \n");
    scanf("%lf%lf",&length_of_ship_1,&height_of_hull_superstructure_1);
    printf("Enter length of ship and height of hull superstructure for
image 2: \n");
    scanf("%lf%lf",&length_of_ship_2,&height_of_hull_superstructure_2);
    printf("Enter length of ship and height of hull superstructure for
image 3: \n");
    scanf("%lf%lf",&length_of_ship_3,&height_of_hull_superstructure_3);
    ratio_1=length_of_ship_1/height_of_hull_superstructure_1;
    ratio_2=length_of_ship_2/height_of_hull_superstructure_2;
    ratio_3=length_of_ship_3/height_of_hull_superstructure_3;
    diff_1_2=fabs(ratio_1-ratio_2);
    diff_1_3=fabs(ratio_1-ratio_3);
    diff_2_3=fabs(ratio_2-ratio_3);
    if((diff_1_2 <=diff_1_3) && (diff_1_2 <=diff_2_3))
        printf("Best match is between images 1 and 2 \n");
    if((diff_1_3 <=diff_1_2) && (diff_1_3 <=diff_2_3))
        printf("Best match is between images 1 and 3 \n");
    if((diff_2_3 <=diff_1_3) && (diff_2_3 <=diff_1_2))
        printf("Best match is between images 2 and 3 \n");
    return 0;
}
```

运行结果：

```
Enter length of ship and height of hull superstructure for image 1: 45.2  7.7
Enter length of ship and height of hull superstructure for image 2: 45.3  9.1
Enter length of ship and height of hull superstructure for image 3: 44.7  8.9

Best match is between image 2 and 3
```

3.8 习 题

一、选择题

1．语句“while (!a);”中的条件“!a”等价于(　　)。

A．a==0　　B．a!=0　　C．a!=1　　D．～a

2．下面有关 for 循环的正确描述是(　　)。

A．for 循环只能用于循环次数已经确定的情况

B．for 循环是先判定表达式 1，后执行循环体语句

C．在 for 循环中，不能用 break 语句跳出循环体

D．在 for 循环体中，可以包含多条语句，但要用花括号括起来

3．C 语言中(　　)。

A．不能使用 do-while 语句构成的循环

B．do-while 循环必须用 break 语句才能退出循环

C．do-while 循环，当 while 语句中的表达式值为非零时结束循环

D．do-while 循环，当 while 语句中的表达式值为零时结束循环

4．循环语句中的 for 语句，其一般形式如下：

```
for(表达式 1;表达式 2;表达式 3)
    语句
```

其中表示循环条件的是(　　)。

A．表达式 1　　B．表达式 2　　C．表达式 3　　D．语句

5．下面代码段的输出是(　　)。

```
int k,m;
for(k=0;k<10;k++ ){
    if(m>50) continue;
    m=k*k;
}
printf("%d,%d\n",k,m);
```

A．10,64　　B．8,84　　C．9,83　　D．7,65

6．以下程序段(　　)。

```
int x=-1;
do{ x=x*x; }
while (!x);
```

A．有语法错误　　B．循环执行 3 次

C．循环执行一次　　D．是死循环

7．int x=10，执行下列语句后 x 的值为(　　)。

```
switch(x){
    case 9: x+=1;
```

```
        case 10: x+=1;
        case 11: x+=1;
        default: x+=1;
    }
```

A. 13　　B. 12　　C. 11　　D. 10

8. 以下循环的执行次数是(　　)。

```
    int main(){
        int i,j;
        for(i=0,j=1; i<=j+1; i+=2, j--)
            printf("%d \n",i);
    }
```

A. 3　　B. 2　　C. 1　　D. 0

9. 以下程序的输出结果是(　　)。

```
    #include <stdio.h>
    int main(){
        int i;
        for (i=4;i<=10;i++) {
            if (i%3==0) continue;
            printf("%d",i);
        }
    }
```

A. 33　　B. 457810　　C. 61　　D. 598751

10. 对下面 3 条语句，正确的论断是(　　)。

(1) if(x == 0) s2;else i1;

(2) if(x) s1;else i2;

(3) if(x! = 0) s1;else i2;

A. 三者相互等价　　B. 只有(1)和(3)等价

C. 三者相互不等价　　D. 以上 3 种说法都不正确

二、填空题

1. 关系表达式的运算结果是(　　)值。C 语言没有逻辑型数据，以(　　)代表“真”，以(　　)代表“假”。

2. C 语言的 for 语句中的表达式可以部分或全部省略，但两个(　　)不可省略。但当 3 个表达式均省略后，因缺少判断条件，循环会无限制地进行下去，形成死循环。

3.C 语言提供的 3 种逻辑运算符是(　　)、(　　)、(　　)。其中优先级最高的为(　　)，优先级最低的为(　　)。

4. 逻辑运算符两侧的运算对象不但可以是 0 和 1，或者是 0 和非 0 的整数，也可以是任何类型的数据。系统最终以(　　)和(　　)来判定它们属于“真”或“假”。

5. 循环语句“for (x=0, y=0; (y!=123) || (x<4); x++);”的循环次数为(　　)。

6. 设 x、y、z 均为 int 型变量，请写出描述“x 或 y 中有一个小于 z”的表达式(　　)。

7. “if (!k) a = 3;” 语句中的 “!k” 可以改写为(　　)，使其功能不变。
8. 有 int x,y,z;且 x = 3,y = –4,z = 5，则表达式(x&&y) = = (x||z)的值为(　　)。
9. 当 a = 3，b = 2，c = 1 时，表达式 f = a>b>c 的值是(　　)。
10. 当 a = 5，b = 4，c = 2 时，表达式 a>b! = c 的值是(　　)。

三、判断题

1. 在 switch 语句中，每一个 case 常量表达式的值可以相同。
2. 在 switch 语句中，各个 case 和 default 的出现次序影响执行结果。
3. 在 switch 语句中，多个 case 可以共用一组执行语句。
4. 条件表达式能取代一般 if 的语句。
5. case 后的常量表达式类型一定与表达式类型匹配。
6. C 语言中，当出现条件分支语句 if-else 时，else 与首行位置相同的 if 组成配对关系。
7. 在 C 语言中将语句 “if(x = = 5) y++;” 误写作 “if(x = 5) y++;”，将导致编译错误。
8. continue 语句只是结束本次循环，而不是终止整个循环的执行。
9. for 语句构成的循环不能用其他语句构成的循环来代替。
10. 在 C 语言中，提供了 3 种循环语句：for、while、do-while。

四、程序分析题

1. 写出下面程序的输出结果。

```
#include <stdio.h>
int main(){
    int s=0,k;
    for (k=7;k>=0;k--) {
        switch(k) {
            case 1:
            case 4:
            case 7: s++; break;
            case 2:
            case 3:
            casc 6: break;
            case 0:
            case 5: s+=2; break;
        }
    }
    printf("%d\n",s);
}
```

2. 写出下面程序的输出结果。

```
#include <stdio.h>
int main(){
    int i=1,s=3;
    do{
        s+=i++;
```

```
        if (s%7 == 0)          continue;
        else               ++i;
    } while (s<15);
    printf("%d\n",i);
}
```

3．写出下面程序的输出结果。

```
#include <stdio.h>
int main(){
    int i,j;
    for (i = 4;i> = 1;i--) {
        printf("*");
        for (j = 1;j< = 4-i;j++)
            printf("*");
        printf("\n");
    }
}
```

五、编程题

1．一个正整数与 3 的和是 5 的倍数，与 3 的差是 6 的倍数，编写一个程序求符合条件的最小数。

2．从键盘输入 20 个整型数，统计其中负数个数，并求所有正数的平均值。

3．父亲今年 30 岁，儿子 6 岁，经过多少年后，父亲的年龄是儿子的 2 倍？

4．有一分数序列 2/1,3/2,5/3,8/5,13/8,21/13,…求出这个数列的前 20 项之和。

5．求 $S = a + aa + aaa + \cdots + \overbrace{a\cdots a}^{n个}$ 的值。其中 a 是一位数字，a、n 由键盘输入。例如：a = 2, n = 5 时，S＝2+22+222+2222+22222。

6．输入一个整数，判断其为奇数还是偶数。

7．编写一个程序，实现功能是：输入一个实数，按 1 键输出此数的相反数，按 2 键输出此数的平方根，按 3 键输出此数的平方。

8．输入字符，输出其类型。ASCII 值小于 32 的为控制字符，在“0”和“9”之间的为数字，在“A”和“Z”之间的为大写字母，在“a”和“z”之间的为小写字母，其余的则为其他字符。

9．输入某年某月某日，判断这一天是这一年的第几天。

第4章　函　　数

求解复杂问题的程序规模往往都比较大，为了提高程序的可读性和可维护性，通常采用模块化程序设计方法进行程序设计。一个大规模的程序可以按照功能划分为若干程序模块，每个程序模块实现单一功能，这些模块之间可以相互调用。C 语言提供了“函数”来实现程序模块，使得程序更加简单和直观。

4.1　模块化程序设计与 C 函数

C 语言可以看作一种模块化程序设计语言。模块化是一种对复杂问题分而治之的方法，即将一个复杂问题划分为若干个较小问题，然后根据实际需要再把一些较小问题划分成若干个更小的问题，直到得到一些完成单一功能的简单问题。

一般地，利用计算机程序求解一个大型复杂问题时，通常会采用模块化程序设计方法，将规模比较大的程序划分为若干个程序模块，每一个模块实现单一功能，解决一个特定的子问题。高级程序设计语言都提供子程序功能，可以用子程序实现程序模块。C 语言提供了函数来实现子程序的功能。一个 C 程序是由一系列函数构成的，函数是构成 C 程序的基本单位。在一个 C 程序中，各函数之间相互独立，每个函数完成某个单一功能。

一个 C 程序至少包含一个主函数 main()，主函数是程序执行的入口，从它的第一个“{”开始，依次执行后面的语句，直到遇到一条 return 语句或最后一个“}”为止。主函数 main()可以调用其他函数，其他函数不能调用主函数 main()，而其他函数之间可以互相调用。

在 C 语言中，函数可分为两种：系统函数(标准库函数)和用户自定义函数。系统函数是由 C 编译系统提供的，用户只需在程序中根据需要调用它们即可，无需自己定义。在调用系统函数时，一般应在源文件首部使用文件包含命令#include 将包含系统函数原型声明的头文件引用到源文件中。例如，在调用标准输入函数 scanf()和标准输出函数 printf()时，应该在文件首部书写下面的命令：

```
    #include <stdio.h>
```

“.h”是头文件的扩展名，在头文件中存放了某一类系统函数所用到的一些系统常量、变量、宏定义及函数原型声明。

4.2　函数定义和函数声明

4.2.1　函数的定义

函数定义就是编写完成特定功能的程序模块，包括对函数类型(即函数返回值的类型)、函数名、形式参数变量和函数体的定义。其定义格式如下：

```
类型标识符 函数名(形式参数列表) {
    声明
    语句
}
```

例 4-1 编写函数求两个整数中的较小数。

```
#include <stdio.h>
int main(void){
    int min(int ,int);                //函数声明
    int m,n,min;
    printf("Input two integers:");
    scanf("%d%d", &m,&n);
    min=min(m,n);
    printf("Minimum of %d and %d is %d",m,n,min);
    return 0;
}
int min(int x,int y){
    return(x<y?x:y);
}
```

1. 函数名

函数名的命名应符合标识符命名规则，函数名后一定要有一对圆括弧，它是函数的标识。例 4-1 中定义了名为 min()的函数。

2. 形式参数

在函数名后面的一对圆括弧内，可以定义若干个形参变量。如果函数没有形参变量，形式参数列表部分可以为 void 或者为空，但函数名后的圆括弧不能省略，此时定义的函数称为“无参函数”，否则为“有参函数”。例 4-1 中定义的函数 int min(int x,int y)是有参函数，有参函数中的形式参数可以是多个，它们之间用逗号隔开，每个形参变量都要指定类型。

3. 函数体

函数中用“{”和“}”括起来的部分称为函数体。函数体由声明和语句两部分组成，声明部分可以声明被调用函数、定义或变量。声明部分和语句部分都可以为空，此时定义的函数被称为空函数。例如：

```
printstar(){                  //函数体内无变量
    printf("***");
}
void function()               //空函数
{
}
```

4. 函数的返回

函数执行遇到 return 语句或执行完函数体内的最后一条语句时，函数执行结束并返回主

调函数中。若被调用函数带有返回值，则将 return 语句中的表达式的值返回函数调用处；若被调用函数无返回值，则主调函数继续执行函数调用语句之后的下一条语句。

5. 函数类型

通常把函数返回值的类型称为函数的类型，即在函数名前所定义的类型。如果函数的类型是 int 或 char 型，可以省略类型标识符，系统会默认该函数的类型为 int 类型。如果函数无返回值，则函数类型标识符应定义为 void 类型。

6. 函数定义的外部性

C 语言不允许函数嵌套定义，即一个函数内部不能定义其他函数，函数与函数之间是互相独立和平等的。

4.2.2 函数的声明

C 函数要“先声明，后调用”。当一个函数(主调函数)调用另一个函数(被调函数)时，要在主调函数之中或之前对被调函数进行声明。函数声明的一般格式为：

```
类型说明符 被调函数名(类型标识符 形参 1, 类型标识符 形参 2, …);
```

函数声明分为传统声明格式和现代风格声明格式。传统声明格式省略形参的列表，而现代风格声明格式则不然。采用传统函数声明格式时，编译系统将默认实际参数和形式参数是匹配的，即使不匹配，系统也不会提示错误信息。采用现代风格的函数声明时，编译系统将检查实际参数和形式参数的个数、类型是否匹配，如果不匹配，则给出错误信息，这样便于程序员发现代码错误。现代风格的函数说明允许省略形参变量名，只需给出形参变量的类型标识符。因此，对于上节定义的函数 int min(int x,int y)，可以有以下 3 种声明形式：

```
int min(int x, int y);        //现代风格的函数声明
int min(int, int);            //现代风格的函数声明
int min();                    //传统风格的函数声明
```

例 4-2 函数声明示例。

```
#include <stdio.h>
int main(void){
    float add(float,float);      //对被调函数声明
    float a, b;
    printf("Enter data: \n");
    scanf("%f, %f", &a, &b);
    printf("Sum of %f and %f is %f",a, b, add(a,b));
    return 0;
}
float add(float x, float y){
    return x+y;
}
```

注意：函数的“定义”和“声明”是完全不同的概念。函数的“定义”真正地规定了相

应函数的功能、类型、形参个数与形参类型，它是一个完整和独立的函数单位。一个函数只能被“定义”一次。函数“声明”则是对已“定义”的函数进行说明，以便于编译系统对函数调用做出正确处理。一个函数可以被“声明”多次。C 语言规定，对被调函数的声明可以在以下 3 种情况下省略：

(1) 被调函数的类型是 int 或 char 类型，系统自动按 int 类型处理。

(2) 被调函数定义在主调用函数之前。

(3) 在所有函数定义之前(即文件首部)已对函数进行了声明。

4.3　函数的参数和返回值

4.3.1　形式参数和实际参数

在定义函数时，函数名后面括弧中的变量称为“形式参数”(简称形参)。形参均为变量，且在定义函数时必须指定其类型。在函数未被调用时，系统不给它们分配内存空间。只有在函数被调用时，系统才自动为它们分配内存空间。在调用返回时，它们所被分配的内存空间自动被释放。

在函数被调用时，函数名后面圆括弧中的参数称为“实际参数”(简称实参)。实参可以是常量、变量或表达式。实参的个数和类型与形参的个数和类型应完全匹配，并且实参与形参对应的物理意义应该相同。例如，如果实参为整型而形参为实型，则会发生“类型不匹配”的错误。字符型与整型可以互相通用。

C 函数调用的参数传递方式是“单向的、值传递”，即只是将实参的值传递给形参，而形参的值在函数返回时并不反馈给实参，即使在被调函数内部修改了形参的值，实参的值也不会改变。

例 4-3　参数值传递方式示例。

```
#include <stdio.h>
int main(void){
    void swap(int x,int y);                //对被调函数 swap 的声明
    int a,b;
    scanf("%d,%d",&a,&b);
    swap(a,b);                             //函数调用，a 和 b 是实参
    printf("a = %d,b = %d\n",a,b);
    return 0;
}
void swap(int x,int y){                    //函数定义，x 和 y 是形参
    int temp;
    temp = x;
    x = y;
    y = temp;
    printf("x = %d,y = %d\n",x,y);
}
```

运行情况如下：

```
3,6
x=6,y=3
a=3,b=6
```

程序中的函数 swap()的作用是交换两个形参 x 和 y 的值，并输出。从程序执行结果可以看出，虽然形参 x 和 y 的值互换了，但实参 a 和 b 的值没有改变。实际上，当通过 swap(a,b)来调用函数 swap()时，系统首先为形参 x 和 y 分配相应的存储单元，并且将实参 a、b 的值传递给 x、y，即将 3、6 分别放入 x、y 的存储单元中，如图 4-1(a)所示。然后，执行 swap()函数体部分，将 x、y 的值互换。由于 a、b 和 x、y 分别占据不同的存储单元，故 a、b 的值并没有交换，如图 4-1(b)所示。当调用返回时，形参 x 和 y 的存储单元被释放，其值消失，实参 a 和 b 的存储单元仍保留原值，如图 4-1(c)所示。

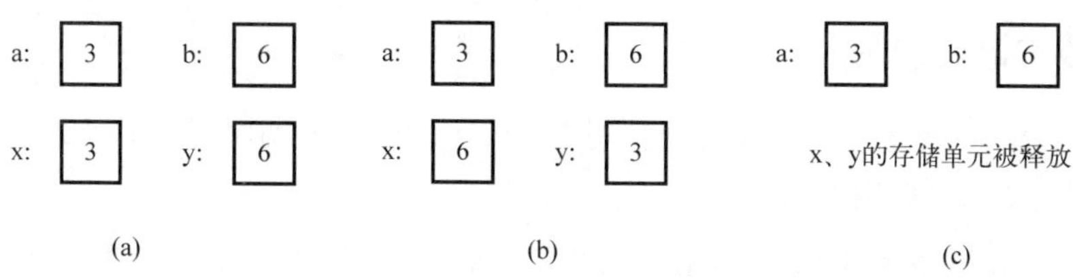

图 4-1　值传递方式示意图

因此，在执行一个被调函数时，形参的结果发生改变，并不会改变主调函数中实参变量的值。

4.3.2　函数的返回值

一个函数最多只能返回一个值，这个值被称为函数的返回值。函数通过 return 语句返回一个值，其一般形式为：

```
return (表达式);
```

或

```
return 表达式;
```

return 语句先求表达式的值，然后返回该表达式的值。其中的表达式可以省略，此时函数不带返回值，函数类型为 void 型。如果被调函数具有返回值，则它必须包含 return 语句；如果被调函数不带返回值，则它可以不包含 return 语句或 return 语句后不带任何表达式。一个函数可以包含多条 return 语句，当函数执行到任一 return 语句时，函数就立即结束并返回。因此，一个函数最多只能返回一个值。

4.4　函 数 调 用

4.4.1　函数调用的一般形式

函数调用的一般形式为：

```
函数名(实参表达式列表);
```

如果被调函数是无参函数，则实参表为空，但函数名后的圆括弧不能省略。如果被调函数是带参函数，实参表达式的个数应与形参的个数相同，并且其类型及物理意义应与形参相一致。

函数调用的方式有两种：语句方式和表达式方式。语句方式是指函数调用作为单独的一条语句出现，表达式方式则是指函数调用作为表达式或函数实参出现。一般地，如果被调函数无返回值，则应采用语句方式来调用；如果被调函数带有返回值，则通常采用函数表达式方式来调用。

实际上，从 C 语法角度来讲，语句方式和表达式方式均适用于带有返回值函数的调用，例如："getchar();"是按语句方式调用 getchar()函数，对用户输入的字符不做任何处理；而"putchar(getchar());"是按表达式方式调用 getchar()函数。

4.4.2　函数的嵌套调用

C 函数不允许嵌套定义，但允许嵌套调用，即被调函数又调用了其他函数。

例 4-4　函数嵌套调用示例。

```
#include <stdio.h>
int fun2(int x){
    int y=10,z=0;
    return(z);
}
int fun1(int x,int y){
    int z;
    z=fun2(x+y);
    return(z+y/x);
}
int main(void){
    int a,b,c;
    c=fun1(a,b);
    return 0;
}
```

函数 fun1()和 fun2()分别被定义，互相独立。main()函数调用 fun1()函数，fun1()函数又调用 fun2()函数。

4.4.3　函数的递归调用

函数的递归调用是指一个函数直接或间接地调用其自身。在编写递归函数时，应避免无终止地调用其自身(即无穷递归调用)。一般地，函数递归调用出现在某个条件语句(if 语句)中。当条件成立时，执行递归调用，否则，终止递归调用。在编写递归调用函数之前，需要确定如下两项内容：递归公式和递归结束条件。如果没有归纳总结出递归公式，则很难编写递归函数；如果没有确定递归结束条件，则递归可能会无终止地执行。

例 4-5　用递归方法求 n!。

问题分析：求 n!可以用如下递归公式表示：

$$n! = \begin{cases} 1 & (n = 0,1) \\ n*(n-1)! & (n > 1) \end{cases} \tag{4-1}$$

由上式可知，递归结束条件为 n 等于 1 或者 0。程序如下：

```
#include <stdio.h>
long fac (int n){
    if(n < 0){
        printf("data error! n < 0!");
        return(-1);
    } else if(n==1||n==0)
        return(1);
    else
        return(n*fac(n-1));
}
int main(void){
    int n;
    scanf("%d",&n);
    printf("%d! = %ld",n,fac(n));
    return 0;
}
```

程序中，fac()函数是递归函数，通过递归调用其本身来求形参的阶乘。当 n<0 时，输出错误信息，并返回值为–1；当 n = 0 或 1 时，返回值为 1；当 n>1 时，返回值为 n*fac(n–1)，其中 fac(n–1)是函数递归调用。

运行上面的程序求 5!，main()函数调用 fac(5)，其执行过程为：返回值为 5*fac(4)，而调用 fac(4)的返回值为 4*fac(3)，调用 fac(3)的返回值为 3*fac(2)，调用 fac(2)的返回值为 2*fac(1)，至此，fac(1)的返回值为 1，递归调用结束。然后，根据 fac(1)的返回值求出 fac(2)，将 fac(2)的值乘以 3 求出 fac(3)，将 fac(3)的值乘以 4 求出 fac(4)，最后将 fac(4)的值乘以 5 求出 fac(5)。整个递归调用过程如图 4-2 所示。

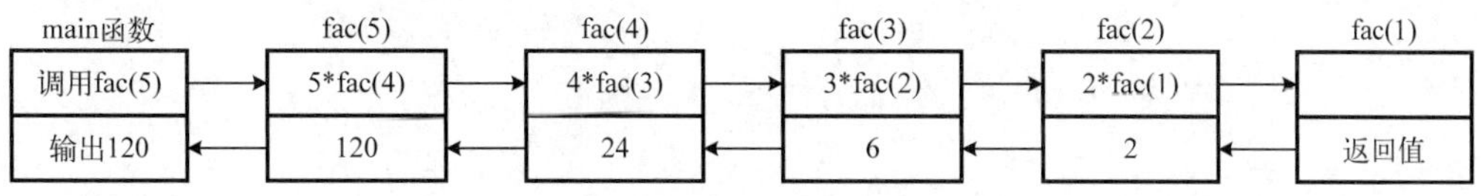

图 4-2　求 5!的递归调用过程示意图

由上可知，递归函数在执行时，分为调用和回代两个过程，反复执行调用直到递归条件满足得到一个确定值(例如 fac(1) = 1)，然后，利用得到的值进行回代计算出下一个值。

例 4-6　汉诺(Hanoi)塔问题。

这是一个典型的应用递归方法解决的问题。古印度布拉码庙里的一块铜板上面竖有 3 根宝石针，最左边针上由下到上串有 64 个金盘构成一个塔，如图 4-3 所示。庙里的僧侣做这样的一种游戏，他们要把最左面针上的金盘全部移到最右边的针上。约束条件是可以借助中间那根针，每次只能移动一个金盘，并且在移动的时候，不允许大盘压在小盘的上面。不难推出，n 个盘子从一根针移到另一根针需要移动 2^{n-1} 次，所以 64 个盘的移动次数为：

$2^{64}-1$ = 18 466 744 073 709 511 615，这是一个天文数字，假设计算机 1 微秒计算出一次移动（1 秒 = 10^6 微秒），那么也需要 100 万年。如果僧侣们每秒移动一次，则需近 5800 亿年。

假设 3 针从左至右编号依次为 A、B、C。僧侣们把 64 个金盘从 A 针借助于 B 针移往 C 针。下面我们给出移动金盘的算法。

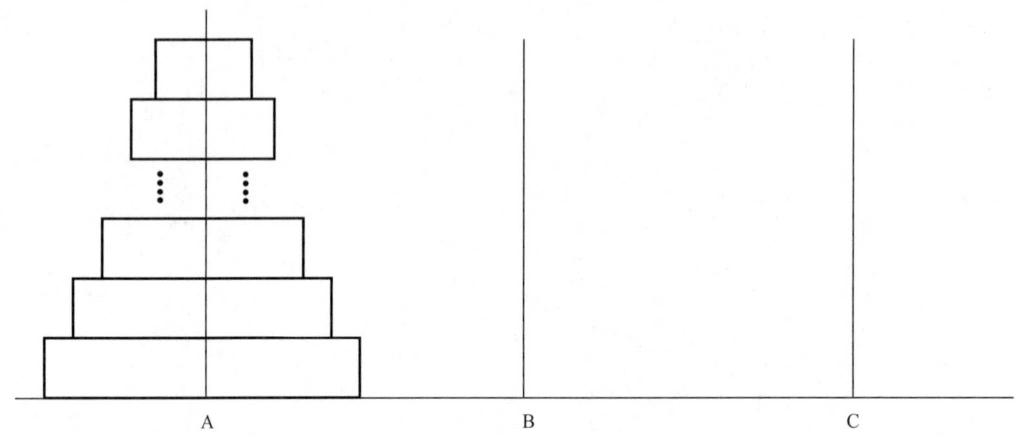

图 4-3　汉诺塔问题示意图

将 *n* 个金盘从 A 针借助于 B 针移到 C 针可以分解为 3 个步骤：

(1)将 A 针上 *n*–1 个金盘借助于 C 针先移到 B 针上。

(2)把 A 针上剩下的(最下面的)一个金盘移到 C 针上。

(3)将 B 针上的 *n*–1 个金盘借助于 A 针移到 C 针上。

以上给出了将 A 针上 *n* 个盘移到 C 针的递归步骤。其中步骤(1)和步骤(3)是递归问题。递归结束条件是：当 *n* = 1 时，只需移动一次。

下面给出将 *n* 个盘从 A 针上借助于 B 针移到 C 针上的程序：

```
#include <stdio.h>
void  hanoi(int n,char a,char b,char c){
    if(n == 1)                                    //递归结束条件
        printf("%c-->%c\n",a,c);
    else{
        hanoi(n-1,a,c,b);                         //算法中的第 1 步
        printf("%c-->%c\n",a,c);                  //算法中的第 2 步
        hanoi(n-1,b,c,a);                         //算法中的第 3 步
    }
}
int main(void){
    int m;
    printf("Please input the number of disks: ");
    scanf("%d",&m);
    printf("The step to move %d disks: \n",m);
    hanoi(m,'A','B','C');
}
```

4.5 变量的作用域

所谓变量的作用域是指变量在程序中有定义的范围，在这个范围内引用该变量是合法的。从作用域角度来分，变量可以分为全局变量和局部变量。变量只有在其作用域内才是可见的(即可以引用)，离开其作用域则不可见(即不能引用)。

4.5.1 局部变量

在函数内部定义的变量(包括形式参数)称为内部变量，也被称为局部变量。它的作用域仅限于它所在的函数内部，即它们只在本函数内有效，其他函数不能引用它们。主函数定义的变量也仅限于主函数内部引用，主函数不能引用其他函数所定义的变量。

例 4-7 局部变量示例。

```
float f1(float);                    //函数声明
int f2(int,int);
int main(void)                      //主函数
{
    int i,j;
    …                   i, j 有效
    …
}
float f1(float a )                  //f1 函数定义
{
    float b ,c;
    …                      a, b, c 有效
    …
}
int f2(int x,int y )                //f2 函数定义
{
    int k;
    …                   x, y, k 有效
    …
}
```

函数 main()只能引用变量 i 和 j，函数 f1()只能引用变量 a、b 和 c，f2()函数只能引用变量 x, y 和 k。

另外，可以在函数内部的复合语句中定义变量，这些变量仅在本复合语句中有效，这种复合语句也可称为“分程序”或“程序块”。

由于局部变量的作用域仅限于定义它的函数或程序块，所以，在其他函数或程序块中可以出现同名的变量，它们之间互不影响，其类型也可以不同。

例 4-8 复合语句内定义的局部变量示例。

```
int main(void) {
    int a=1;
```

```
        float b=2.1;
        print_int(a);
        {
            int a=4;
            a++;
            printf("1.a=%d  b=%f\n" ,a,b);
        }
        printf("2. a=%d  b=%f\n",a,b);
        printf("b=%f",b);
        print_int(a);
    }
    void print_int(int a) {
        int b:
        b=++a;
        printf("int=%d\n",b);
    }
```

函数 main() 中的变量 a(初始化为 1) 和变量 b 的作用域为整个主函数，但是这个变量 a 在复合语句中不起作用，因为在复合语句中又定义了一个同名变量 a(初始化为 4)，这两个变量 a 是不同的变量，它们占有不同的内存空间。复合语句中引用的变量 a 为其内所定义的变量。主函数 main() 中定义的变量 b 和 print_int() 函数内定义的变量 b 类型不同，它们是不同的变量。

4.5.2 全局变量

一个 C 程序可以由一个或多个源文件组成，一个源文件可以包含若干个函数，在函数外部定义的变量称为外部变量。外部变量是全局变量，可以被多个函数所共用，其作用域为从变量的定义点开始到本源文件尾部。

在如下所示的例 4-9 中，变量 a、b、c、x 和 y 是全局变量，但它们的作用域不同。变量 a 和 b 的作用域是整个文件，函数 main()、f1()、f2() 都可以引用它们。变量 c 的作用域是函数 f1()、f2()，这两个函数可以引用它。变量 x 和 y 的作用域是函数 f2()，只有 f2() 能够引用它们。

例 4-9　全局变量示例。

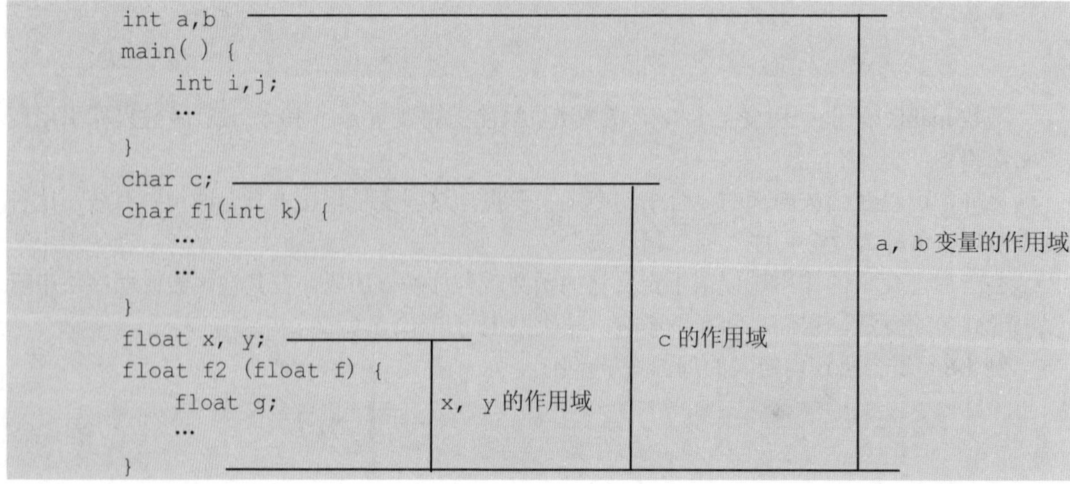

```
int a,b
main( ) {
    int i,j;
    …
}
char c;
char f1(int k) {
    …
    …
}
float x, y;
float f2 (float f) {
    float g;
    …
}
```

如果外部变量定义在源文件首部，则源文件中的所有函数都可引用它们，否则，只有定义点之后所定义的函数才可以引用它们。

C 语言还允许定义点之前的函数引用该外部变量，但需要在该函数内部或之前用保留字“extern”对变量作“外部变量声明”，表示该变量已在函数的外部定义了，在函数内部可以引用它。如果在同一个源文件中，外部变量和局部变量同名，则在局部变量的作用域内，外部变量不起作用。

外部变量是全局变量，它提供了一种在各函数之间进行数据通信的手段。一个函数改变了某个全局变量的值，会影响引用该全局变量的其他函数。利用全局变量可以从函数中得到一个以上的返回值，但不建议过多地使用全局变量，原因如下：

(1) 无论它们是否被引用，在程序执行期间它们都一直占用内存空间。

(2) 它们降低了函数的独立性，因为外部变量增强了函数之间的联系，使得函数过多地依赖于外部。程序中应该尽量地让函数只是通过“实参—形参”的形式与外界发生联系，这样程序或函数会具有很好的移植性和重用性。

(3) 它们会降低程序的清晰性和可读性，会给程序的调试和维护带来困难。

4.6 变量的存储类别

在 C 语言中，每个变量都具有两个属性：数据类型和存储类别。在第 2 章中介绍了数据类型，数据类型反映了数据的操作属性，编译程序根据数据类型为变量分配一定长度的内存空间，同时检查变量所参与的运算是否合法(例如，求余数运算对象都必须是整型)。

变量的存储类别反映了变量的存储位置、变量的生存期(存在性)和变量的作用域(可见性)3 种属性。

1. 变量的存储位置

在计算机中，用于存放变量值的位置有两处：内存和寄存器。内存的数据区又分为两部分：静态存储区和动态存储区。寄存器的存取速度比内存的更快，通常用寄存器存放程序的中间结果，以提高程序的执行效率。

2. 变量的生存期(存在性)

C 语言的变量按其在程序执行期间存在的周期分为两种：静态存储变量和动态存储变量。静态存储变量在编译时分配内存空间，其生存期是整个程序的执行期，即程序开始执行时该类变量就存在(存放在静态存储区中)，直到程序结束时才被释放。

动态存储变量在程序执行期间动态地分配内存空间(存放在动态存储区中)，其生存期是函数执行期。当函数被调用时，系统为此类变量分配内存空间；当该函数执行结束时，此类变量所被分配的内存空间自动被释放。

3. 变量的作用域(可见性)

所谓变量的作用域是指变量在程序中可以引用的范围，在此范围内引用该变量是合法的。变量只有在其作用域才是可见的(即可以引用)，离开其作用域则不可见(即不能引用)。

变量的存储类别包括 4 种：自动变量(auto)、寄存器变量(register)、外部变量(extern)和静态变量(static)。

4.6.1　自动变量

在函数内部或程序块中，使用保留字“auto”所定义的变量被称为自动变量。自动变量是局部变量，属于动态存储类别，对这些变量的建立和撤消都是由系统自动完成的。只有在函数被调用时，系统才给自动变量分配内存空间；当函数执行结束时，自动变量所占用的内存空间被释放。

自动变量定义的一般形式如下：

```
[auto] 数据类型 变量名 1[=初始表达式 1], …;
```

其中，方括弧内的内容可以省略。自动变量用保留字“auto”作存储类别的说明，如果省略“auto”，系统默认该变量为自动变量。例如：

```
int fun (int x) {                    //x 是形参，形参都是自动变量
    int a, b-1,c=0;                  //定义 a、b、c 为自动变量
    …
}
```

对自动变量的说明如下：

(1) 自动变量是局部变量，只能在函数体内部定义。它的使用应遵循 4.5.1 节所介绍的局部变量的作用域规则，即只能在定义它的函数或程序块内被引用。

(2) 在不同的函数或程序块内可以定义相同名字的自动变量，但它们属于不同的变量。

(3) 自动变量在使用前，必须初始化或赋初值。如果自动变量没有被初始化或赋初值，则其值是不确定的，其值是分配给它的内存空间内存储的当前值。

(4) 如果在定义自动变量的同时对其进行了初始化，则在每次进入该变量的作用域时，该变量都会被重新赋初值。例如：

```
int i=1;
```

等价于

```
int i;
i=1;
```

(5) 自动变量允许用表达式进行初始化，但应保证初始化表达式中的变量已具有确定的值。

(6) 自动变量是动态存储变量，它们被存储在内存的动态存储区中。在函数返回时，为其所分配的内存空间被释放，这样其值在函数调用结束之后不再被保留。

(7) 函数的形参变量是自动变量，但在定义时不能加保留字“auto”，也不能对其进行初始化。

4.6.2　寄存器变量

在函数内部或复合语句中，使用保留字“register”所定义的变量被称为寄存器变量。寄存器变量同自动变量一样是局部变量，属于动态存储类别，对这些变量的建立和撤消都是由系统自动完成的。当一个函数被调用时，系统将为寄存器变量分配 CPU 中的一个寄存器；当

函数执行结束时，系统自动释放寄存器。由于 CPU 中的寄存器的存取速度比内存快很多，所以，定义并使用寄存器变量的目的是提高程序的执行速度，通常把使用频率高的变量定义为寄存器变量，以加快程序执行速度。

寄存器变量定义的一般形式如下：

```
register 数据类型 变量名 1[初始表达式 1], …;
```

对寄存器变量的说明：

(1) 只有局部变量才可以被定义为寄存器变量，它的初始化及使用(作用域)同自动变量。

(2) 一个计算机系统中的寄存器数目有限，使得寄存器变量的个数受限。当定义的寄存器变量个数超过系统的寄存器数目限制时，系统会自动将未能分配的寄存器变量当作自动(auto)变量来处理。

4.6.3　外部变量

外部变量是在函数之外定义的变量，它们是全局变量。全局变量属于静态存储类别，被存放在内存的静态存储区中。全局变量在程序开始执行时便存在，直到程序执行结束，即它们的生存期是整个程序的运行周期。全局变量既可以被本源文件中的函数引用，也可以被其他源文件中的函数引用。

1. 被本文件中的函数引用

(1) 在一个源文件中定义的全局变量，可以直接被定义点之后的任意一个函数来引用，此时在函数内或之前不需用保留字“extern”作外部变量声明。

(2) 在一个源文件中定义的全局变量，允许定义点之前的函数引用，但此时需要在函数内或函数之前用保留字“extern”对变量作外部变量声明。

2. 被其他源文件中的函数引用

如果一个源文件中的函数引用另一个源文件中定义的全局变量，则该源文件应使用“extern”对于引用的全局变量作外部变量声明。

例 4-10　引用其他源程序文件中定义的外部变量。

源程序文件 file1.c 中的程序代码如下：

```
int max(int a[ ],int n);
int max_index;
int main(void){
    int i,data[10],m;
    printf("请输入 10 个整数：\n");
    for(i = 0;i<10;i++)
        scanf("%d",&data[i]);
    m = max(data,10);
    printf("max = %d,index = %d",m,max_index);
    return 0;
}
```

源程序文件 file2.c 中的程序代码如下：

```
extern int max_index;
int max(int a[ ],int n){
    int max=a[0],i;
    max_index=1;
    for(i=1;i<10;i++)
        if(a[i]>max){
            max=a[i];
            max_index=i+1;
        }
    return max;
}
```

在源文件 file2.c 的首部用“extern”对变量 max_index 作外部变量声明，表明了要引用其他源文件所定义的全局变量 max_index。本来外部变量的作用域是从它的定义点开始到本源文件结束，但可以用“extern”将其作用域扩大到其他源文件中。

3. 只限被本文件中的函数引用

如果一个全局变量只被允许在本源文件中引用而不允许其他源文件引用，则需要使用保留字“static”将其定义为静态外部变量。

在进行大型程序设计时，通常由多个人分别编写各个模块，每个人可以根据需要在其设计的源文件中把仅供自己使用的全局变量定义为静态外部变量，这样不必考虑是否会与其他源文件中的变量同名，从而保证源文件的独立性，便于程序调试。

注意：不要误认为外部变量加“static”才是静态存储变量(存放在静态存储区)，而不加“static”是动态存储变量(存放在动态存储区)。无论外部变量前是否加“static”，都是静态存储类别，只是作用域不同而已。如果外部变量在定义时未初始化，则编译系统自动将其初始化为 0。

4.6.4 静态变量

定义变量时，在变量类型前面加保留字“static”来定义静态变量。除了上面介绍的静态外部变量以外(实际上外部变量都是静态存储的)，还有静态局部变量。静态变量定义的一般形式如下：

```
static 数据类型变量名[=初始化常量表达式], …;
```

静态变量是静态存储变量，对其初始化是在编译阶段进行的。如果定义时没有对它们初始化，则在编译时自动将它们初始化为 0(数值型变量)或空字符(对字符变量)。

对静态局部变量的说明：

(1)静态局部变量属于静态存储类别，在静态存储区中分配内存空间，在程序整个执行期间始终占有内存空间。

(2)静态局部变量在编译时被初始化赋初值，并且仅被初始化一次。在每次调用函数时，不再重新赋初值，其值是上一次函数调用结束时保存下来的值。

例 4-11 静态局部变量示例。

```
int main(void) {
    int i;
```

```
    for(i = 0;i< = 3;i++)
        printf("\nfac(%d) = %d\n",i,fac(i));
}
int fac(int n) {
    static int f=1;
    f* = n;
    return f;
}
```

运行结果：

```
fac(1) = 1
fac(2) = 2
fac(3) = 6
```

(3) 虽然静态局部变量在函数调用结束后仍然存在，但仍不能被其他函数引用。由于它是局部变量，因此，其作用域仅限于它所在的函数或复合语句中。

4.7　内部函数和外部函数

求解复杂问题的 C 程序可能由多个源文件组成，其中一个源文件中的函数可能被其他源文件中的函数所调用，也可能只限于被本源文件中的函数调用。根据函数是否允许被其他源文件的函数所调用，函数可以分为内部函数和外部函数。

4.7.1　内部函数

如果一个函数只限于被本源文件中的函数所调用，则称它为内部函数。在定义内部函数时，需要在函数类型符之前加保留字“static”，其定义的一般形式如下：

```
static 类型标识符 函数名(形参表);
```

例如：

```
static int fum(int a,int b);
```

复杂程序可能由多个人合作共同编写，每个人编写的函数分别保存在不同的源文件中。每个人可能根据需要定义一些私有的函数(只允许在自己创建的源文件内使用)，为了避免其他源文件调用或者与其他源文件中的函数同名，通常把这样的私有函数定义为内部函数。因此，每个人不必考虑所定义的函数是否会与其他源文件中的函数同名。

4.7.2　外部函数

如果一个函数允许被其他源文件中的函数所调用，则称它为外部函数。在定义外部函数时，需要在函数类型符之前加保留字“extern”，其定义的一般形式为：

```
extern 类型标识符 函数名(形参表);
```

例如：

```
extern int fum(int a,int b)
```

函数 fun()可以被其他源文件中的函数所调用。如果定义函数时省略保留字"extern"，则系统默认为它是外部函数。本书前面所定义的函数均为外部函数。

在一个源文件中调用其他源文件中的函数时，需要在本源文件的首部用"extern"对它们进行外部函数声明。

当一个 C 程序由多个源文件组成时，通常将由多个源文件共用的函数定义为外部函数，这样使各源文件之间建立联系。每个源文件分别被编译，然后链接生成一个可执行程序文件。

4.8 数值方法——非线性方程的解

在科学研究和工程技术领域中，非线性问题远多于线性问题，求解非线性方程非常重要。对于许多优化问题，都不可避免地需要求解方程的根。本节介绍求解非线性方程的 3 种数值算法及其程序实现。

4.8.1 简单迭代法

简单迭代法又称为 Picard 迭代法、逐次逼近法、不动点迭代法。其求解步骤如下：

(1) 手工对原始方程 $f(x)=0$ 进行等价变换，构造出迭代函数 $x=g(x)$。

(2) 确定迭代初始值 x_0，代入迭代公式 $x_{n+1}=g(x_n)\ (n=0,1,2,\cdots)$，反复迭代，得到迭代序列 $x_0, x_1, x_2,\cdots$。

(3) 如果该序列收敛，即 $|x_{n+1}-x_n|<\varepsilon$ (ε 是所给定的求解根的精度)，则 $x=x_{n+1}$ 就是方程 $f(x)=0$ 的近似根，也就是 $x=g(x)$ 的近似根。

简单迭代法的优点是非常简单，缺点是迭代过程慢而且不一定会收敛。原始方程 $f(x)=0$ 的等价方程 $x=g(x)$ 有多种形式，它们产生的迭代序列各不相同，并且这些序列的收敛特性也不一定相同(收敛或发散)，因此，迭代函数的选择非常重要。确保 $g(x)$ 的选择能使迭代收敛的充分条件是 $|g'(x)|<1$ 并且 $b\leqslant x\leqslant a$，只要此条件成立，则保证一定能在$[a,b]$区间内找到一个根。

在算法实现时，为了避免迭代不收敛或收敛过程过慢，一般会给出最大迭代次数作为算法的一个输入参数。

假设，已手工把原始方程 $f(x)=0$ 等价变换为 $x=g(x)$，得到了迭代公式 $x_n=g(x_{n-1})$，并且已确定迭代初始值 x_0、精度 ε 和最大迭代次数 max。简单迭代法的算法如下。

算法输入：迭代初始值 x_0、精度 ε 和最大迭代次数 max

算法输出：方程 f(x) = 0 的近似根

算法步骤：

(1) begin

(2) 输入迭代初始值 x_0、精度 ε 和最大迭代次数 max

(3) 循环控制变量 i 初始化为 1

(4) while (i< = max) {

(5) $x_1 = g(x_0)$;

(6) if ($|x_1-x_0|<\varepsilon$)

(7) break;

(8) $x_0 = x_1$;

(9) i = i+1;

(10) }

(11) if(i<max)

(12) 输出 x_1;

(13) else

(14) 输出“迭代次数超过给定的最大迭代次数”;

(15) end

例 4-12　求解方程 $x^3-x^2-1=0$ 在[1.4,1.5]内的根，精度要求为 0.0001。

问题分析：首先，手工构造迭代函数 $x = g(x) = \sqrt[3]{x^2+1}$，然后判断 $g(x)$ 的收敛性，因为

$$g'(x) = \frac{2x}{3\sqrt[3]{(x^2+1)^2}} \tag{4-2}$$

$g'(x)$ 在区间[1.4,1.5]内可导，且 $|g'(x)| \leqslant 0.5 < 1$，所以，$g(x)$ 收敛。

根据简单迭代的算法，求解上述方程的程序设计如下：

```
#include <stdio.h>
#include <math.h>
double g(double x) {            //定义迭代函数
    return pow(pow(x,2)+1,1.0/3);
}
int main(void) {
    int i,MaximumIterations;
    double x0,x1,epsilon;
    printf("请输入迭代的初值: ");
    scanf("%lf",&x0);
    printf("请输入求解根的精度: ");
    scanf("%lf",&epsilon);
    printf("请输入最大迭代次数: ");
    scanf("%d",&MaximumIterations);
    i=1;
    while(i<MaximumIterations){
        x1=g(x0);
        printf("\ni=%4d,x1=%10.6f",i,x1);
        if(fabs(x1-x0)<epsilon)
            break;
        x0=x1;
        i++;
    }
    if(i<MaximumIterations)
        printf("\n 方程的根 x=%lf",x1);
    else
        printf("\n 求解方程的迭代次数超过给定的最大迭代次数");
}
```

程序运行结果：

```
请输入迭代的初值：1.5
请输入求解根的精度：0.0001
请输入最大迭代次数：15

i=  1,x1= 1.481248
i=  2,x1= 1.472706
i=  3,x1= 1.468817
i=  4,x1= 1.467048
i=  5,x1= 1.466243
i=  6,x1= 1.465877
i=  7,x1= 1.465710
i=  8,x1= 1.465634
方程的根 x=1.465634
```

4.8.2 牛顿迭代法

牛顿迭代法又称为切线法，它的每一步都是用切线逼近方程的根。牛顿迭代法是一种特殊的简单迭代法，其迭代函数为：

$$g(x) = x - \frac{f(x)}{f'(x)} \tag{4-3}$$

牛顿迭代法的求解步骤如下：

(1) 手工计算 $f'(x)$，得到迭代公式 $x_{n+1} = x_n - \dfrac{f(x)}{f'(x)}$，$(n = 0,1,2,\cdots)$。

(2) 确定方程 $f(x) = 0$ 根附近的某个值 x_0 为迭代初始值，代入迭代公式，反复迭代，得到迭代序列 $x_0, x_1, x_2, \cdots$。

(3) 如果该序列收敛，即$|x_{n+1}-x_n|<\varepsilon$，则 $x = x_{n+1}$ 就是方程 $f(x) = 0$ 的近似根。

牛顿迭代法的优点是在方程单根附近收敛速度比较高，但此方法收敛与否与迭代初始值 x_0 密切相关。该方法需要计算 $f'(x)$，对于复杂的 $f(x)$，计算 $f'(x)$ 可能比较麻烦。

根据简单迭代法收敛的充分条件或牛顿迭代法收敛性定理，可以判断牛顿迭代法是否收敛。

定理 4.1（牛顿迭代法收敛性定理）若 $f(x)$ 在$[a,b]$上连续，存在 2 阶导数，且满足以下条件：

(1) $f(a)f(b)<0$。

(2) $f''(x)$ 不变号且 $f''(x) \neq 0$。

(3) 选取初值 x_0，满足 $f(x_0)f''(x_0) > 0$。

牛顿迭代法算法如下。

算法输入：迭代初始值 x_0、精度 ε 和最大迭代次数 max

算法输出：方程 f(x) = 0 的近似根

算法步骤：

(1) begin

(2) 输入迭代初始值 x_0、精度 ε 和最大迭代次数 max

(3) 循环控制变量 i 初始化为 1

(4) while (i<=max) {

(5) $x_1 = x_0 - f(x_0)/f'(x_0)$
(6)　　if ($|x_1-x_0|<\varepsilon$)
(7)　　　　break;
(8)　$x_0 = x_1$;
(9)　　i = i+1;
(10) }
(11) if(i<max)
(12)　　输出 x_1;
(13) else
(14)　　输出“迭代次数超过给定的最大迭代次数”;
(15) end

例 4-13　利用牛顿迭代法求例 4-12 中的方程的根。

问题分析：首先，手工构造迭代函数

$$g(x) = x - \frac{f(x)}{f'(x)} = x - \frac{x^3 - x^2 - 1}{3x^2 - 2x} \tag{4-4}$$

然后，根据牛顿迭代算法，求解上述方程的程序设计如下：

```
#include <stdio.h>
#include <math.h>
double g(double x) {     //定义迭代函数
    return x - (pow(x,3)-pow(x,2)-1)/(3*pow(x,2)-2*x);
}
int main(void) {
    int i,MaximumIterations;
    double x0,x1,epsilon;
    printf("请输入迭代的初值：");
    scanf("%lf",&x0);
    printf("请输入求解根的精度：");
    scanf("%lf",&epsilon);
    printf("请输入最大迭代次数：");
    scanf("%d",&MaximumIterations);
    i=1;
    while(i<MaximumIterations){
        x1=g(x0);
        printf("\ni=%4d,x1=%10.6f",i,x1);
        if(fabs(x1-x0)<epsilon)
            break;
        x0=x1;
        i++;
    }
    if(i<MaximumIterations)
        printf("\n方程的根 x=%lf",x1);
    else
```

```
            printf("\n 求解方程的迭代次数超过给定的最大次数");
    }
```

程序运行结果：

```
    请输入迭代的初值：1.5
    请输入求解根的精度：0.0001
    请输入最大迭代次数：10
    i=  1,x1= 1.466667
    i=  2,x1= 1.465572
    i=  3,x1= 1.465571
    方程的根 x=1.465571
```

4.8.3 弦截法

弦截法又称为弦位法、弦割法或割线法，其基本思想是依次用弦线代替曲线，用弦线与 x 轴的交点作为函数 $f(x)$ 根的近似值。牛顿迭代法需要计算 $f'(x)$，对于复杂的 $f(x)$，计算 $f'(x)$ 比较麻烦。为了避免这个问题，用差商 $\dfrac{f(x_n)-f(x_{n-1})}{x_n-x_{n-1}}$ 代替牛顿迭代公式中的 $f'(x)$，得到弦截法的迭代公式：

$$x_{n+1}=x_n-\frac{f(x_n)}{f(x_n)-f(x_{n-1})}(x_n-x_{n-1}) \tag{4-5}$$

弦截法的求解步骤如下：

(1) 确定方程 $f(x)=0$ 根附近的两个值 x_0、x_1 为迭代初始值。

(2) 将 x_0、x_1 代入迭代公式，反复迭代，得到迭代序列 $x_0, x_1, x_2,\cdots$。

(3) 如果该序列收敛 ($|x_{n+1}-x_n|<\varepsilon$) 或 $|f(x_{n+1})|<\varepsilon$，则 $x=x_{n+1}$ 就是方程 $f(x)=0$ 的近似根。

弦截法算法如下。

算法输入：迭代初始值 x_0、x_1、精度 ε 和最大迭代次数 max

算法输出：方程 f(x) = 0 的近似根

算法步骤：

(1) begin

(2) 输入迭代初始值 x_0、x_1、精度 ε 和最大迭代次数 max

(3) 循环控制变量 i 初始化为 1

(4) while (i<=max) {

(5) $x=x_1-\dfrac{f(x_1)}{f(x_1)-f(x_0)}(x_1-x_0)$

(6) if ($|x-x_1|<\varepsilon$) or |(f(x)|<ε)

(7)   break;

(8) $x_0=x_1$;

(9) $x_1=x$;

(10) i = i+1;

(11) }

(12) if (i<max)

(13) 输出 x;

(14) else

(15) 输出“迭代次数超过给定的最大迭代次数”;

(16) end

例 4-14　利用弦截法求例 4-12 中的方程的根。

问题分析：首先，根据方程式定义函数 f(double x)，然后，定义函数 g(double x1,double x2) 实现迭代公式。根据弦截法算法，求解上述方程的程序设计如下：

```
#include <stdio.h>
#include <math.h>
double f(double x) {
    return  pow(x,3)-pow(x,2)-1;
}
double g(double x1,double x2){
    return x2 - f(x2)*(x2-x1)/(f(x2)-f(x1));
}
int main(void) {
    int i,MaximumIterations;
    double x0,x1,x,epsilon;
    printf("请输入迭代的初值 1: ");
    scanf("%lf",&x0);
    printf("请输入迭代的初值 2: ");
    scanf("%lf",&x1);
    printf("请输入求解根的精度: ");
    scanf("%lf",&epsilon);
    printf("请输入最大迭代次数: ");
    scanf("%d",&MaximumIterations);
    i=1;
    while(i<MaximumIterations){
        x=g(x0,x1);
        printf("\ni=%4d,x1=%10.6f",i,x);
        if(fabs(x-x1)<epsilon||fabs(f(x))<epsilon)
            break;
        x0=x1;
        x1=x;
        i++;
    }
    if(i<MaximumIterations)
        printf("\n 方程的根 x=%lf",x);
    else
        printf("\n 求解方程的迭代次数超过给定的最大次数");
}
```

运行结果：

```
请输入迭代的初值 1: 1.6
请输入迭代的初值 2: 0.1
```

```
请输入求解根的精度：0.0001
请输入最大迭代次数：20

i=  1,x1= 1.079612
i=  2,x1= 9.810249
i=  3,x1= 1.088954
i=  4,x1= 1.098156
i=  5,x1= 1.727667
i=  6,x1= 1.368411
i=  7,x1= 1.443586
i=  8,x1= 1.467815
i=  9,x1= 1.465523
i= 10,x1= 1.465571
方程的根 x=1.465571
```

4.9　综合应用实例

4.9.1　随机数序列生成

随机数在统计学、计算机仿真、信息安全、区块链和自动控制等领域都有非常重要的应用。随机数是在一定范围内随机产生的数，这个范围内等概率出现的随机数被称为均匀分布随机数。很多工程问题求解过程需要使用随机数，特别是在复杂工程问题的计算机仿真过程中，一系列随机数用于复杂问题的仿真实验，通过大量仿真实验分析结果数据。另外，也可以使用随机数近似生成噪声数据序列，将噪声数据插入实验数据中以逼近真实工况环境下的数据。

高级程序设计语言基本上都提供随机数函数，可以调用其生成某个范围内的随机数。C 语言提供了函数 rand()，可以生成 0～RAND_MAX 的随机数。RAND_MAX 是<stdlib.h>头文件中定义的一个宏(系统常量)，它用来指明 rand()所能返回的随机数的最大值。C 语言标准并没有规定 RAND_MAX 的具体数值，只是规定它的值至少为 32 767。在实际编程中，我们也不需要知道 RAND_MAX 的具体值，把它当作一个很大的数来对待即可。

例 4-15　调用 rand()函数生成随机数。

```
#include <stdio.h>
#include <stdlib.h>
int main(void){
    int rand_num1=rand(),rand_num2=rand();
    printf("%d,%d\n",rand_num1,rand_num2);
    return 0;
}
```

多次运行上面的程序，会发现每次产生的两个随机数总是相同的。

实际上通过 rand()函数产生的随机数是伪随机数，它采用一个算法生成随机序列，每次调用 rand()产生一个新值，但程序每次生成的随机序列是相同的。此算法使用一个参数(种子)来生成一个随机序列，对于不同的种子，函数 rand()生成不同的随机序列。函数 srand()

被用来设定种子，如果在 rand()之前没有调用 srand()函数，计算机默认种子值是 1。因为每次执行函数 rand()的时候，种子值都是固定的，所以，每次生成的随机序列也就是固定的。如果想要程序每次生成不同的随机数，那么每次产生随机数之前就需要调用函数 srand()改变种子的值。函数 srand()的原型声明包含在 stdlib.h 中，其格式为 void srand(unsigned int seed)，其中形参 seed 即种子的意思，类型是一个无符号整型。

例 4-16　采用固定种子值生成 0～99 的随机数。

```
#include <stdio.h>
#include <stdlib.h>
int main(void){
    int rand_num,i;
    srand(100);
    for(i=0;i<10;i++){
        rand_num=rand()%100;
        printf("%d ",rand_num);
    }
    return 0;
}
```

运行结果：

```
65 16 15 4 4 54 98 2 9 29
```

反复多次运行上面的程序，会发现生成的随机数序列是一样的，原因是程序中采用了固定的种子值(100)，所以，每次程序运行产生的随机数序列是相同的。如果每次程序执行想要得到不同的随机数序列，那就要保证每次运行程序时的种子是不同的。通常，可以采用计算机系统时间作为种子，每次程序运行时计算机时间不同，种子也就不一样。C 语言中使用 time()函数返回一个值，即格林尼治时间 1970 年 1 月 1 日 00:00:00 到当前时刻的时长，时长单位是秒。

例 4-17　采用系统时间作为种子生成 0～99 的随机数。

```
#include <stdio.h>
#include <stdlib.h>
#include <time.h>
int main(void){
    int rand_num,i;
    srand((unsigned int)time(NULL));
    printf("\n 种子值=%u \n",(unsigned int)time(NULL));
    printf("随机数序列：");
    for(i=0;i<10;i++){
        rand_num=rand()%100;
        printf("%d ",rand_num);
    }
    printf("\n");
    return 0;
}
```

第 1 次运行程序的结果：

```
种子值 = 1684299958
随机数序列: 83 52 47 82 64 99 83 34 14 19
```

第 2 次运行程序的结果：

```
种子值 = 1684300022
随机数序列: 92 22 74 38 37 66 72 96 80 59
```

例 4-18　生成[a,b]区间内的随机整数序列。

问题分析：生成区间[a,b]之内的随机整数，是将 0～RAND_MAX 之间的整数转换为[a,b]之内的整数。其步骤如下：

(1) 计算区间[a,b]之内的整数个数，即 b–a+1。

(2) 函数 rand() 除以[a,b]之内的整数个数，即 rand()/(b–a+1)，得到 0～(b–a) 之间的整数。

(3) rand()/(b–a+1) 加上 a，即 rand()/(b–a+1)+a，得到 a～b 之间的整数。

```
#include <stdio.h>
#include <stdlib.h>
#include <time.h>
int int_rand (int a,int b){
    return rand()%(b-a+1)+a;
}
int main(void){
    int rand_num,i,a,b;
    printf("请输入随机数生成区间的上界和下界：");
    scanf("%d%d",&a,&b);
    srand((unsigned int)time(NULL));
    printf(" 随机数序列：");
    for(i = 0;i<10;i++){
        rand_num = int_rand(a,b);
        printf("%d ",rand_num);
    }
    printf("\n");
    return 0;
}
```

运行结果：

```
请输入随机数生成区间的上界和下界: -10 10
随机数序列: -4 2 10 7 6 -4 4 7 6 10
```

例 4-19　生成[a,b]区间内的随机浮点数序列。

问题分析：在很多工程问题求解时，需要生成某个区间[a,b]之内的随机浮点数，即将 0～RAND_MAX 之间的整数转换为[a,b]之内的浮点数。步骤如下：

(1) 函数 rand() 除以 RAND_MAX，即 (double) rand()/RAND_MAX，得到 0～1 之间的随机浮点数。

(2) (double) rand()/RAND_MAX 乘以 (b-a)，即 (double) rand()/RAND_MAX) * (b-a)，得

到 0～b-a 之间的随机浮点数。

(3) (double) rand () /RAND_MAX) * (b-a) 加上 a，即 (double) rand () /RAND_MAX) * (b–a) +a，得到 a～b 之间的随机浮点数。

程序代码：

```
#include <stdio.h>
#include <stdlib.h>
#include <time.h>
double float_rand(float a,float b){
    return ((double)rand()/RAND_MAX)*(b-a)+a;
}
int main(void){
    int i;
    float a,b,rand_num;
    printf("\n 请输入随机数生成区间的上界和下界：");
    scanf("%f%f",&a,&b);
    srand((unsigned int)time(NULL));
    printf("随机数序列：");
    for(i=0;i<10;i++){
        rand_num=float_rand (a,b);
        printf("%f ",rand_num);
    }
    printf("\n");
    return 0;
}
```

运行结果：

```
请输入随机数生成区间的上界和下界：-10 10
随机数序列：-4.52 -1.34 6.58 -5.02 9.60 7.36 -3.85 -7.05 -5.24 -2.68
```

4.9.2 气温模拟数据生成

例 4-20 假设某个区域某个时间段的气温可以用平均气温加上某个范围内随机变化的噪声数据来模拟，试编写程序生成气温模拟数据。

问题分析：输入平均气温 average_ temperature和噪声数据范围[noise_data1,nosie_data2]，定义模拟数据生成函数 gen_data (float average_ temperature,float nosie_data1,float nosie_data2)，该函数调用例 4-19 中的 float_rand (noise_data1,nosie_data2) 函数生成噪声数据，然后加上平均气温便得到一个模拟数据。

程序代码：

```
#include <stdio.h>
#include <stdlib.h>
#include <time.h>
double rand_float(float a,float b){
    return ((double)rand()/RAND_MAX)*(b-a)+a;
}
```

```
float gen_data(float average_temperature,float nosie_data1,float nosie_data2) {
    float temperature;
    temperature=average_temperature + rand_float(nosie_data1,nosie_ data2);
    return temperature;
}
int main(void){
    int i,n;
    float aver_temperature,nosie1,nosie2;
    printf("\n 请输入平均气温: ");
    scanf("%f",& aver_temperature);
    printf("\n 请输入随机噪声数的上界和下界: ");
    scanf("%f%f",&nosie1,&nosie2);
    printf("\n 请输入欲生成数据的个数: ");
    scanf("%d",&n);
    printf(" 气温模拟数据: ");
    srand((unsigned int)time(NULL));
    for(i = 0;i<n;i++)
        printf("%f ",gen_data(aver_temperature,nosie1,nosie2));
    return 0;
}
```

4.9.3 系统可靠性仿真

可靠度是评价系统可靠性的指标之一，它是指在规定条件下，规定时间内完成规定功能的概率。系统可以采用串行或并行结构将多个元件组合起来，在每个元件的可靠度已知的情况下，可根据概率和统计定理，通过计算便得到系统的可靠性。

假设一个系统由 k 个元件组合而成，已知每个元件的可靠度 $R_i(1\leqslant i\leqslant k)$，则串行系统或并行系统的解析可靠性计算公式分别为：

$$R = R_1 \times R_2 \times \cdots \times R_k \tag{4-6}$$

或

$$R = 1-(1-R_1)\times(1-R_2)\times\cdots\times(1-R_k) \tag{4-7}$$

例 4-21　假设一个系统由 3 个元件组成，其结构示意图如图 4-4 所示。每个元件的可靠度为 0.95，计算整个系统的解析可靠性。

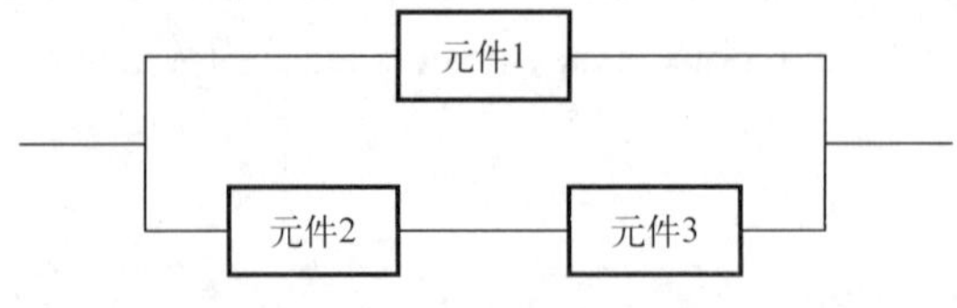

图 4-4　某系统结构示意图

问题分析：图 4-4 给出的是一个串并混合结构，但整体上可认为是并行结构，一个分支是由元件 1 构成，另一个分支是由元件 2 和元件 3 的串行结构构成，因此，计算公式为：$R=1-(1-R_1)\times(1-R_2\times R_3)$。

程序代码：

```
#include <stdio.h>
double reliability(double r1,double r2,double r3){
    return 1-(1-r1)*(1-r2*r3);
}
int main(void) {
    double R,R1,R2,R3;
    printf("请输入 3 个元件的可靠度：");
    scanf("%lf%lf%lf",&R1,&R2,&R3);
    printf("系统解析可靠性结果：%lf",reliability(R1,R2,R3));
}
```

运行结果：

```
请输入 3 个元件的可靠度：0.95 0.95 0.95
系统可靠性计算结果：0.995125
```

例 4-22　对例 4-21 给出的系统进行可靠性仿真，输出系统的可靠性评估结果。

问题分析：输入 3 个元件的可靠度分别存储于变量 R_1、R_2 和 R_3 中，仿真实验 n 次就是要循环 n 次，在每次循环(仿真实验)中，为每个一个元件生成一个 0～1 的随机浮点数，分别存放于 R_1_rand、R_2_rand 和 R_3_rand 中。如果随机数小于等于其对应的元件的可靠度(即 R_1_rand<=R_i)，则认为第 i 个元件工作正常。根据系统结构示意图 4-4 可以得知，当表达式(R1_rand<=R1) || (R2_rand<=R2 && R3_rand<=R3)为真时，整个系统正常工作。在循环体中累加系统正常工作次数，最后用系统正常工作次数所占的比例作为可靠性的评估值。

程序代码：

```
#include <stdio.h>
#include <stdlib.h>
#include <time.h>
double rand_float(int a,int b){
    return ((double)rand()/RAND_MAX)*(b-a)+a;
}
double reliability(double r1,double r2,double r3){
    return 1-(1-r1)*(1-r2*r3);
}
int main(void) {
    int i,n,success=0;
    double R1,R2,R3,R1_rand,R2_rand,R3_rand;
    printf("请输入 3 个元件的可靠度：");
    scanf("%lf%lf%lf",&R1,&R2,&R3);
    printf("请输入仿真实验次数：");
    scanf("%d",&n);
    srand((unsigned int)time(NULL));
    for(i=1;i<=n;i++){
        R1_rand=rand_float(0,1);
        R2_rand=rand_float(0,1);
```

```
        R3_rand=rand_float(0,1);
        if((R1_rand<=R1) || (R2_rand<=R2 && R3_rand<=R3))
            success++;
        if(i%500==0)
            printf("\n 仿真%4d 次的可靠性评估结果：%lf",i,(double)success/n);
    }
    printf(" \n 系统解析可靠性结果：%lf",reliability(R1,R2,R3));
}
```

运行结果：

```
请输入 3 个元件的可靠度：0.9 0.9 0.9
请输入仿真实验次数：6000

仿真 500 次的可靠性评估结果：0.080333
仿真 1000 次的可靠性评估结果：0.161500
仿真 1500 次的可靠性评估结果：0.243500
仿真 2000 次的可靠性评估结果：0.325500
仿真 2500 次的可靠性评估结果：0.407667
仿真 3000 次的可靠性评估结果：0.489500
仿真 3500 次的可靠性评估结果：0.571000
仿真 4000 次的可靠性评估结果：0.653167
仿真 4500 次的可靠性评估结果：0.735500
仿真 5000 次的可靠性评估结果：0.817500
仿真 5500 次的可靠性评估结果：0.899167
仿真 6000 次的可靠性评估结果：0.981667
系统解析可靠性结果：0.981000
```

从程序运行结果可以看出，随着仿真实验次数的增加，仿真结果会逐渐逼近解析计算结果。

4.10 习　　题

一、选择题

1．以下说法的不正确是(　　)。

A．函数可以递归定义　　B．函数可以递归调用

C．函数可以嵌套定义　　D．函数可以嵌套调用

2．关于函数调用，以下错误的描述是(　　)。

A．可以出现在执行语句中　　B．可以出现在一个表达式中

C．可以作为一个函数的实参　　D．可以作为一个函数的形参

3．C 语言规定，函数返回值的类型是由(　　)。

A．return 语句中的表达式类型决定

B．调用该函数时的主调函数类型决定

C．调用该函数时系统临时决定

D．在定义该函数时所指定的函数类型决定

4. 一个 C 程序是由(　　)。

A. 一个主程序和若干个子程序组成　　B. 函数组成

C. 若干过程组成　　D. 若干子程序组成

5. 下面的说法中错误的是(　　)。

A. 函数参数是动态储存类别变量

B. 局部变量可以是静态存储类别变量

C. 外部变量是静态存储类别变量

D. 外部变量可以是静态存储类别变量，也可以是动态储存类别变量

6. 以下程序的输出结果是(　　)。

```
#include <stdio.h>
int func(int a,int b){
    return a+b;
}
int main(void){
    int x=6,y=7,z=8;
    printf("%d",func((x--,y++,x+y),z));
    return 0;
}
```

A. 11　　B. 20　　C. 21　　D. 31

7. 若有以下调用语句，则不正确的 fun 函数的首部是(　　)。

```
int main(void){
    int a[50],n;
    …
    fun(n, &a[9]);
    …
}
```

A. void fun(int m, int x[])　　B. void fun(int s, int h[41])

C. void fun(int p, int *s)　　D. void fun(int n, int a)

8. 如果在一个函数中的复合语句中定义了一个变量，则该变量(　　)。

A. 只在该复合语句中有效　　B. 在该函数中有效

C. 在本程序中有效　　D. 为非法变量

9. 执行下面程序后的运行结果为(　　)。

```
int a=5,b=3;
fun (int a, int b){ return a>b?a+b:a-b; }
main(){
    int a=10;
    printf("%d\n",fuc(a,b));
}
```

A. 2　　B. 7　　C. 8　　D. 13

10. 如果在一个函数中定义了一个静态局部变量，则对该变量不正确描述为(　　)。

A．只在该函数中有效　　B．在该函数外不可以引用
C．其生存期为整个程序执行期　　D．其生存期为函数执行期

二、填空题

1．在函数外面声明的变量是(　　)变量。
2．C 语言中形参的默认存储类别是(　　)。
3．函数调用语句为“func(rec1,rec2+rec3,(rec4,rec5));”，则该函数调用语句中，含有的实参个数是(　　)个。
4．将两个字符串连接起来的函数是(　　)。
5．在定义内部函数时，需要在函数首部的最左端加上保留字(　　)。
6．char s1[10] = "abc ",s2[10] = "xyz";，则 strlen(strcat(s1,s2))的值是(　　)，strlen(s2)的值是(　　)。
7．从变量值存在的时间(即生存期)角度看，变量可以分为(　　)和(　　)两种。
8．定义函数为外部函数的保留字为(　　)。
9．静态型外部变量的作用域为(　　)。
10．调用函数 strlen()，在程序首部应该写上的文件包含命令为(　　)。

三、判断题

1．函数内定义的变量都是动态存储变量。
2．函数内定义的变量都存储在内存之中。
3．函数内定义的变量对其他函数都是不可见的。
4．函数内说明的变量对其他函数都是不可见的。
5．函数外定义的变量都是静态存储变量。
6．主函数中定义的变量对其他函数都是可见的。
7．主函数中定义的变量在整个程序执行期间都存在。
8．在函数内可以通过保留字 extern 定义外部变量。
9．在一个文件中定义的外部变量只限在本文件中使用。
10．在一个文件中定义的函数只能被本文件引用。

四、程序分析题

1．程序改错。

```
#include <stdio.h>
int main(void) {
float x=1.1, y=2.2, z;
    z=min(x,y);
    printf("%f",z);
    return 0;
}
float min(float x, float y)
{ return x<y?x:y; }
```

2．写出下面程序的输出结果。

```
#include <stdio.h>
int a=1,b=0;
int f(int x) {
    int b=2;
    static int c=1;
    x=c++;
    b+=x+a++;
    return b;
}
int main(void) {
    int c=1;
    a++;
    printf("%d,%d,%d,%d;",a,b,c,f(c));
    a++;
    printf("%d,%d,%d,%d",a,b,c,f(c));
    return 0;
}
```

3．写出下面函数的功能。

```
void f(char p[][10],int n){
    char t[20];
    int i,j;
    for(i=0;i<n-1;i++)
        for(j=i+1;j<n;j++)
            if(strcmp(p[i],p[j])<0){
                strcpy(t,p[i]); strcpy(p[i],p[j]); strcpy(p[j],t);
            }
}
```

4．下面程序的功能是用递归方法求 1+2+…+n。请填空。

```
long sum(int n){
    if(n==1)
        return(    );
    else
        return(    );
}
int main(void){
    int n;
    printf("input an interger number: ");
    scanf("%d", &n);
    if(n<0) printf("n<0,dataerror!");
    else    printf("%ld", sum(n));
}
```

五、编程题

1．请编写函数判断一个整数是否是素数。

2．请编写函数求概率组合 C_n^m 的值，公式如下：

$$C_n^m = \frac{n!}{m!(n-m)!}$$

3．编写一个函数可以求出任意 3 个整数之中的最大值，并返回其最大值。

4．编写一个递归函数求一个整数的位数。

5．编写一个函数，可以实现算术运算的功能，即给出两个值及算术运算符号可以算出相应的结果。

6．编写一个递归函数 DigitSum(n)，输入一个非负整数，返回组成它的数字之和。

7．编写程序，用简单迭代法求方程 $x^5+5x^4-2=0$ 在−5 附近的根，精度要求为 0.0001。

8．编写程序，用牛顿迭代法求方程 $x^3-3x-1=0$ 在 $x_0=2$ 附近的根，要求精确到小数点后第 3 位。

9．编写程序，用弦截法求方程 $x^3+3x-2=0$ 的根，$x0=1$，$x1=3$，$\varepsilon=10^{-3}$。

10．编写程序，假设一个系统由 4 个元件组成，其结构示意图如图题 4-1 所示。每个元件的可靠度为 0.93，分别计算这个系统的可靠性的解析结果和仿真计算结果。

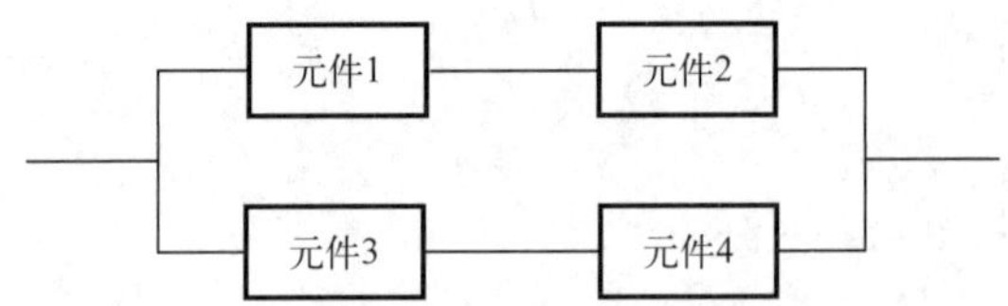

图题 4-1　编程题第 10 题的系统结构示意图

第 5 章 数　　组

前面章节介绍了对单一数据的处理，然而，在实际工程应中经常需要对一组数据序列进行处理。为了方便处理一组数据，C 语言提供了数组类型。数组类型是一种构造数据类型，它由一组具有相同类型的数据构成，可以被看作一定数量的相同类型的数据集合，通过下标变量进行引用。

5.1 一 维 数 组

5.1.1 一维数组的定义和初始化

在使用数组前，一定要先定义。一维数组定义的语法格式如下：

```
数据类型说明符 数组名[整型常量表达式];
```

其中，数据类型说明符指定数组中每个元素的数据类型；数组名的命名要符合标识符命名规则，数组名代表数组首元素的存储地址；整型常量表达式指定了数组中的元素个数，即数组长度。

例如：int a[3];是定义一个含有 3 个元素的整型数组 a，其元素为：a[0]、a[1]和 a[2]。

数组元素的下标从 0 开始。一维数组在内存中的存储方式为顺序存储，即按下标顺序连续存放。一维数组在内存中占用的字节数为数组长度×每个数组元素在内存所占用的字节数，每个数组元素所占用的字节数可以用 sizeof() 求得，例如：sizeof(int)。

数组可以在定义的同时进行初始化。数组定义时初始化的方式如下：

(1) 对全部元素赋初值。例如：

```
int a[3] = {0,1,2};
```

a[0]的值为 0，a[1]的值为 1，a[2]的值为 2。

(2) 部分元素赋初值。未被赋值的元素，其值默认为 0。例如：

```
int a[3] = {1,2};
```

a[0]的值为 1，a[1]的值为 2，a[2]的值为 0。

(3) 对全部元素赋初值时，数组长度可以省略。数组的长度等于初始化列表中值的个数。例如：

```
int a[ ] = {1,2,3};
```

数组 a 的长度为 3。

当数组在所有函数外定义(全局变量)或用 static 定义为静态存储类型时，如果不对数组元素初始化，编译系统也会自动初始化数组元素的值为 0。当数组被定义为自动局部变量时，如果不对数组元素初始化，数组元素的值为不确定数。

另外，数组也可以通过程序语句来进行赋值。

```
int a[6],i;                    //声明变量
for(i=0;i<6;i++)
    a[i]=i+1;                  //数组初始化赋初值
```

需要注意，for 语句中的判定条件为 i<6，这是因为数组元素下标是从 0 开始的。

5.1.2　一维数组元素的引用

数组只能引用数组元素，而不能被整体引用，数组元素的引用格式如下：

```
数组名[下标表达式]
```

其中，下标表达式可以是整型常量或整型表达式，数组元素可当作一般变量来使用。

例 5-1　从键盘输入 10 个整数存入数组中，然后按逆序重新存放并输出。

```
#include <stdio.h>
int main(void){
    int a[10],i,j,t;
    for(i=0;i<10;i++)
        scanf("%d",&a[i]);
    for(i=0,j=9;i<j;i++,j--){
        t=a[i];a[i]=a[j];a[j]=t;
    }
    for(i=0;i<10;i++)
        printf("%4d",a[i]);
    return 0;
}
```

5.2　二维数组

5.2.1　二维数组的定义和初始化

C 语言可以定义多维数组，二维数组的定义格式如下：

```
类型说明符 数组名[常量表达式 1][常量表达式 2];
```

其中，常量表达式 1 指定数组第 1 维的长度，常量表达式 2 指定数组第 2 维的长度。例如：

```
int a[3][2];
```

定义了一个 3 行 2 列、共有 6 个数组元素的整型二维数组，每一维的下标都是从 0 开始的。另外，二维数组可以被理解为一种特殊的一维数组，其每个元素又是一个一维数组。例如，上面定义的数组 a 可以看成由 a[0]、a[1]和 a[2]三个元素组成的特殊一维数组。其中，a[0]、a[1]和 a[2]又可以分别看作一个一维数组，a[i]代表第 i–1 行对应的一维数组的数组名，如图 5-1 所示。

a[0]	a[0][0]	a[0][1]
a[1]	a[1][0]	a[1][1]
a[2]	a[2][0]	a[2][1]

图 5-1　二维数组作为特殊的一维数组示意图

二维数组在内存中的存储方式是按行展开顺

序存储，即先存第 1 行的各个数组元素，再存第 2 行的各个数组元素，依次类推。二维数组在内存中占用的字节数为：第 1 维的长度×第 2 维的长度×每个数组元素所占用的字节数。

二维数组可以在定义的同时进行初始化，初始化的方式如下：

(1)逐行对全部元素初始化。

```
int a[3][3] = {{1,2,3},{4,5,6},{7,8,9}};
```

(2)按存储顺序对全部元素初始化。

```
int a[3][3] = {1,2,3,4,5,6,7,8,9};
```

(3)逐行对部分元素初始化，未被赋值的元素初值为 0。

```
int a[3][3] = {{1,2,3},{4,5},{7}};
```

二维数组 a 的值如下：

1　2　3
4　5　0
7　0　0

(4)按存储顺序对部分元素初始化。

```
int a[3][3] = {1,2,3,4,5,6,7};
```

二维数组 a 的值如下：

1　2　3
4　5　6
7　0　0

(5)对全部元素初始化而省略第 1 维的长度。系统将根据初值的个数和第 2 维的长度来确定第 1 维的大小，此时，第 2 维的长度不能省略。例如：

```
int a[][3] = {{1,2,3},{4,5},{7,8}};
```

等价于

```
int a[3][3] = {{1,2,3},{4,5,0},{7,8,0}};
int a[][3] = {1,2,3,4,5,6,7,8,9};
```

等价于

```
int a[3][3] = {1,2,3,4,5,6,7,8,9};
```

5.2.2　二维数组元素的引用

二维数组同一维数组一样，只能引用数组元素，其引用格式如下：

```
数组名[下标表达式 1][下标表达式 2]
```

其中，下标表达式 1 和下标表达式 2 可以是整型常量或整型表达式。

例 5-2　定义一个 3 行 2 列的二维数组，第 1 行的值为 0 和 1，第 2 行的值为 2 和 3，第 3 行的值为 4 和 5，并按矩阵的方式输出。

```
# include <stdio.h>
int main(void){
    int a[3][2],i,j,x = 0;
    for(i = 0;i<3;i++)                    //构造数组元素的值
        for(j = 0;j<2;j++){
            a[i][j] = x;
            x++;
        }
    printf("输出数组元素的值\n");
    for(i = 0;i<3;i++){                   //输出数组元素的值
        for(j = 0;j<2;j++)
            printf("%4d",a[i][j]);
        printf("\n");
    }
}
```

5.3 字 符 数 组

字符数组中的每个数组元素均为字符型，其定义和引用方式与前述数组相同。C 语言没有提供字符串类型，字符数组被用来存储一个字符串。在字符数组中存储一个字符串时，必须将字符串结束符'\0'存入字符串的尾部。C 语言中，字符数组名可以看作字符串变量，使用字符数组名对字符串进行输入、输出和其他字符串操作。

5.3.1 字符数组的初始化

(1) 逐个字符对全部元素赋初值。

```
char s[4] = {'a','b', 'c','d'};
```

数组 s 中存放了 4 个字符，但并不是字符串 “abcd”，因为没有存入字符串结束符'\0'。在对全部元素赋初值时，可以省略数组长度，例如：

```
char s[] = {'a','b','c','d'};
```

(2) 逐个字符对部分元素赋初值。

```
char s[5] = {'a','b','c'};
```

相当于

```
s[0] = 'a'; s[1] = 'b';s[2] = 'c';s[3] = '\0';s[4] = '\0';
```

此时，数组 s 中存放了字符串 “abc”。

(3) 字符串常量对字符数组初始化。

```
char s[] = {"hello world!"};
```

或者写成

```
char s[] = "hello world!";
```

此时，数组 s 中存放了字符串“hello world!”，在字符串尾部自动存放了字符串结束符'\0'，数组 s 的长度是其存放的字符串长度加 1，即 13。

(4) 多个字符串的存储和初始化。

C 语言中，可以利用二维数字符组存放多个字符串，每一行存放一个字符串。第 1 维的长度表示要存储的字符串的个数，可以省略；第 2 维的长度不能省略，并且其值要足够大，从而保证二维字符数组的某一行能够存放下多个字符串中的最长字符串。例如：

```
char c[][7] = {"hello" ,"world!"};
```

5.3.2 字符数组的输入输出

C 程序中，可以通过调用 scanf() 和 prinf() 函数对字符数组以“%c”格式逐个字符地输入或输出。如果一个字符数组中存放了一个字符串(即字符串尾部含有字符串结束符)，则可以采用“%s”格式对字符串进行格式化输入或输出。

例 5-3　字符数组的输入和输出。

```
#include <stdio.h>
int main(void) {
    int i = 0,count = 0;
    char s1[81],s2[81],ch;
    scanf("%c",&ch);
    while(ch! = '\n'){
        s1[count] = ch;
        count++;
        scanf("%c",&ch);
    }
    scanf("%s",s2);
    printf("s1:");
    for(i = 0;i<count;i++)
        printf("%c",s1[i]);
    printf("\ns2:%s",s2);
    printf("\ns2:");
    for(i = 0;s2[i]! = '\0';i++)
        printf("%c",s2[i]);
}
```

5.3.3 字符串处理函数

C 语言提供了丰富的字符串处理函数。如果在程序中调用了字符串输入输出函数 gets() 和 puts()，则应在源文件开始处包含头文件 stdio.h。如果程序用调用了 strcat() 等其他字符串函数，则源文件应包含头文件 string.h。

1. 字符串输出函数 puts

```
int puts(字符数组名);
```

功能：将字符数组中存放的字符串输出到显示器，遇到第 1 个'\0'时输出结束，并且系统自动将'\0'转换为'\n'输出，即输出一个字符串后自动换行。实参也可以是字符串常量。

返回值：如果输出成功，则返回一个非负值，否则返回 EOF(-1)。

2. 字符串输入函数 gets

```
char * gets(字符数组名);
```

功能：从标准输入设备键盘上输入一个字符串保存到字符数组中。输入的字符串可以包含空格，输入时遇到回车符结束。

返回值：如果成功，则该函数返回字符串的首地址(指针)。如果发生错误或者只输入文件结束符，则返回 NULL(0)。Windows 操作系统中，文件结束符的输入为 Ctrl+z 和 Enter。

例 5-4　运行下面程序进行测试。

```
#include <stdio.h>
int main(void){
    char s[2],*p;
    p=gets(s);
    if(p==s)
        printf("Success!");
    if(p==0)
        printf("Fail!");
}
```

3. 字符串连接函数 strcat

```
char * strcat(字符数组名 1,字符数组名 2);
```

功能：将字符数组 2 中存放的字符串 2 连接到字符数组 1 中存放的字符串 1 的后面，字符串 1 末尾的'\0'被覆盖，字符串 2 末尾的'\0'会一起被复制过去。字符数组名 1 的长度要足够大，以便能容纳连接后的字符串。第 2 个实参也可以是字符串常量。

返回值：连接后的字符串首元素的地址(指针)。

4. 字符串拷贝函数 strcpy

```
char * strcpy(字符数组名 1,字符数组名 2);
```

功能：将字符数组 2(包括'\0')复制到字符数组 1 中，字符数组 1 的长度要足够大，以便能容纳连接后的字符串。第 2 个实参也可以是字符串常量。

返回值：复制后的字符串首元素的地址(指针)。

5. 字符串比较函数 strcmp

```
int strcmp(字符数组名 1,字符数组名 2);
```

功能：比较两个字符串的大小，即依次比较两个字符串中字符的 ASCII 码值，直到遇到第 1 个不同的字符为止或两个字符都是'\0'，ASCII 码值大的字符所在字符串为大。两个实参也可以都是字符串常量。

返回值：返回值为一个正整数、0 或一个负整数。若字符串 1 等于字符串 2，则返回值等于 0；若字符串 1 大于字符串 2，则返回值大于 0；若字符串 1 小于字符串 2，则返回值小于 0。

比较两个字符串的大小需要使用 strcmp()函数，不能使用关系运算符。例如：关系表达式"Success!"> "Suc!"比较的是两个字符串常量的首地址的大小。

6. 字符串长度函数 strlen

```
int strlen(字符数组名);
```

参数说明：存放字符串的字符数组名，即字符串的首地址(指针)。实参也可以是字符串常量。

功能：计算字符串的长度，即字符串中包含的字符的个数(不含字符串结束标志'\0')。

返回值：返回值为一个正整数或 0。

例 5-5　字符串处理函数的应用。

```
#include <stdio.h>
#include<string.h>
int main(void) {
    char s1[40] = "hello",s2[40];          //定义两个字符型数组
    int i;
    printf("Please input the word \"world\":\n");
    gets(s2);
    strcat(s1,s2);
    puts(s1);
    strcpy(s1,s2);
    puts(s1);
    i = strcmp(s1,s2);
    printf("两个字符串比较的结果:%d\n",i);
    printf("字符串 1 的长度:%d",strlen(s1));
    return 0;
}
```

5.4　数组作为参数

数组作为函数参数，可以采用两种方法：

(1)数组元素作为函数实参，其效果与变量作为函数参数相同。

(2)数组名作为函数的形参和实参，此时形参数组和实参数组共享同一段内存存储单元，对形参数组的操作实际上就是在实参数组上进行的。

5.4.1　数组元素作为函数实参

每个数组元素实际上就是一个变量，数组元素可以像普通变量一样做函数实参。函数调用时，将实参数组元素的值传递给形参变量，参数传递方式是“值传递”。

例 5-6　求 10 个整数中的最小数。

```
#include <stdio.h>
int min(int x,int y){
    return(x<y?x:y);
```

```
    }
    int main(void){
        int a[10],i,m;
        printf("\nInput data:");
        for(i=0;i<10;i++)
            scanf("%d",&a[i]);
        m=a[0];
        for(i=1;i<10;i++)
            m=min(m,a[i]);
        printf("min=%d",m);
        return 0;
    }
```

本例中，min()函数求两个数中较小者。在 main()中，先将记录最小数的变量 m 初始化为 a[0]，然后通过 for 语句循环调用 min()函数 9 次，每次求得 a[0]到 a[i]中的最小数，并且赋值给变量 m。

5.4.2 数组名作为函数参数

在 C 语言中，允许数组名作为函数参数，此时实参和形参都为数组名(或用数组指针，见第 6 章)。由于数组名代表数组的首地址，在函数调用时，将实参数组的首地址传递给形参数组，使得形参数组与实参数组共享相同的一段内存单元。因此，对形参数组的操作实际上是在实参数组上进行的，对形参数组元素值的修改实际上就是对实参数组元素值的修改。

例 5-7　利用数组名作为函数参数交换两个变量的值。

```
    #include <stdio.h>
    void swap(int a[2]){
        int temp;
        temp=a[0];
        a[0]=a[1];
        a[1]=temp;
    }
    int main(void){
        static int b[2]={5,8};
        swap(b);
        printf("%d,%d",b[0],b[1]);
    }
```

运行结果：

```
    8,5
```

可以看出，形参数组两个元素的值互换导致实参数组两个元素的值互换，其原因是在函数执行时，形参数组 a 和实参数组 b 占用相同的一段内存单元。

在用数组名作函数参数时，应该注意实参数组和形参数组的类型要一致。形参是一维数组时可以不定义其长度。若是二维数组，可以省略第 1 维的长度，但不能省略第 2 维的长度。若在形参数组定义中没有指定数组长度，可以另设一个参数传递数组元素的个数。

例 5-8　用数组名作为函数参数，编写一个函数求 10 个整数中的最大数。

```
#include <stdio.h>
int main(void){
    int max(int[]);
    int a[10],i,m;
    printf("\nInput data:");
    for(i=0;i<10;i++)
        scanf("%d",&a[i]);
    m=max(a);
    printf("max=%d",m);
}
int max(int a[10]){
    int i,m;
    for(i=1,m=a[0];i<10;i++)
        if(a[i]>m)
            m=a[i];
    return(m);
}
```

请注意，上面程序中的函数的形参数组的大小可以省略，此时需要增加一个参数用于指定数组的大小。例 5-8 的程序改写如下：

```
#include <stdio.h>
int main(void){
    int max(int a[],int n);
    int a[10],i,m;
    printf("\nInput data:");
    for(i=0;i<10;i++)
        scanf("%d",&a[i]);
    m=max(a,10);
    printf("max=%d",m);
}
int max(int a[  ],int n){
    int i,m;
    m=a[0];
    for(i=1;i<n;i++)
        if(a[i]>m)
            m=a[i];
    return(m);
}
```

可以看出，本程序中的 max 函数可以求任意一组整数中的最大数。例如，将函数调用语句改为 m = max (a, 5)，则是求数组 a 中前 5 个元素中的最大数。

例 5-9　从键盘任意输入 6 个整数存入一个数组中，然后任意输入一个整数 x，采用顺序查找法，在数组中查找该数。

问题分析：顺序查找方法是对整个数据序列从左至右逐个与待查找的数比较，直到查找成功或所有数都比较完毕查找失败。若有 n 个数，最好的情况是只需 1 次比较就查到，最坏的情况需要 n 次比较才能有结论，其总体效率不高。该方法适用于在无序的数列中的查找。

```
#include <stdio.h>
#include <stdlib.h>
int Search(int a[], int x);
int main(){
    int i,b,x;
    int a[6];
    int n=0;
    printf("Input 6 numbers:\n");
    for(i=0;i<6;i++) {
        scanf("%d",&a[i]);
    }
    printf("Input x:");
    scanf("%d",&x);
    b=search(a,x);
    if(b==-1)
        printf("Not found!\n");
    else
        printf("%d in a[%d] found \n",x,b);
    return 0;
}
int search(int a[], int x){
    int m;
    for(m=0;m<6;m++){
        if(a[m]==x)
            return m;
        }
    return -1;
}
```

例 5-10　输入一组数据存储在一个 3 行 4 列的二维数组中，计算并输出所有数据累加和。

```
# include <stdio.h>
int main(){
    int i,j,c[3][4];
    for(i=0;i<3;i++)
        for(j=0;j<4;j++)
            scanf("%d",&c[i][j]);
    for(i=0;i<3;i++)
        for(j=0;j<4;j++)
            printf("%d,",c[i][j]);
    printf("\nsum is %d",sum(c,3));
    return 0;
}
int sum(int a[ ][4],int row) {
```

```
    int i,j,sum = 0;
    for(i = 0;i<row;i++)
        for(j = 0;j<4;j++)
            sum = sum+a[i][j];
    return sum;
}
```

5.5　数据序列的排序与查找

5.5.1　选择排序法

例 5-11　从键盘输入任意 10 个整数，用选择排序法按降序排列这组数，然后输出。

问题分析与程序思路：假设有 N 个数需要排序，这 N 个数已存放在一维数组 a 中，选择排序法的基本思想：首先从 N 个元素中查找最小(大)的元素并记录其下标位置，交换找到的最大(小)与第 0 位置上的元素，然后再从剩下的 N–1 个元素中找到最大(小)的元素并记录其下标位置，交换找到的最大(小)与第 1 位置上的元素，……直到所有元素都排序好。其算法步骤如下：

(1) 假设第 1 个数最大，用变量 max_pos = 0 记录其在数组中的位置(下标)。

(2) 如果第 2 个数 a[1]大于 a[max_pos]，则 max_pos = 2，否则不变。

(3) 以此类推。

(4) 如果第 n 个数 a[n–1]大于 a[max_pos]，则 max_pos = n–1，否则不变；交换 a[max_pos]与 a[0]。经过上述步骤后完成了第 1 遍扫描，最大的数被调整到了最前面(a[0])。

(5) 对剩余的 n–1 个数进行步骤(1)至步骤(4)的第 2 遍扫描，第 2 大数被调整到了第 2 个数(a[1])的位置。

(6) 以此类推。

(7) 进行 n–1 遍扫描后，只剩 1 个数即最小的数，此时不需要比较。

主函数完成原始数据序列的输入和排序后的数据序列输出。编写一个函数 sort_select 完成对 n 个数的选择法降序排序，函数定义两个形参，第 1 个形参是数组名，用于存放要排序的 n 个数；第 2 个参数是整型变量，用于存放要排序的一组数的个数。

程序代码：

```
#include <stdio.h>
#include <stdlib.h>
#define N 50
void sort_select(int array[],int n){
    int i,j,max_pos,temp;
    for(i = 0;i<n-1;i++){       //i 代表扫描次数和待排序一组数中第 1 个元素的位置
        max_pos = i;                         //假设待排序一组数的第 1 个元素值最大
        for(j = i+1;j<n;j++)                 //查找待排序一组数中的最大值
            if(array[j]>array[max_pos])
                max_pos = j;                 //记录最大值的位置
        if(i! = max_pos){
        /*如果最大值不是待排序数据序列中的第 1 个元素，则将最大数与第 1 个元素交换*/
```

```
                temp = array[max_pos];
                array[max_pos] = array[i];
                array[i] = temp;
            }
        }
    }
    int main(void){
        int n,a[N],i;
        printf("\nInput the number of the integers :");
        scanf("%d",&n);
        if(n<=0 && n>50){
            printf("input error");
            exit(1);
        }
        printf("Enter %d integers: \n",n);
        for(i=0;i<n;i++)
            scanf("%d",&a[i]);
        sort_select(a,n);
        printf("The sorted integers: \n");
        for(i=0;i<n;i++)
            printf("%d ",a[i]);
        return 0;
    }
```

运行结果：

```
Input the number of the integers : 5 <CR>
Enter 5 integers:
12 34 56 5 78 <CR>
The sorted integers:
5 12 34 56 78
```

5.5.2 冒泡排序法

例 5-12 编写一个函数，用冒泡法排序法按升序排列一个数据序列。

问题分析与程序思路：假设有 N 个数需要排序，这 N 个数已存放在一维数组 a 中，冒泡排序法的基本思想：首先从第 1 个数开始依次比较两个相邻的元素，如果它们不符合要求的顺序，则交换它们的值。反复比较相邻的两个元素，直到最后两个元素比较完为止，这样完成了第 1 趟扫描，即最大(小)的数被调整到了最后的位置。然后，重新一趟扫描，对余下的一组数重复上面的处理过程，直到所有数排序完毕。N 个数需要 N–1 趟扫描。

编写一个函数 sort_bubble，完成对 n 个数的冒泡法升序排序。

```
void sort_bubble(int array[],int n){
    int i,j,max_pos,temp;
    for(i=1;i<n;i++){                    //i 代表扫描次数
        for(j=0;j<n-i;j++)               //完成一趟扫描
            if(array[j]>array[j+1])  //若相邻的两个数是降序，交换它们的值
```

```
                        { temp = array[j];
                         array[j] = array[j+1];
                         array[j+1] = array[j];
                        }
            }
        }
```

5.5.3 插入排序法

例 5-13　编写一个函数，用插入排序法按升序排列一个数据序列。

问题分析与程序思路：首先，假设已对前面 k–1 个数(可能为零)按升序进行了排序，然后，选择第 k 数，对已排序的 k–1 个数从后向前依次与第 k 个数比较，将第 k 个数插入已排序的所有比它大的数的前面，数列仍然有序(升序)，这样完成了一趟插入。对 n 个数进行插入排序，需要 n–1 趟插入。算法具体实现过程如下：

(1) 处理第 1 个数时，无需进行任何操作，k 设置为 1。

(2) 第 2 个数(即第 k+1 个数)与第 1 个数比较，若第 2 个数不小于第 1 个数，排列顺序不变，否则互换两数，完成一趟插入。

(3) 设前 k–1 个数已升序排列。

(4) 第 k 个数与第 k–1 个数比较，若第 k 个数不小于第 k–1 个数，排列顺序不变，一趟插入排序完成，否则互换两个数，执行下一步。

(5) 再与其前面的数(即第 k–2 个数)比较，若不小于，则排列顺序不变，一趟插入排序完成，否则互换两数。

(6) 以此类推，直至第 1 个数处理完为止，一趟插入排序完成。

编写函数如下：

```
        void sort_insert(int array[],int n){
            int i,j,k,x;
            for(k = 1;k<n;k++) {                 //k代表插入排序趟数，k-1表示已排序数据个数
                if(array[k]<array[k-1]) {      //第 k 数与前面已排序的最后一个数比较
                    x = array[k];
                    for(j = k-1;j> = 0&&x<array[j];j--)
                        /*第 k 数依次与已排序的 k-1 个数从后向前比较，直到它不小于某个数或
与第 1 个数比较完毕*/
                        array[j+1] = array[j];     //数据向后移动一个位置
                    array[j+1] = x;                //第 k 个数插入适当的位置
                }
            }
        }
```

5.5.4 二分查找法

例 5-14　输入一个数，并在有序数列中用二分查找法进行查找。若有相同数，则输出其位置，否则输出“Not Found”。

问题分析与程序思路：在有序数列中查找某个数可采用二分查找法，其算法思想是，用有序数列的中间数与目标数相比较，若相等，则找到；若大于目标数，则在左半侧查找，否

则在右半侧查找。当数列范围缩小到空时，表示没找到。二分查找的效率比顺序查找方法效率高很多，顺序查找算法的时间复杂度为O(n)，二分查找的时间复杂度为$O(\log_2 N)$。

设有 n 个数，算法具体实现过程如下：

(1) 置 l = 1，表示左边界位置，r = n，表示右边界位置。

(2) 若 l>r，表示没找到，查找结束，否则执行以下步骤。

(3) 计算中间位置 mid = (l+r)/2。

(4) 比较 mid 位置的数与目标数，若相等表示找到该数，查找结束；若大于目标数，修改右边界位置，r = mid−1，转第(2)步继续；若小于目标数，修改左边界位置，l = mid+1，转第(2)步继续。

程序代码：

```
#include <stdio.h>
#include <stdlib.h>
#define N 50
int binary_search(int key,int a[],int n){
    int l,r,mid,pos;
    l = 0;                      //初始化左、右边界的初值
    r = n-1;
    while(l< = r){              //满足 l< = r 时意味着范围非空，需继续查找
        mid = (l+r)/2;          //计算中间位置
        if(a[m] == key) {
            pos = mid;          //查找成功，记录目标数的位置
            break;
        }
        if(a[mid]>key)          //大于目标数，修改右边界
            r = mid-1;
        if(a[mid]<key)          //小于目标数，修改左边界
            l = mid+1;
    }
    if(l>r)
        pos = -1;               //范围为空，表示找不到
    return pos;
}
int main(void){
    int n,a[N],i,key,pos;
    printf("\nInput the number of the integers :");
    scanf("%d",&n);
    if(n< = 0 && n>50){
        printf("input error");
        exit(1);
    }
    printf("Enter ascending data sequence composed of %d integers: \n",n);
    for(i = 0;i<n;i++)
        scanf("%d",&a[i]);
    printf("Input the number to find: \n");
```

```
    scanf("%d",&key);
    pos=binary_search(key,a,n);
    if(pos==-1)
        printf("Not Found\n");
    else
        printf("%d",pos+1);
    return 0;
}
```

5.6 数值方法——线性方程组求解

线性方程组是线性代数的主要研究对象之一，是求解众多领域中的实际问题的常用数值计算方法之一，在计算机科学、物理学、经济学、计算机工程、通信工程、自动控制、航天航空等学科和领域都有广泛应用。本节介绍求解线性方程组的高斯消元法及其程序实现。

一个线性方程组可以表示为：

$$
\begin{aligned}
a_{11}x_1 + a_{12}x_2 + \cdots + a_{1n}x_n &= b_1 \\
a_{21}x_1 + a_{22}x_2 + \cdots + a_{2n}x_n &= b_2 \\
&\cdots \\
a_{n1}x_1 + a_{n2}x_2 + \cdots + a_{nn}x_n &= b_n
\end{aligned}
$$

高斯消元法的求解步骤主要包括消元和回代两个过程。

1. 消元过程

从上而下地对方程组做初等变换，把方程组化为等价的上三角方程组，即第 1 个方程含 n 个变元 $(x_1, x_2, x_3,\cdots, x_n)$，第 k 个方程含 $n-k+1$ 个变元 $(x_k, x_{k+1},\cdots, x_n$，即前 $k-1$ 个变元被消除)，第 n 个方程含 1 个变元(x_n ，即前 $n-1$ 个变元被消除)，等价变换后的上三角方程组为：

$$
\begin{aligned}
a_{11}^{(1)}x_1+a_{12}^{(1)}x_2+\cdots+a_{1k}^{(1)}x_k+\cdots+a_{1n}^{(1)}x_n&=b_1^{(1)} \\
a_{22}^{(2)}x_2+\cdots+a_{2k}^{(2)}x_k+\cdots+a_{2n}^{(2)}x_n&=b_2^{(2)} \\
&\cdots \\
a_{kk}^{(k)}x_k+\cdots+a_{kn}^{(k)}x_n&=b_k^{(k)} \\
&\cdots \\
a_{nn}^{(n)}x_n&=b_n^{(n)}
\end{aligned}
$$

其中，$a_{ij}^{(k)}$为方程组等价变换后第 i 个方程中的 x_j 的系数，$b_i^{(k)}$为等价变换后第 i 个方程中的常数项，k 为 $a_{ij}^{(k)}$的更新次数+1，$k-1$ 的值代表了已消去变元的个数，k 的初值为 1。

2. 回代过程

自下而上地求得 $x_n, x_{n-1},\cdots, x_k,\cdots, x_2,x_1$ 的解，首先利用最后一个方程 $a_{nn}^{(n)}x_n = b_n^{(n)}$ 求得变元 x_n 的解，将已求得的变元 x_n 的解代入上一个方程得到 x_{n-1} 的解，以此类推，将已求得的变元 $x_n, x_{n-1},\cdots, x_{k-1}$ 的解依次代入上一个方程求得 x_k，直到求得 x_1 的解为止。

上述求解方法是按方程组中各方程的自然顺序依次消除变元，该方法被称为高斯顺序消元法，消元过程假设了 a_{kk}^{k} 不等于零，此外，当 a_{kk}^{k} 的值较小时会使方程组的解误差较大，a_{kk}^{k} 的取值应该尽量的大。列主元消元法可以克服顺序消元法对 a_{kk}^{k} 的取值的限制及舍入误差的问题，其基本思想是：在第 k 步（$k=1,2,\cdots,n-1$）消元时（即消除从第 $k+1$ 个至第 n 个方程中的变元 x_k），从第 k 行（第 k 个方程）的第 k 列的 a_{kk} 及其以下的各元素（$a_{k+1k},\cdots,a_{nk}$）中选取绝对值最大的元素，然后通过行变换将它交换到主元素 a_{kk} 的位置上，再进行消元。

高斯列主元消元法的算法如下：

算法输入：方程组中的变元个数 n，各方程的变元系数 a_{ij} 和常数项 b_i

算法输出：方程组的解 $x_1,\cdots,x_n$

算法步骤：

```
(1)  begin
(2)  输入方程组中的变元个数 n
(3)  for(i = 1,i<n;i++) {
(4)        for(j = 1,i<n;i++)
(5)              输入系数 aij
(6)        输入常数项 bi }
(7)  for(k = 1;k<n;k++) {                          //消元过程
(8)        查找 akk,ak+1k,…,ank 的绝对值最大元素所在的行号 max_row
(9)        if(k 不等于 max_row)
(10)             交换第 k 行和第 max_row 行的各列的值
(11)       for(i = k+1;i< = n;i++) {               //此循环进行消元
(12)             m = -a[i][k]/a[k][k];
(13)             for(j = k;j< = n;j++)
(14)                   a[i][j]+ = m*a[k][j];
(15)             b[i]+ = m*b[k];
(16)       }
(17) }
(18) for(k = n;k> = 1,k- -) {                       //回代过程
(19)       sum = 0;
(20)       for(j = k+1;j< = n;j++)
(21)             sum+ = a[k][j]*x[j];
(22)       x[k] = (b[k]-sum)/a[k][k];
(23) }
(24) 输出 x[1]，…，x[n]
(25) end
```

例 5-15　使用高斯列主元消元法求以下线性方程组的解。

$$
\begin{cases}
3x_1 + 2x_2 + 4x_3 = 7 \\
5x_1 + 7x_2 + 2x_3 = 1 \\
-6x_1 + 2x_2 + 2x_3 = 3
\end{cases}
$$

问题分析：定义一个 3×3 的二维数组 a 存放方程组中的系数 a_{ij}，两个长度为 3 的一维数

组 b 和 x，分别存放常数项 b_i 和变元 x_i 的解。首先，定义一个函数 input _coefficient(double a[][N],double b[]) 循环输入方程组的系数 a_{ij} 和常数项 b_i，并分别存储到数组 a 和 b 中，然后再定义一个函数 gauss_elimination(double a[][N],double b[],double x[]) 完成消元和回代过程。程序设计如下：

```
#include<stdio.h>
#include<math.h>
#include<string.h>
#define N 3
void print_ coefficient (double a[N][N],double b[N]){
    int i,j;
    for(i=0;i<N;i++) {
        for(j=0;j<N;j++)
            printf("%12lf",a[i][j]);
        printf("%12lf\n",b[i]);
    }
}
void print_solution(double x[N]){
    int i;
    for(int i=0;i<N;i++)
        printf("x%d=%lf ",i,x[i]);
}
void input_ coefficient (double a[][N],double b[]){
    int i,j;
    for(i=0;i<N;i++){
        for(j=0;j<N;j++)
            scanf("%lf",&a[i][j]);
        scanf("%lf",&b[i]);
    }
}
void gauss_elimination(double a[][N],double b[],double x[]) {
    int i,j,k,max_row;
    double max,temp,sum,m;
    for(k=0;k<N-1;k++) {                //消元过程
        max=fabs(a[k][k]);
        max_row=k;
        for(i=k+1;i<N;i++)              //查找最大列主元及其行号
            if(fabs(a[i][k])>max){
                max=fabs(a[i][k]);
                max_row=i;
            }
        if(max_row!=k) {                //交换最大主元所在行和第 k 行的各列元素
            for(j=k;j<N;j++) {
```

```
                    temp=a[k][j];
                    a[k][j]=a[max_row][j];
                    a[max_row][j]=temp;
                }
                temp=b[k];
                b[k]=b[max_row];
                b[max_row]=temp;
            }
            for(i=k+1;i<N;i++) {
                m=-a[i][k]/a[k][k];
                for(j=k;j<N;j++)
                    a[i][j]+=m*a[k][j];
                b[i]+=m*b[k];
            }
        }
        for(k=N-1;k>=0;k--) {        //回代过程
            sum=0;
            for(j=k+1;j<N;j++)
                sum+=a[k][j]*x[j];
            x[k]=(b[k]-sum)/a[k][k];
        }
    }
    int main(void){
        double a[N][N],b[N],x[N];
        printf("输入方程组中各方程中的系数和常数项：\n");
        input_coefficient (a,b);
        printf("方程组中系数和常数项：\n");
        print_coefficient (a,b);
        gauss_elimination(a,b,x);
        printf("方程组的解：\n");
        print_ solution (x);
    }
```

运行结果：

```
输入方程组中各方程中的系数和常数项：
3 2 4 7
5 7 2 1
-6 2 2 -3
方程组中系数和常数项：
3.000000        2.000000        4.000000        7.000000
5.000000        7.000000        2.000000        1.000000
-6.000000       2.000000        2.000000        -3.000000
方程组的解：
x0=0.752577 x1=-0.855670 x2=1.613402
```

5.7　综合应用实例

5.7.1　矩阵的应用

在解决工程问题时，常常会用到矩阵运算。利用二维数组来存储矩阵，以下给出矩阵的常见运算。

例 5-16　矩阵转置：将矩阵 a 进行转置，转置前 a 的值为$\begin{bmatrix}1 & 1 & 1\\2 & 2 & 2\\3 & 3 & 3\end{bmatrix}$，转置后 a 的值为$\begin{bmatrix}1 & 2 & 3\\1 & 2 & 3\\1 & 2 & 3\end{bmatrix}$。

问题分析：矩阵转置时，是以主对角线为轴，对称元素互换。

```
#include <stdio.h>
int main(){
    int a[3][3],i,j,x;
    for(i = 0;i<3;i++)
        for(j = 0;j<3;j++)
            a[i][j] = i+1;
    printf("\n 转置前的矩阵\n");
    for(i = 0;i<3;i++){
        for(j = 0;j<3;j++)
            printf("%4d",a[i][j]);
        printf("\n");
    }
    for(i = 0;i<3;i++)
        for(j = 0;j<i;j++){
            x = a[i][j];     a[i][j] = a[j][i];       a[j][i] = x;
    }
    printf("输出转置矩阵\n");
    for(i = 0;i<3;i++){
        for(j = 0;j<3;j++)
            printf("%4d",a[i][j]);
        printf("\n");
    }
}
```

运行结果：

```
转置前的矩阵
1   1   1
2   2   2
3   3   3
```

```
输出转置矩阵
1   2   3
1   2   3
1   2   3
```

例 5-17　通用矩阵转置。

```
#include <stdio.h>
#define N 4
#define M 3
int main(){
    int a[M][N],i,j,x=0,b[N][M];
    for(i=0;i<M;i++)
    for(j=0;j<N;j++){
        a[i][j]=x+1;
        x++;
    }
    printf("转置前的矩阵：\n");
    for(i=0;i<M;i++){
        for(j=0;j<N;j++)
            printf("%4d",a[i][j]);
        printf("\n");
    }
    for(i=0;i<M;i++)
        for(j=0;j<N;j++){
            b[j][i]=a[i][j];
        }
    printf("输出转置矩阵：\n");
    for(i=0;i<N;i++){
        for(j=0;j<M;j++)
            printf("%4d",b[i][j]);
        printf("\n");
    }
}
```

程序输出结果：

```
转置前的矩阵：
1   2   3   4
5   6   7   8
9   10  11  12
输出转置矩阵：
1   5   9
2   6   1
3   7   11
4   8   12
```

例 5-18　矩阵乘法。

编写一个 C 函数实现 M 行 K 列矩阵与 K 行 N 列的矩阵的乘积。设 ***A*** 为 M 行 K 列的矩阵，**B** 为 K 行 N 列的矩阵，则 **C** = **A**×**B** 的积为 M 行 N 列的矩阵。

矩阵乘法的规则是设 **A** 为 $m \times p$ 的矩阵，**B** 为 $p \times n$，那么称 $m \times n$ 的矩阵 **C** 为矩阵 **A** 与 **B** 的乘积，记作：**C**=**AB**，其中矩阵 **C** 中的第 i 行第 j 列元素可以表示为 $(\boldsymbol{AB})_{ij} = \sum_{k=1}^{p} a_{ik}b_{kj} = a_{i1}b_{1j} + a_{i2}b_{2j} + \cdots + a_{ip}b_{pj}$。

由于点积运算要求向量具有相同数量的元素，被乘数矩阵每行的元素的个数和乘数矩阵每列的元素个数相同。因此，如果矩阵 **A** 和 **B** 都拥有 3 行和 3 列，那么矩阵乘积也是 3 行 3 列。

```
#include <stdio.h>
int mat(int a[][3],int b[][2],int c[][2],int m,int n,int k);
int print(int m,int n,int a[m][n]);
int main() {
    int a[2][3]={1,2,3,1,2,3};
    int b[3][2]={1,1,1,2,2,2};
    int c[2][2];
    mat (a,b,c,2,2,3);
    printf(" 矩阵 C=\n");
    print(2,2,c);
}
int mat(int a[][3],int b[][2],int c[][2],int m,int n,int k) {
    int i,j,l;
    for(i=0;i<m;i++){
        for(j=0;j<n;j++){
            for(c[i][j]=0,l=0;l<k;l++)
                c[i][j]=a[i][l]*b[l][j]+c[i][j];
        }
    }
}
int print(int m,int n,int a[m][n]){
    int i,j;
    for(i=0;i<m;i++){
        for(j=0;j<n;j++){
            printf("\t%d",a[i][j]);
        }
        printf("\n");
    }
}
```

5.7.2　学生成绩统计

例 5-19　有 2 个学生，每个学生选修 4 门课程，求每个学生的平均成绩及所有学生的总平均成绩。

问题分析：用一个 2×4 的二维数组存放学生成绩。数组的一行对应一个学生的成绩，一列对应一门课的成绩。编写一个函数 score 来求解此问题，其函数原型如下：

```
float score(float score[ ][4],float aver[ ])
```

函数的类型定义成 float 型，其返回值为总平均成绩。形参 score 用来存放学生的成绩，

aver 存放求出的每个学生的平均成绩。由于函数调用时形参数组和实参数组共享同一段存储单元，因此学生的平均成绩实际上就是存放在实参数组中。

程序代码：

```
#include <stdio.h>
#include <stdlib.h>
#define  M  2
#define  N  4
float score(float score[][N],float aver[]){
    int i,j;
    float total=0.0,sum;
    for(i=0;i<M;i++){
        sum=0.0;
        for(j=0;j<N;j++)
            sum=sum+score[i][j];
        aver[i]=sum/N;
        total=total+aver[i];
    }
    return(total/M);
}
int main(void){
    float array[M][N],ave[M],average;
    int i,j;
    printf("\nEnter the scores: \n");
    for(i=0;i<M;i++)
        for(j=0;j<N;j++)
            scanf("%f",&array[i][j]);
    average=score(array,ave);
    printf("The average score of all students is %4.1f\n",average);
    for(i=0;i<M;i++)
        printf("The average score of student %d is %4.1f\n",i+1,ave[i]);
}
```

运行结果：

```
Enter the scores:
78 89 60 70 <CR>
90 85 88 75 <CR>
The average score of all students is 79.4
The average score of student 1 is 74.2
The average score of student 2 is 84.5
```

从这个例子可以看出，通过数组作为函数参数，可以使函数返回多个值。本例子也可以用全局变量来代替形参 aver，但是这样会破坏函数的封闭性。

程序中定义了符号常量 M 和 N，用于指定学生数及课程数。如果学生数和课程数不是 2 和 4，只需修改 define 命令中的常数即可，程序的其他部分均可不变，这样就提高了程序的通用性。

5.7.3　字符串截取

例 5-20　将一个字符串中从第 n 个字符开始的所有字符复制成为另一个字符串。

问题分析：编写函数 copy_str，将字符数组 str1 中的第 n 个字符以后的全部字符复制到字符数组 str2 中，其函数原型如下：

```
void copy_str(char str1[ ], char str2[ ], int n);
```

在 main 函数中定义两个字符数组变量 s1 和 s2，输入一个字符串给 s1 和一个整数给 n，将实参数组 s1 和 s2 的地址分别传送给形参 str1 和 str2。在函数 copy_str 中，将 s1 中第 n 个字符以后的每个字符依次传送给 s2。

程序代码：

```
#include <stdio.h>
#include <string.h>
#include <stdlib.h>
#define LEN 21
void copy_str(char str1[],char str2[],int n){
    int i,j;
    for(i = n-1,j = 0;str1[i] ! = '\0';i++,j++)
        str2[j] = str1[i];
    str2[j] = '\0';
}
int main(void){
    int n,len;
    char s1[LEN],s2[LEN];
    printf("Enter the string: ");
    gets(s1);
    len = strlen(s1);
    if(len> = LEN || len == 0){
        printf("Error: the string is too longer or empty!");
        exit(1);
    }
    printf("Enter the beginning position to be copied: ");
    scanf("%d",&n);
    if(n> = len || n<0){
        printf("Error: the position is out of range!");
        exit(1);
    }
    copy_str(s1,s2,n);
    printf("The new string: %s",s2);
}
```

运行结果：

```
Enter the string: computer software <CR>
Enter the beginning position to be copied: 10 <CR>
The new string: software
```

再次运行如下：

```
Enter the string: computer software <CR>
Enter the beginning position to be copied: 19 <CR>
Error: the position is out of range!
```

执行程序，当输入的字符串为空或其长度大于指定长度(LEN−1)时，显示错误信息："Error：the string is too longer or empty！"，终止程序；当输入的整数小于等于 0 或大于串长度时，显示错误信息："Error：the position is out of range！"，终止程序。

程序中的函数 copy_str 可以简化为：

```
void copy_str(char str1[],char str2[],int n){
    int j=0;
    while(str2[j++]=str1[n++ -1]){}
}
```

请读者仔细分析函数体中的 while 语句。

另外，在函数 copy_str 中可以用系统函数 strcpy 代替函数体中的循环语句，将 str1 中第 n 个字符以后的所有字符复制到 str2 中。函数改写如下：

```
void copy_str(char str1[],char str2[],int n){
    strcpy(str2,&str1[n-1]);
}
```

语句"strcpy(str2,&str1[n−1]);"的作用是将从地址&str1[n−1]开始的字符串送到从 str2 开始的存储单元中。

5.7.4　加密算法

例 5-21　对一个 4 位的整数进行加密，加密规则如下：每位数字都加上 5，然后用和除以 10 的余数代替该数字，再将第 1 位和第 4 位交换，第 2 位和第 3 位交换。

问题分析：定义一个函数 int encryption(int n)完成一个 4 位整数的加密。在函数 encryption(int n)中，采用辗转相除求余的方法对每一位数字按加密规则进行计算，加密后的每一位数字存储在数组 b 中。当 4 位数字都处理完毕后，数组 b 中存放的加密后的数字的顺序符合加密规则要求，最后，将 b 中存放的数字序列转换为一个整数，即加密后的整数，函数 encryption(int n)返回这个整数。在主函数 mian()中，由键盘输入一个加密前的 4 位整数存放到变量 a 中，对其进行有效性验证，判断是否是一个 4 位整数。主函数调用函数 int encryption(int n)函数完成数据的加密。程序设计如下：

```
#include <stdio.h>
int encryption(int n){
    int c,i,b[4],k;
    i=0;
    c=n;
    while(c){
        k=c%10;
        b[i++]=(k+5)%10 ;
        c=c/10;
```

```
    }
    c = 0;
    for(i = 0;i<4;i++)
        c = c*10+b[i];
    return c;
}
int main(void){
    int n,c;
    printf("请输入一个 4 位整数:");
    scanf("%d",&n);
    if(n<1000||n>9999) {
        printf("\n 输入的数据不符合要求！");
        return 0;
    }
    c = encryption(n);
    printf("\n 加密前的整数:%d",n);
    printf("\n 加密后的整数:%d",c);
    return 0;
}
```

5.8　习　　题

一、选择题

1. 在定义“int c[10];”之后，对 c 的引用正确的是(　　)。
   A. c[9]　　B. c(0)　　C. c(6)　　D. c[10]
2. 以下对一维数组 c 初始化错误的是(　　)。
   A. int c[6] = (0,0,0,0);　　B. int c[6] = {};
   C. int c[6] = {0};　　D. int c[6] = {10*2};
3. 以下对二维数组 c 初始化正确的是(　　)。
   A. int c[2][3]={{1,2},{3,4},{5,6}};
   B. int c[][3]={1,2,3,4,5,6};
   C. int c[2][]={1,2,3,4,5,6};
   D. int c[2][]={{1,2},{3,4}};
4. 以下对字符数组初始化不正确的是(　　)。
   A. static char word[]='cook\0';
   B. static char word[]={'c','o','o','k'};
   C. static char word[]={"cook\0"};
   D. static char word[]="cook\0";
5. 执行下面的程序段后，变量 k 中的值是(　　)。

```
int  k=3, s[2];
s[0]=k;
k=s[1]*10;
```

A．不定值　　B．33　　C．30　　D．10

6．在执行“int a[][3]={6,5,4,3,2,1};”语句后，a[1][0]的值是(　　)。

A．1　　B．3　　C．4　　D．5

7．C语言中数组元素下标的数据类型是(　　)。

A．实型常量　　B．整型常量或整型表达式

C．任何类型的表达式　　D．字符型常量

8．对如下程序段，请分析选项(　　)是正确的。

```
char c[10];
c="abcdefg";
printf("%s\n",c);
```

A．执行时输出：abcdefg　　B．执行时输出：a

C．执行时输出：abcd　　D．编译不通过

9．以下程序运行后屏幕输出为(　　)。

```
#include<stdio.h>
#include<string.h>
int main() {
    char str[100];
    strcpy(str, "helloworld");
    printf("%d",strlen(str));
    return 0;
}
```

A．8　　B．9　　C．10　　D．100

10．下面关于数组的叙述中，正确的是(　　)。

A．数组必须先定义，后使用

B．定义数组时，可不加类型说明符

C．定义数组后，可通过赋值运算符“=”对该数组名直接赋值

D．在数据类型中，数组属于基本类型

二、填空题

1．字符数组中存放的字符串是以(　　)为结束标志的。

2．数组在内存中占一片连续的存储区，由(　　)代表它的首地址。

3．C语言程序在执行过程中，不检查数组下标是否(　　)。

4．若定义“char s[50];”则表示此数组有(　　)个元素，其下标从(　　)开始，最大为(　　)。

5．设有定义语句“int i=5,a[]={1,2,3,4,5,6};”，则数组a的类型是(　　)，数组元素a[i]的值是(　　)。

6．设有定义“char s[6]={'a','b','c'};”，则s[0]中的字符是(　　)，s[2]中的字符是(　　)。

7．定义一个名为x的整型二维数组，其大小为4×3，要求每行第1个元素为1，其余均是0，则定义语句是(　　)。

8．数组char c[]="abcde"中有(　　)个元素，最后一个元素是(　　)。

9．"a"在内存中占(　　)个存储单元。

10．定义一个能存放下字符串“Holiday”的字符数组 a 的语句为(　　)。

三、判断题

1．数组在内存中占用的空间是不连续的。

2．数组下标的取值范围从 1 开始到数组长度值结束。

3．数组的 3 个特点是：数组元素类型相同，数组长度固定，数组占用连续的内存空间。

4．利用 scanf 函数输入字符串时，以空格作为结束标志。

5．使用串常量给字符数组初始化时，可以省略“{”“}”。

6．利用格式转换说明符'%s'输入字符串时，系统会自动在字符串末尾加上'\0'；输出时，遇到第 1 个'\0'结束，且输出字符中不包含'\0'。

7．在对数组全部元素赋初值时，不可以省略行数，但可以省略列数。

8．语句“char c[] = "abc";do while(c[i+1]! = '\0');printf("%d",i−1);”能输出字符串 c 的长度值。

9．C 语言中只能逐个引用数组元素，而不能一次引用整个数组。

10．语句“char a1[] = "LiMing",a2[10];strcpy(a2,a1);puts(a2);”能将 a1 串赋给 a2 并输出。

四、程序分析题

1．程序改错

以下程序的功能是求如下表达式：S = 1+1/(1+2)+1/(1+2+3)+1/(1+2+3+4)…请改正程序中的错误，使程序能得到正确的运行结果。

```
#include <stdio.h>
main(){
    int n;
    float fun();
    printf("Please input a number:");
    printf("%d",n);                  //**********FOUND(1)**********
    printf("%10.6f\n",fun(n));
}
fun(int n) {                         //**********FOUND(2)**********
    int i,j,t;
    float s;
    s = 0;
    for(i = 1;i<n;i++); {            //**********FOUND(3)**********
        t = 0;
        for(j = 1;j< = i;j++)
            t = t+j;
        s = s+1/t;                   //**********FOUND(4)**********
    }
return s;
}
```

2. 读程序写结果

(1) 下面程序段的运行结果是(　　)。

```
int i=0,a[]={6,9,7,3,8};
do{
    a[i]+=3;
}while(a[++i]>5);
for(i=0;i<5;i++)
    printf("%d",a[i]);
```

(2) 下面程序段运行结果是(　　)。

```
#include <stdio.h>
int main(){
    int i;
    char a[]="Hello",b[]="Hill";
    for(i=0;a[i]!='\0'&&b[i]!='\0';i++)
        if(a[i]!=b[i])
            if(a[i]>='a'&&a[i]<='z')
                printf("%c",a[i]-32);
            else
                printf("%c",a[i]+32);
        else
            printf("*");
}
```

(3) 以下 A、B 程序段的运行结果是(　　)。

```
A: char str[3][2]={ 'a','b','c','\0','e','f'};printf("%s",str[0]);
B: char str[3][3]={"ab","c\0","ef"};printf(" %s",str[0]);
```

(4) 以下程序段运行后 sum 的值为(　　)。

```
int k,sum=0;
int a[3][5]={1,2,3,4,5,6,7,8,9,10,11,12,13,14,15};
for(k=0;k<3;k++)
    sum+=a[k][k+1];
printf("%d",sum);
```

3. 分析程序功能

```
# include <stdio.h>
int main(){
    int a[8];
    int i,value,pos;
    for(i=0;i<8;i++)
        scanf("%d",&a[i]);
    value=a[0];
    pos=0;
    for(i=1;i<8;i++)
```

```
        if( a[i]>value ){
            value = a[i];
            pos = i;
        }
    printf("value = %d,pos = %d",value,pos);
}
```

4. 程序填空

将数组中元素的值按逆序重新存放。

```
# include <stdio.h>
int main(){
    int a[20],i,s;
    for(i = 0;i<19;i++)
        scanf("%d",&a[i]);
    for(i = 0;i<20/2;i++){     //对称的数组元素互换
            (1)
            (2)
            (3)
    }
    for(i = 0;i<20;i++)
        printf("%d ",a[i]);
}
```

五、编程题

1. 定义一个一维数组，数组元素由随机数(0～999)构成。求该数组的最大值、最小值、总和并输出。

2. 定义一个一维数组，数组元素由随机数(0～999)构成。编程将数组逆序输出。

3. 用数组输出 Fibonacci 数列的前 50 项，每行输出 5 个，数列为 1，1，2，3，5，8……。

4. 编程输出杨辉三角(要求输出 10 行)。

5. 把电文按照下列规律译成密码：A→Z　a→z　B→Y　b→y　C→X　c→x……，电文如果不是字母，内容不变。

6. 某校的惯例是在每学期的期末考试之后发放奖学金。发放的奖学金共有 5 项，每项奖学金获取的条件如下。

(1)院士奖学金：期末平均成绩高于 80 分(>80)，并且在本学期内发表 1 篇或 1 篇以上论文的学生每人可获得 8000 元。

(2)五四奖学金：期末平均成绩高于 85 分(>85)，并且班级评议成绩高于 80 分(>80)的学生每人可获得 4000 元。

(3)成绩优秀奖：期末平均成绩高于 90 分(>90)的学生每人可获得 2000 元。

(4)西部奖学金：期末平均成绩高于 85 分(>85)的西部省份学生每人可获得 1000 元。

(5)班级贡献奖：班级评议成绩高于 80 分(>80)的学生干部每人可获得 850 元。

只要符合上述条件就可获得相应的奖项，每项奖学金的获奖人数没有限制，每名学生可以同时获得多项奖学金。例如姚明的期末平均成绩是 87 分，班级评议成绩 82 分，同时他还是一位学生干部，那么他可以同时获得五四奖学金和班级贡献奖，奖金总数是 4850 元。

现在给出若干学生的相关数据(假设总有同学能满足获得奖学金的条件)，请编程计算哪位同学获得的奖金总数最高。

7. 输入 1 个无符号二进制数串(至少 1 位，不超过 16 位)，编写程序将其转换成对应的十进制数，并输出。

8. 编写程序，读入 5 个字符串(输入为由空格分隔的 5 个非空字符串，每个字符串不包括空格、制表符、换行符等空白字符，长度小于 80)，按由小到大的顺序输出。字符串比较使用 strcmp 函数，字符串赋值使用 strcpy 函数。

9. 一个数如果恰好等于它的因子之和，这个数就称为“完数”。例如，6 = 1＋2＋3。编程找出 1000 以内的所有完数。

10. 有一封信共有 5 行，每行 30 个字符，统计其中有多少个英文大写字母，多少个英文小写字母，多少个数字字符，多少个空格。

第 6 章　指　　针

前面章节所设计的程序都是通过变量名或数组元素直接访问变量,它们处理的数据个数都是事先确定的，定义的变量或数组都是静态数据结构。指针是 C 语言的一个重要概念，是 C 语言的灵魂。利用指针可以实现变量的间接访问；利用指针做函数参数可以实现函数返回多个值；利用指针访问数组元素可以提高程序执行效率；利用指针可以构造动态数据结构来存储和处理不确定个数的数据及其复杂的数据结构表示。掌握了指针的应用，可以提升程序设计质量和增强程序解决问题的能力。本章将介绍指针的概念、指针的运算和指针的应用。

6.1　地址和指针

6.1.1　指针的引入

下面我们先观察和分析下面的程序：

```
#include <stdio.h>
void exchange1( int x, int y){
    int temp;
    temp = x;
    x = y;
    y = temp;
}
int main(){
    int a = 18,b = 30;
    exchange1(a,b);
    printf("a = %d,b = %d\n",a,b);
    return 0;
}
```

通过前面学过的函数及变量作用域知识，可以分析出主函数中调用函数 exchange1 试图使变量 a 和 b 的值互换。由于变量作用域的限制，不能在函数 exchange1 中直接处理变量 a 和 b，只能通过参数传递的方式把要处理的数据交给函数 exchange1。但是如图 6-1 所示，从参数传递过程可以看到，函数调用时只是把实参 a、b 的值传递给了形参 x、y，函数中只是对形参数据进行了处理(互换)，实参 a、b 的值并没有改变，如图 6-2 所示。程序运行的结果仍旧是：a 为 18，b 为 30。显然，程序并没有达到预期目的。

分析原因在于，主函数是把 a、b 的值复制了一份传给了 exchange1 函数进行处理，函数并没有直接处理 a、b 中的数据。打个比方，我家里有一些木料(即数据)要做一套家具(即处理数据)，这个工作要交给木匠(即函数)完成。如果我交给木匠的是和我家里完全一样的木料

(即复制了一份)，我的木料还在家里放着，那么，木匠再怎么加工，我家里的木料也不会变成家具。那如何解决这个问题呢？

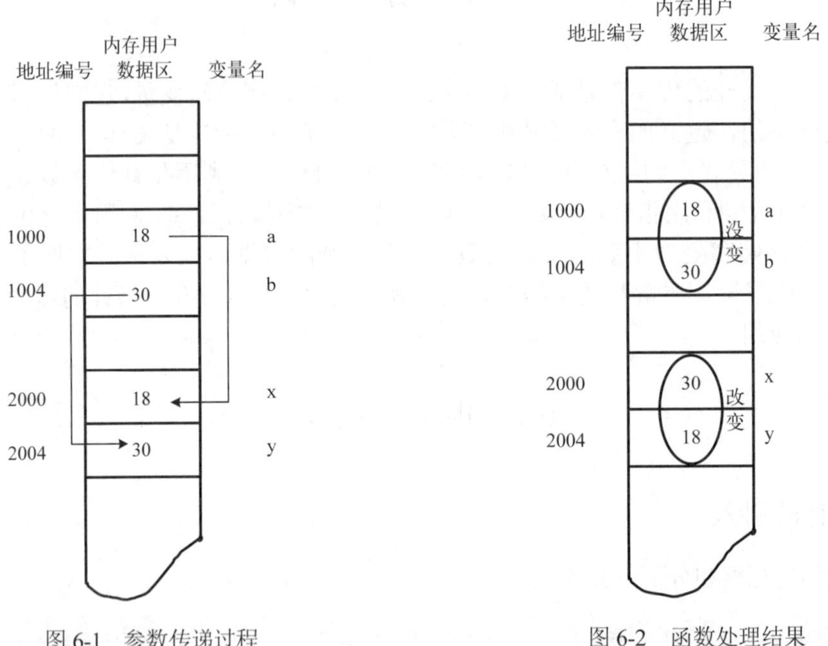

图 6-1　参数传递过程　　　　图 6-2　函数处理结果

如果我把我家的地址交给木匠，让他按照地址直接找到我家里来处理这些木料，问题就解决了。具体到这个问题，主函数在调用函数时，直接把 a、b 变量所占据的内存地址传递给函数，函数再按照地址访问和处理 a、b 的数据即可。程序重写如下：

```
void exchange2(变量 x, 变量 y){
    //x、y 中存放了两个整数(这里是 a、b)的内存地址
    //下面按照 x、y 中的地址找到相应内存单元，互换其中的数据
    …
}
int main(){
    int a=18,b=30;                    //调用 exchange2 使 a 和 b 的值互换
    exchange2(a 的地址, b 的地址);     //把 a、b 的内存地址传递给形参 x、y
    printf("a=%d,b=%d\n",a,b);
    return 0;
}
```

程序参数传递地址过程及函数处理结果如图 6-3 所示。

由此看出，有些时候需要按照变量的内存地址去访问数据。这就涉及两个问题：一是如何获取变量 a、b 的内存地址，二是如何按照内存地址访问数据。C 语言中则引入“指针”来解决这类问题。

什么是指针？简单地说，数据在内存中的存放地址称为指针。指针就是地址，地址就是指针。

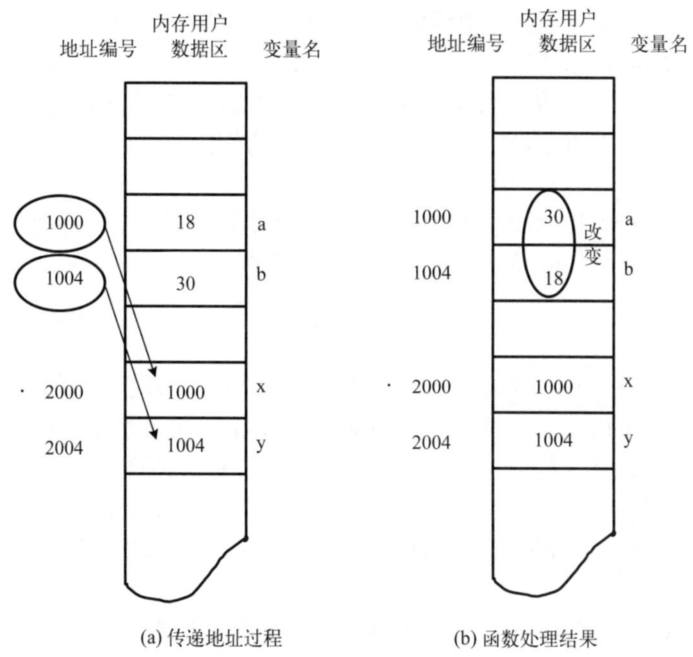

图 6-3　程序参数传递地址过程及函数处理结果

6.1.2　内存数据的访问方式

为了理解指针的含义，首先必须明确数据在内存中是如何存储和如何访问的。

通常在程序中会定义若干个变量来存放和表示要处理的数据，如“int a = 18,b = 30;”。此时系统会根据变量的类型为变量分配若干个连续的内存单元，比如这里为每个 int 类型变量分配 4 个内存单元，如图 6-4 所示。

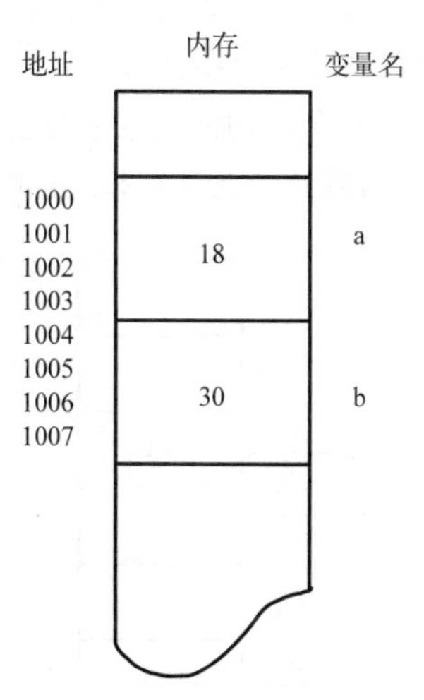

图 6-4　内存分配

假设内存按字节编址，即内存空间中 1 字节为一个存储单元，每个存储单元都有一个编号称为内存地址。这里，变量 a 占据了地址为 1000、1001、1002、1003 的 4 个存储单元来存放 a 的数据。变量 b 占据了地址为 1004、1005、1006、1007 的 4 个存储单元来存放 b 的数据。

在程序中访问内存中的数据一般有两种方式，即按变量名访问(即直接访问)和按地址访问(间接访问)。

1. 直接访问方式

通常，在程序中通过变量名来对存储单元进行数据的存取操作，这是“直接访问”方式。如：

```
    printf("a = %d,b = %d\n",a,b);
```

语句执行时，系统根据变量名 a 找到对应的存储单元(地址 1000 开始的 4 字节)，取出数据并输出；根据变量名 b 找到从地址 1004 开始的 4 个存储单元，从中取出数据并输出。

打个比方，我要把一本书送到教学楼里的资料室去，这里书类似于数据，教学楼类似内存空间，每个房间是存储单元，房间号是内存地址，房间门口的标牌如“资料室”“院办公室”“教研室”等可看作变量名，我们一般会按照房间的标牌找到资料室所在房间，把书放进去，这采用的就是“直接访问”的方式。但是，如果资料室房间门口没有挂牌子，怎么才能找到该房间呢？

方法是先按房间的标牌找到院办公室所在房间，从中获取资料室的房间号如 426，然后再按照房间号找到相应房间，把书放进去。这采用的则是“间接访问”的方式。

2. 间接访问方式

假设定义了变量 x、y，且已存放了变量 a、b 的地址(变量地址指该变量所占空间的首单元地址)，要取出 a 变量的值，可以先找到变量 x，从中取出 a 的地址 1000，然后再到 1000、1001、1002、1003 单元取出 a 的值 18。这种访问数据的方式为“间接访问”方式。

使用这种方式可以间接访问 a、b 的值，使之互换。具体步骤如下：

(1) 由 x 中取出 a 的地址 1000，再从 1000 单元开始取出 4 字节数据(即 a 的值 18)存放在变量 temp 中。

(2) 由 y 中取出 b 的地址 1004，再从 1004 单元开始取出 b 的值 30，存放在 x 中地址所对应的单元中，即 30 存放在了 a 中。

(3) 从变量 temp 中取出 18，存放在由 y 中地址所对应的单元中，即 18 存放在了 b 中。

结果如图 6-3(b)所示。

3. 指针和指针变量

显然，可以通过地址找到相应的存储单元，访问其中的数据，在 C 语言中，把内存地址形象地称为“指针”，指针就是地址，地址就是指针。

那么，如何获取某变量的内存地址(即指针)呢？C 语言提供了取地址运算符&，表达式&a 的值就是变量 a 的内存地址。使用下面的语句可以查看目前 a、b 变量的内存地址：

```
printf ("%x, %x\n", &a, &b);
```

一般习惯上采用十六进制的格式来输出 a、b 的内存地址。

如果一个变量中存放了其他变量的内存地址，则称它为“指针变量”。

例如，在本章开始的举例中，函数 exchange2 被调用时，实参 a 的地址被传递给形参 x，实参 b 的地址被传递给形参 y，变量 x、y 中分别存放了 a、b 的地址，即 x、y 都是指针变量。此时称 x 指向了 a，y 指向了 b，常用箭头表示指向的关系，如图 6-5 所示。随后，函数 exchange2 中通过 x、y 获取了 a、b 的地址，把 a、b 的内容进行了互换，实现了对 a、b 数据的间接访问。

通常，在程序中更多的是通过指针变量来使用指针，因此，指针变量习惯上被简称为指针，如指针 x、指针 y。后面叙述中提到的指针都是指针变量，注意区分。

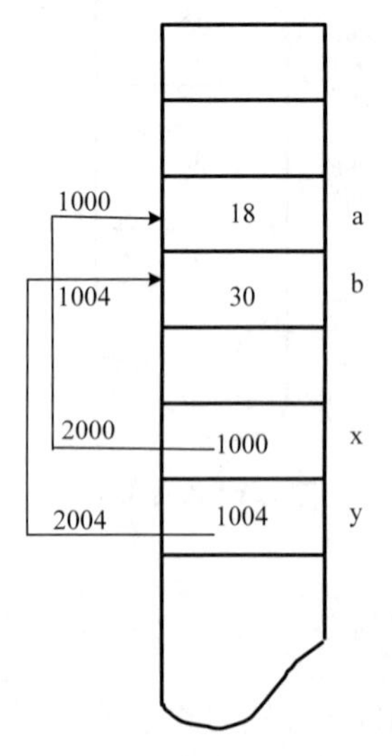

图 6-5　x、y 分别指向 a 和 b

6.2　指针变量的定义及使用

指针变量是存放另一个变量的内存地址的变量，由此看出，它和普通变量一样，也需要在使用之前先进行定义，为它指定类型、分配内存空间。它与普通变量不同之处在于，指针变量的存储空间中不能存放普通数据，只能存放内存地址，即指针变量的值只能是地址。

6.2.1　指针变量的定义

首先观察下面的例子：

```
int *x, *y ;
```

这里，定义了两个指针变量 x、y。变量名 x、y 前面带有“*”号，表明 x、y 都是指针变量，系统会为指针变量分配一定的空间。通常每个指针变量都会占据 4 字节的内存空间，用来存放其所指向变量的地址。前面的类型 int 则限定了 x、y 都只能存放 int 类型变量的地址，即 x、y 只能指向 int 类型的变量，这里的类型 int 被称为指针变量的基类型。

定义指针变量的一般形式为：

```
基类型  * 指针变量名 1, * 指针变量名 2, …… ;
```

例如：

```
int  a, b, *p1;             //p1 是指向 int 类型变量的指针变量
char  c, *p2;               //p2 为指向 char 类型变量的指针变量
float  d, *p3;              //p3 为指向 float 类型变量的指针变量
```

上面在定义指针变量的同时，也定义了 4 个普通变量 a、b、c、d。

现在要求指针 p1 指向 a，如何实现？很简单，只要把 a 的地址存放在变量 p1 中即可。方法是：

```
p1 = &a;
```

类似地，让 p2 指向 c、p3 指向 d 的语句是：

```
p2 = &c;
p3 = &d;
```

表示为如图 6-6 所示的形式。

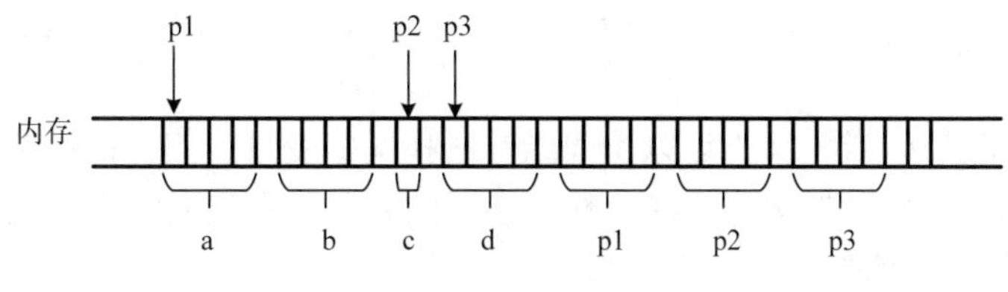

图 6-6　指针指向的变量

需要说明的是：

(1) 必须区分开指针变量、指针所指变量。如“p1 = &a;”中，p1 是指针变量，a 是指针 p1 所指变量。

(2) 指针变量的基类型限定了该指针指向的变量的类型。所以，下面的语句是错误的：

```
p1 = &c;          //p1 的基类型是 int，而 c 是 char 类型，类型不符
p2 = &d;          //p2 的基类型是 char，而 d 是 float 类型，类型不符
p3 = &b;          //p3 的基类型是 float，而 b 是 int 类型，类型不符
```

(3) C 语言规定，指针变量只能存放本程序中已分配内存空间的地址，如变量的内存地址，因此，试图使用下面语句使得指针指向内存空间中任意指定的存储单元是错误的。

```
p1 = 2008;        //2008 是一个整型数据，不能作为地址使用
p2 = 0xfff4;      //0xfff4 是一个十六进制的整型数据，同样也不能作为地址用
```

那么，请思考一下，如果 C 语言允许将任何整型数据作为内存地址使用，采用“p1 = 2008;”的形式，使得指针可以指向任意指定地址的存储单元，进而访问其中的数据，会产生怎样的后果？

(4) 指针变量也是变量，它的值也可以改变，即可以随时改变它的指向。如：

```
p1 = &a;          //p1 指向 a
……
p1 = &b;          //此时 p1 指向了变量 b
……
int *p4 = &a;     //再定义一个指针变量 p4，并对其进行初始化，使其指向 a
p1 = p4;          //p4 中的地址赋值给了 p1，意味着此时指针 p1 与 p4 指向了同一个变量 a
```

6.2.2　指针变量的使用方法

我们已经知道，利用指针可以间接访问内存数据，那么如何实现这种访问？这涉及对指针的运算问题。下面介绍两个相关的运算符“&”和“*”。

1. 取地址运算符“&”

“&”是一个单目运算符，其功能是返回其运算量的内存地址。它可以作用于普通变量，如前面提到的 a、b、c 等，也可以作用于数组元素，如：

```
int x[20],*px;
px = &x[0];       //指针 px 指向数组元素 x[0]
```

取地址运算符不能作用于常数或表达式，如：&(a+1)、&20 都是非法的。

2. 指针运算符“*”

对指针应用指针运算符“*”可以访问指针所指向的变量。例如，指针 p 已经指向了 a 变量，则对指针 p 应用“*”运算，即“*p”表示的就是 p 所指向的变量 a，可以通过指针 p 对 a 进行赋值或引用。例如：

```
*p = 123;     //给 p 指向的变量 a 赋值 123，此时 a 的值变为 123，此语句等价于 a = 123;
printf("a = %d\n",*p); /*输出 p 指向的变量 a 的值，即输出 123，此语句等价于
printf("a = %d\n",a);*/
```

*p 的含义如图 6-7 所示。

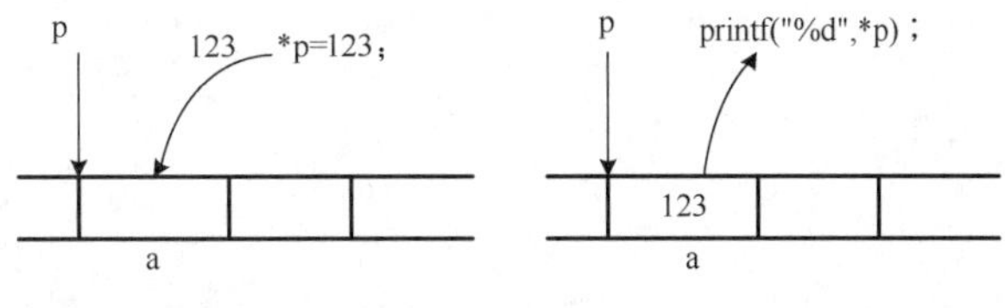

图 6-7　*p 的含义

下面通过观察和分析一个例子，进一步理解指针运算符。

例 6-1　使用指针间接访问变量。

```
#include <stdio.h>
int main(){
    int a,b,*p1,*p2;
    a = 10;
    b = 20;
    p1 = &a;
    p2 = &b;
    printf("a = %d,b = %d\n",a,b);              //第 8 行：输出变量 a、b 的值
    printf("*p1 = %d,*p2 = %d\n",*p1,*p2); //第 9 行：输出 p1、p2 指向的变量的值
    *p1 = *p1+2;                                   //第 10 行：将 p1 指向的变量的值自增 2
    *p2 = *p2*2;                                   //第 11 行：将 p2 指向的变量的值自乘 2
    printf("a = %d,b = %d\n",a,b);              //第 12 行：输出变量 a、b 的值
    printf("*p1 = %d,*p2 = %d\n",*p1,*p2); //第 13 行：输出 p1、p2 指向的变量的值
    return 0;
}
```

运行结果：

```
a = 10,b = 20
*p1 = 10,*p2 = 20
a = 12,b = 40
*p1 = 12,*p2 = 40
```

程序中定义了两个指针变量 p1、p2，并使得 p1 指向 a、p2 指向 b。第 8 行按变量名访问内存数据(这里是输出)，这是前面提到过的“直接访问”方式；第 9 行的*p1 代表了 p1 所指向的变量 a，*p2 代表了 p2 所指向的变量 b，所以，实际上输出的也是 a、b 的值，与第 8 行输出相同。这种通过指针访问内存数据的方式是“间接访问”方式，因此，指针运算符“*”也被称为“间接访问”运算符。

第 10 行把 p1 指向的变量 a 的值取出后加 2，结果再存放到 p1 指向的 a 中，实际上完全等价于“a = a+2;”，使得 a 的值变为了 12；类似地，第 11 行通过指针 p2 使得 b 的值被改变为 40，该行也等价于“b = b*2;”。

第 12 行输出 a、b 的值是被更改后的新值 12 和 40。第 13 行与第 12 行功能相同。

注意，程序中符号“*”出现了多次，如“int *p1,*p2;”中的“*”表明 p1、p2 是指针变量；“*p1 = *p1+2;”中引用指针变量 p1 时前面的“*”表示进行指针运算；而“*p2 = *p2*2;”中 2 前面的“*”表示的是乘法运算，要仔细区分清楚。

例 6-2　应用指针间接访问变量 a、b，使二者的数据互换。

```
#include <stdio.h>
int main(){
    int a,b,temp;
    int *x=&a,*y=&b;
    scanf("%d%d",&a,&b);
    temp=*x;            //把 x 指向的变量 a 的值 12 取出，存放在 temp 中
    *x=*y;              //把 y 指向的变量 b 的值 35 取出，赋值给 x 所指向的变量 a
    *y=temp;            //把 temp 的值 12 赋值给 y 指向的变量 b
    printf("a=%d,b=%d\n",a,b);
    return 0;
}
```

程序中定义了指针 x、y，并初始化为指向变量 a 和变量 b。假设程序运行时给 a、b 输入了数据 12 和 35，如图 6-8(a)所示。随后程序将 x 指向的变量与 y 指向的变量的值进行了交换，结果使得 a 和 b 的值发生了互换，如图 6-8(b)所示。

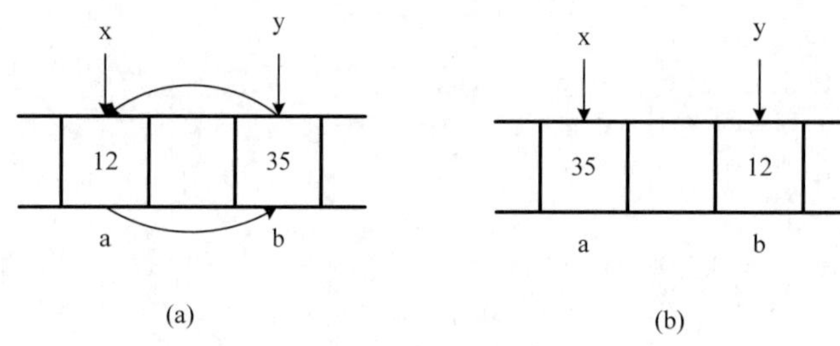

图 6-8　利用指针交换变量的值

运行结果：

```
12 35
a=35,b=12
```

如果采用直接访问方式，则与程序中实现互换的 3 条语句等价的是：

```
temp=a;  a=b;  b=temp;
```

假设，temp 定义为指针，程序中实现互换的 3 条语句改为“temp=x;　x=y;　y=temp;”，程序结果又如何？请读者分析原因。

3.　“&”运算符与“*”运算符的关系

观察下面语句：

```
int a=10, *x=&a;
printf(“%d,%d\n”,*(&a),&(*x));
```

这里出现了 2 个表达式：*(&a) 和&(*x)。*(&a)首先取变量 a 的地址(即指针)，然后再进行“*”运算，求出该指针所指向的变量，就是 a。所以，*(&a)等价于 a，输出值为 10。表达式&(*x)先求出指针 x 所指向的变量即 a，然后取 a 的地址，显然其值与指针 x 相同，所

以，&(*x)与 x 等价，输出 x 的值(即 a 的地址)。

由此看出，“&”运算符与“*”运算符互为逆运算。

6.3　指针与数组

指针常常被用来处理构造类型的数据，如数组和结构体等。它们共同的特点是，都由一组相关的基本类型数据组成，这些数据在内存中存放在一片地址连续的存储单元中。因此，使用指针来处理会更灵活、方便和快捷。

在 C 语言中，数组与指针密不可分。首先来观察几个数组：

```
char a[5] = { 'c', 'h', 'i', 'n', 'a'};
short int b[5] = {2, 6, 10, 7, 9 };
float c[5] = {65.3, 71.2, 90.8,98.1, 55};
```

系统为每个数组各自分配一片连续的存储单元空间，数组类型的不同决定了数组元素占用内存空间大小也可能不同。a 数组每个元素占 1 个存储单元，b 数组每个元素占 2 个存储单元，c 数组每个元素则占 4 个存储单元，如图 6-9 所示。显然，假设 b[0]地址为 2000，则 b[1]地址为 2002，b[2]地址为 2004，……，相邻元素地址差 2；类似地，a 数组相邻元素地址差 1，c 数组相邻元素地址则差 4。

通常我们会使用指针变量来指向数组元素，从而间接地访问它。这里定义了 3 个指针并初始化：

```
char *p1 = &a[0];
short int *p2 = &b[0];
float *p3 = &c[0];
```

p1 指向 a 数组的第 1 个元素，p2 指向 b 数组第 1 个元素，p3 指向 c 数组第 1 个元素，如图 6-9 所示。

我们可以访问指针指向的元素，如：

```
*p1 = *p1+2;
*p2 = *p2-1;
*p3 = 78;
printf("%c,%hd,%f\n", *p1,*p2,*p3);
```

*p1 表示指针 p1 所指向的数组元素，即 a[0]。显然，*p2 等价于 b[0]，*p3 等价于 c[0]，输出结果为：

```
e, 1, 78.000000
```

由于每个数组占据一片地址连续内存空间，因此，常常会改变指针变量中存放的地址，使其不断指向下一个元素，依次地访问每个元素；或者根据已知数组元素的地址计算出本数组中其他指定元素的地址，进而对它们进行间接访问。例如，由 a[0]、b[0]、c[0]的地址(已存放在指针变量 p1、p2、p3 中)求其他元素如 a[2]、b[2]、c[2]的地址，这些都涉及指针的加、减运算问题。

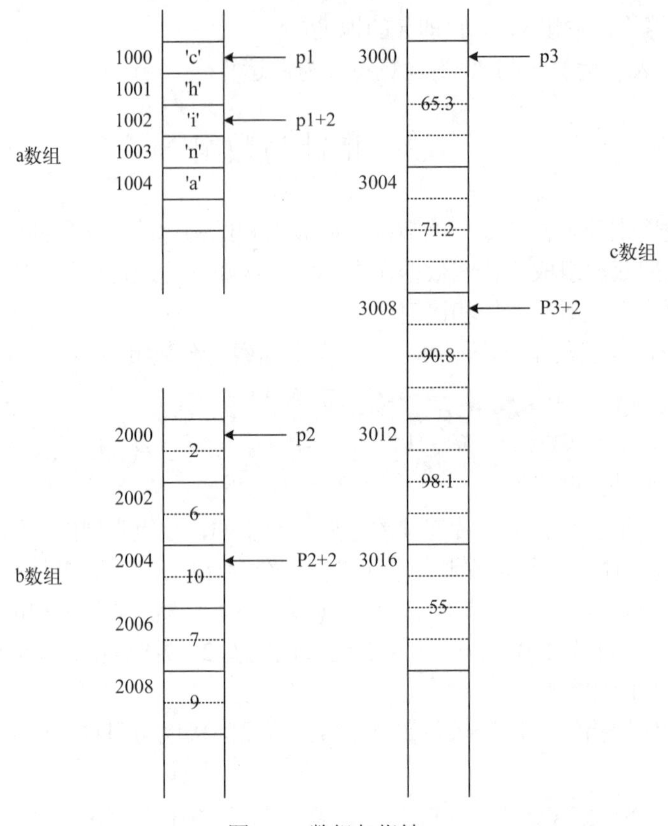

图 6-9　数组与指针

6.3.1　指针的加、减运算规则

我们知道，指针即地址，地址即指针，指针也可以进行加、减运算，如：p3+2。从图 6-9 看出，p3 中存放了 c[0]的地址 3000，那么，表达式 p3+2 的结果是否为 3000+2(即 3002)？

不是！一定要注意：p3+2 指的是 p3 中的地址加上其后 2 个元素所占存储单元的地址位移量，即 p3+2 代表的地址是 p3+2*4(结果为 3008，就是 c[2]的地址)，其中 4 表示 c 数组每个元素占用的存储单元个数。因此，p3 指向 c[0]，则 p3+2 指向 c[2]、p3+3 指向 c[3]、p3+4 指向 c[4]；类似地，p1 指向 a[0]时，p1+2 指向 a[2]；p2 指向 b[0]时，p2+2 指向 b[2]。

也可以对某指针变量进行“++”运算，如指针 p2 初始指向 b[0]时，则表达式 p2++会使得 p2 = p2+1，其含义是指针 p2 后移一个元素，即 p2 此时指向了下一个元素 b[1]。常常会使用一个指针依次后移指向每个元素来逐个访问它们。

减法运算也类似，假设初始 p3 指向 c[4](c 数组最后一个元素)，即：

```
    p3 = &c[4];    //p3 中存放 c[4]地址 3016
```

此时 p3–3 代表地址：3016–3*4，结果是 3004(c[1]的地址)，说明 p3–3 指向了 c[1]。而表达式 p3-- 会改变了 p3 的值，使得 p3 前移一个元素，此时 p3 指向 c[3]。显然可以不断使用 p3--，使指针不断前移，从而访问各个元素。

从上述指针运算规则可以看出，指针类型不同，地址的增(减)量也不同。因此，在开始定义指针变量时，必须明确指出指针所指数据的类型，如前述 p1 指向 char 类型、p2 指向 int

类型、p3 指向 float 类型，并且在指针的使用中不允许不同类型指针混用。如下面的语句是错误的：

```
p1 = &b[0];            //p1 指向 int 类型的 b[0]
p2 = &a[0];            //p2 指向 char 类型的 a[0]
```

6.3.2 访问数组元素的几种方法

假设有：

```
int a[5], *p1,*p2;
p1 = p2 = &a[0];       //p1、p2 均指向 a[0]
```

要访问数组的第 3 个元素，以往会使用 a[2]，如赋值语句“a[2] = 30;”采用的是“下标法”。这里，我们使用指针来间接访问数组元素 a[2]，称为“指针法”。

(1) 使用*(p1+2) 访问 a[2]。

```
*(p1+2) = 30;          //首先计算出 p1+2 为 a[2]的地址，再对其进行指针运算“*”
```

(2) 使用*(a+2) 访问 a[2]。

```
*(a+2) = 30;
```

在 C 语言中规定，数组名本身是一个地址常量，它的值为其首元素地址，因此，数组名 a 等价于&a[0]，前述的“p1 = p2 = &a[0];”也可以写成“p1 = p2 = a;”。所以 a+2 结果是 a[2] 的地址，*(a+2) 则表示该地址指向的元素，即 a[2]。

实际上，系统在对程序进行编译时，对数组元素 a[i]就是处理成*(a+i)的，本质上都是在使用指针方式访问元素。所以，在程序中下标为 i 的元素写成 a[i]与*(a+i)是完全等效的。

(3) 使用 p1[2]访问 a[2]。

```
p1[2] = 30;
```

既然*(a+i)等效于 a[i]，那么形式相同的*(p1+i)也可以认为等效于 p1[i]，所以，*(p1+2)等价于 p1[2]。

(4) 使指针 p2 不断后移，直到指向 a[2]，然后给它赋值。

```
p2++;                  //p2 指向了 a[1]
p2++;                  //p2 指向了 a[2]
*p2 = 30;              //对此时 p2 所指向的元素 a[2]赋值
```

下面通过一个例子，加深理解应用上述各种方法解决问题的具体过程。

例 6-3 输出数组的每个元素。

```
#include <stdio.h>
int main(){
    int i,a[5],*p = a;
    for(i = 0;i<5;i++)                  //为数组输入数据
        scanf("%d",&a[i]);
    for(i = 0;i<5;i++)                  //方法 1：采用下标法输出各元素
        printf("a[%d] = %d ",i,a[i]); //这里的 a[i]也可以写成*(a+i)，二者等价
```

```
        printf("\n");
        for(i = 0;i<5;i++)               //方法 2：使用指针法输出各元素
            printf("*(p+%d) = %d ", i ,*(p+i)); //可以把*(p+i)替换为 p[i]，二者等价
        printf("\n");
        for(p = a;p<(a+5);p++)           //方法 3：使用指针法访问各元素
            printf("*p = %d ",*p);       //指针不断后移，依次输出当前指针指向的元素
        printf("\n");
        return 0;
    }
```

运行结果：

```
2 4 6 8 10
a[0] = 2 a[1] = 4 a[2] = 6 a[3] = 8 a[4] = 10
*(p+0) = 2 *(p+1) = 4 *(p+2) = 6 *(p+3) = 8 *(p+4) = 10
*p = 2 *p = 4 *p = 6 *p = 8 *p = 10
```

需要指出的是，在方法 3 的“for(p = a;p<(a+5);p++)”语句中，表达式 p<(a+5)作为控制循环的条件。当 p 值为 a+4 时，p 指向 a[4]，p 指向的是合法的元素，进入循环体输出 a[4]；若继续执行 p++，p 值变为 a+5，此时 p 指向的内存空间并不是合法的 a 数组空间，则数组已经输出结束，应该结束循环。所以，可以通过地址比较来控制循环，即以 p 中存放的地址是否小于 a+5 作为进入循环体的条件，若 p 值小于 a+5 则 p 仍指向合法的 a 数组元素，进入循环体；若 p 值等于 a+5，则 p 已不再指向 a 数组元素，结束循环。

上例中采用了多种方法访问数据元素。类似地，其中在为数组输入数据时，输入语句“scanf("%d",&a[i]);”中采用的是下标法表示元素，若要用指针法表示，应该如何改写？

显然，本程序中，语句“scanf("%d",&a[i]);”与下面各语句完全等效：

```
scanf("%d",a+i);
scanf("%d",&p[i]);
scanf("%d",p+i);
```

也可以将输入数据的循环语句改写为：

```
for(p = a;p<(a+5);p++)
    scanf("%d", p );
```

必须注意，scanf 函数要求提供存放输入数据的变量地址，而不是变量名，因此，这里 scanf 函数的第 2 个参数使用了指针变量 p(p 中存放了元素的地址)，而使用 &p 或*p 都是错误的。

6.3.3 多维数组与指针

指针变量可以指向一维数组中的元素，也可以指向多维数组中的元素。本节以二维数组为例介绍。

1. 二维数组元素的地址

假设有如下数组定义语句：

```
int  a[3][4] = {{1,2,3,4},{5,6,7,8},{9,10,11,12}};
```

二维数组看作一种特殊的一维数组：它的元素又是一个一维数组。可以把 a 看作一个一维数组，它有 3 个元素：a[0]、a[1]、a[2]，每个元素又是一个包含 4 个元素的一维数组。例如，a[0]代表的一维数组又包括 4 个数组元素：a[0][0]、a[0][1]、a[0][2]、a[0][3]。

从二维数组的角度来看，a 代表二维数组首元素的地址，现在的首元素不是一个简单的整型元素，而是由 4 个整型元素组成的一维数组，因此 a 代表的是首行(第 0 行)首地址，a+1 代表的是第 1 行的首地址。如果二维数组的首行首地址为 2000，一个整型数据占 4 字节，则 a+1 的值为 2000+4×4＝2016，指向 a[1]，即是 a[1]的首地址；a+2 代表 a[2]的首地址，值为 2032。

C 语言规定数组名代表数组首元素地址，a[0]、a[1]、a[2]是一维数组名，因此，a[0]代表一维数组 a[0]中第 0 列元素的地址，即&a[0][0]，a[1]的值为&a[1][0]，a[2]的值为&a[2][0]。a[0]是一维数组名，a[0]+1 则为&a[0][1]，如图 6-10 所示。

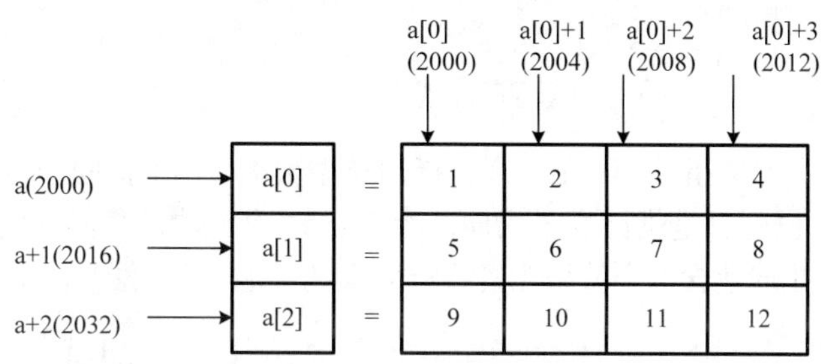

图 6-10 二维数组的地址

a[1]和*(a+1)等价，则 a[i]和*(a+i)等价，即 i 行 0 列元素 a[i][0]的地址；a[i]+j 和*(a+i)+j 等价，即 i 行 j 列元素 a[i][j]的地址；*(a[i]+j)和*(*(a+i)+j)等价，即 i 行 j 列元素 a[i][j]的值。

综上所述，以 a[3][4]＝{{1,2,3,4},{5,6,7,8},{9,10,11,12}}为例，总结如下。

a：含义为二维数组名，指向一维数组 a[0]，即 0 行首地址，地址为 2000。

a[0]、*(a+0)、*a：含义为 0 行 0 列元素地址，地址为 2000。

a+1、&a[1]：含义为 1 行首地址，地址为 2016。

a[1]、*(a+1)：含义为 1 行 0 列元素 a[1][0]的地址，地址为 2016。

a[1]+2、*(a+1)+2、&a[1][2]：含义为 1 行 2 列元素 a[1][2]的地址，地址为 2024。

(a[1]+2)、(*(a+1)+2)、a[1][2]：含义为 1 行 2 列元素 a[1][2]的值，元素值为 7。

例 6-4 用不同方法输出二维数组任一行任一列元素的值。

```
#include <stdio.h>
int main() {
    int a[3][4]={{1,2,3,4},{5,6,7,8},{9,10,11,12}};
    int row, col;
    printf("Input row=");
    scanf("%d",&row);
    printf("Input col=");
    scanf("%d",&col);
    printf("a[%d][%d]=%d\n", row, col, a[row][col]);
    printf("a[%d][%d]=%d\n", row, col, *(a[row]+col));
    printf("a[%d][%d]=%d\n", row, col, *(*(a+row)+col));
}
```

2. 指向由 m 个元素组成的一维数组的指针变量

可以用指针指向多维数组的元素。

例 6-5　输出一个 3×4 的二维数组的各元素的值，要求使用指向元素的指针变量。

```
#include <stdio.h>
int main() {
    int a[3][4]={{1,2,3,4},{5,6,7,8},{9,10,11,12}};
    int *p;
    for(p=a[0];p<a[0]+12;p++){
        if((p-a[0])%4==0)
            printf("\n");
        printf("%4d",*p);
    }
}
```

本例中用“int *p;”定义指针变量 p，则它指向整型数据，p+1 指向的元素是 p 所指向的列元素的下一个元素。也可以是指针变量指向一个包含 m 个元素的一维数组，定义方法：int (*p)[4]，则指针变量 p 指向包含 4 个整型元素的一维数组。使用此方法修改例 6-5，代码如下：

```
#include <stdio.h>
int main() {
    int a[3][4]={{1,2,3,4},{5,6,7,8},{9,10,11,12}};
    int (*p)[4],i,j;
    p=a;
    for(i=0;i<3;i++){
        for(j=0;j<4;j++)
        printf("%4d",*(*(p+i)+j));
        printf("\n");
    }
}
```

6.3.4 使用指针处理数组举例

例 6-6　一组 n 个整数中找出最小数与第 1 个数对调，找出最大数与最后数对调。

分析问题：

假设有 5 个数据存放在数组 a 中，如图 6-11(a)所示。最小元素为 9，将其与首元素 a[0]交换；最大元素为 45，把它与最后元素 a[4]交换，结果如图 6-11(b)所示。

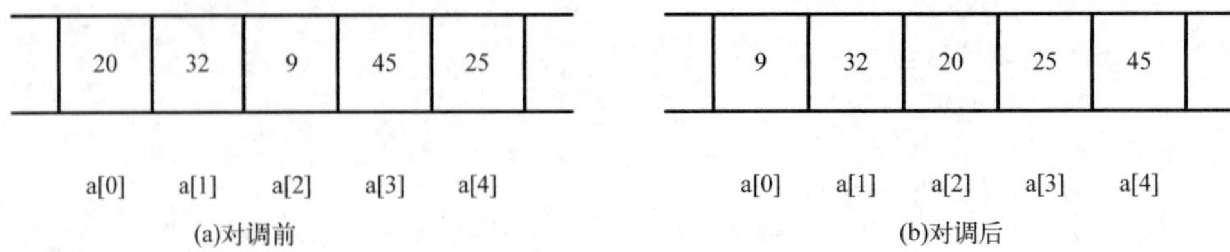

图 6-11　对调前后数据图示

解题思路：

这里要解决的主要问题是：

(1)如何找到a[0]～a[n–1]中的最大数和最小数并且记住它们的位置。

(2)将最小数和最大数调换到首部、末尾位置。

针对(1)，使用3个指针p、pmax、pmin，其中pmax、pmin分别存放最大元素和最小元素的地址(记住哪个元素最大、最小)，即pmax指向当前最大元素、pmin指向当前最小元素。指针p用来依次指向各个元素进行比较，具体过程：

首先，假设第1个元素既是最大也是最小，即：pmax = pmin = a。然后，使用指针p不断指向第2个元素、第3个元素、……，依次比较。如果p所指元素比当前最大元素还大(即*p>*pmax)，则更新最大元素的位置(pmax = p)；类似地，如果p所指元素小于最小元素(*p<*pmin)，则记录最小元素位置pmin = p。

对于问题(2)，把pmax所指向的最大元素与a[n–1]交换，pmin所指向的最小元素与a[0]交换即可。

编写程序：

```
#include<stdio.h>
#define n 5
int main(){
    int a[n];
    int *p,*pmax,*pmin,t;
    printf("please enter %d integers:\n",n);
    for(p = a;p<a+n;p++)  //输入n个数据
        scanf("%d",p);    //用户输入数据存放在指针p所指向的元素中
    pmin = pmax = a;      //假设首元素最大、最小
    for(p = a+1;p<a+n;p++)//指针p不断指向a[1]、a[2]……，依次比较找最大、最小
        if(*p>*pmax)      //当前最大元素与p指向元素比较
            pmax = p;
        else
            if(*p<*pmin)
                pmin = p;
    t = *a;*a = *pmin;*pmin = t;                //pmin所指最小元素与a[0]交换
    t = *(a+n-1);*(a+n-1) = *pmax;*pmax = t;//pmax所指最大元素与a[n-1]交换
    printf("The changed array is:\n");
    for(p = a;p<a+n;p++)                        //输出交换后数组
        printf("%3d",*p);
    return 0;
}
```

运行结果：

```
please enter %d integers:
20 32 9 45 25
The changed array is:
9 32 20 25 45
```

现在，还是刚才那组数据，只是顺序有所变化，我们再运行一次程序，运行结果如下：

```
please enter %d integers:
45 32 9 20 25
The changed array is:
25 32 45 20 9
```

请观察结果是否正确。出了什么问题？为什么不一致？

仔细分析程序执行过程发现，找到最大最小元素 45、9 后，pmax 指向了 a[0]，pmin 指向了 a[2]。按照程序的流程，此时 pmin 所指元素要与 a[0]交换，交换后数组数据为：

```
9  32  45  20  25
```

注意！这时最大数据 45 被移动到 a[2]了，现在 pmax(其中存放&a[0])指向的元素已经不再是最大数据了，而是 9，随后再将 pmax 所指元素与 a[4]交换时，结果就变为了：

```
25  32  45  20  9
```

显然，问题出在 pmin 所指最小元素与 a[0]交换时，如果恰巧最大元素就是 a[0]，那么交换完后，最大元素被换到了最小元素原来所在的位置，即最大元素的位置已经改变。找到症结所在，解决问题的方法也就有了：用最大元素的最新位置(即最小元素原来的位置 pmin)更新 pmax，即：

```
if (pmax == a)     //最大元素恰巧就是 a[0]
pmax = pmin;       //更新最大元素的位置
```

把这个 if 语句插入前面程序的适当位置，问题就解决了。改正后的程序如下：

```
#include<stdio.h>
#define n 5
int main(){
    int a[n];
    int *p,*pmax,*pmin,t;
    printf("please enter %d integers:\n",n);
    for(p = a;p<a+n;p++)  //输入 n 个数据
        scanf("%d",p);    //用户输入数据存放在指针 p 所指向的元素中
    pmin = pmax = a;      //假设首元素最大、最小
    for(p = a+1;p<a+n;p++) //指针 p 不断指向 a[1]、a[2]……，依次比较找最大、最小
        if(*p>*pmax)      //当前最大元素与 p 指向元素比较
            pmax = p;
        else
            if(*p<*pmin)
                pmin = p;
    t = *a;*a = *pmin;*pmin = t;      //pmin 所指最小元素与 a[0]交换
    if (pmax == a)                    //最大元素恰巧就是 a[0]
        pmax = pmin;                  //更新最大元素的位置
    t = *(a+n-1);*(a+n-1) = *pmax;*pmax = t;   //pmax 所指最大元素与 a[n-1]交换
    printf("The changed array is:\n");
    for(p = a;p<a+n;p++)                       //输出交换后数组
        printf("%3d",*p);
    return 0;
}
```

6.4　指针与字符串

若数组中存放的是一个字符串，则使用指针处理字符串会更直观、方便。

6.4.1　用字符数组存放字符串

用字符数组存放一个字符串，然后通过指针访问它。观察下面的定义：

```
char a[10]={'c','h','i','n','a','\0'}; //也可以写成 char a[10]="china";
char *p=a;
```

a 数组中存放了字符串“china”，指针 p 初始指向第 1 个字符“c”。一般常说 p 指向了字符串“china”，如图 6-12 所示。

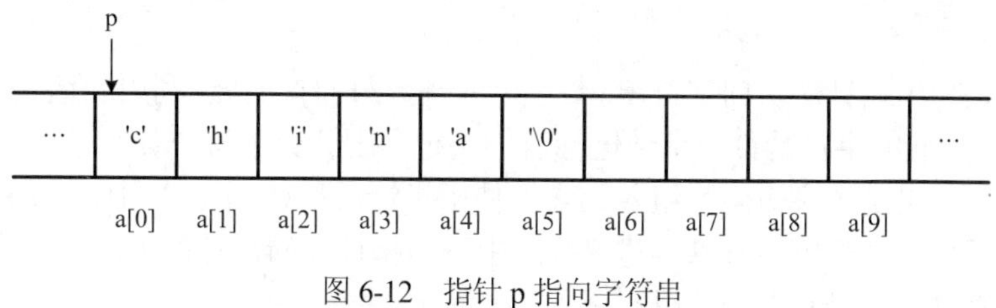

图 6-12　指针 p 指向字符串

通常，采用指针 p 不断后移的方式逐个访问字符串的每个字符，并根据所指向字符是否为串结尾标志'\0'来决定访问是否结束。

例 6-7　求字符串的长度。

解题思路：利用一个字符指针依次指向每个字符，同时计数字符个数，直到指向字符串结束标记为止。

```
#include <stdio.h>
int main(){
    char a[30],*p;
    int n=0;
    scanf("%s",a);                  //输入字符串存放在 a 数组中
    for(p=a;*p!='\0';p++)
        n++;                        //计数字符个数
    printf("length=%d\n",n);
    return 0;
}
```

程序中，定义存放字符串的字符型数组 a 包含 30 个元素，因此，本程序能处理的字符串最长不能超过 29 个字符。程序中 for(p=a;*p!='\0';p++)使得指针 p 初始指向第 1 个字符，再判断 p 所指向的字符是否为串结尾标志“\0”，如果不是，则进入循环体，字符个数计数增 1，然后指针 p 后移指向下一个字符；否则，p 指向了串结尾标志，表明字符串处理完毕，循环结束。最后，输出字符串的长度。

运行结果：

```
optimistic
length=10
```

上例程序也可以改写为：

```
#include <stdio.h>
int main(){
    char a[30];
    int i,n=0;
    scanf("%s",a);
    for(i=0;*(a+i)!='\0';i++)
        n++;
    printf("length=%d\n",n);
    return 0;
}
```

程序中也是使用指针法访问字符串。数组名 a 是数组的首地址，利用表达式 *(a+i)!='\0' 判断地址 a+i 所指向的字符是否为串结尾标志，决定是否计数字符个数。

一般来说，如果是顺序访问数组各元素，使用指针后移(即 p++)和使用 a+i 计算 a[i]地址相比，前者运算速度要快，所以，建议程序中采用指针不断后移的方法来顺序访问数组元素。如果是随机访问数组元素，则用*(a+i)方法更好一些。

使用指针处理字符串时，我们事先定义一个字符数组存放字符串，然后让一个字符指针指向该字符串，进而处理它。除此以外，还可以不定义字符数组，而直接定义一个字符指针，使其直接指向指定的字符串。

6.4.2 用字符指针指向字符串

定义一个字符指针，使其直接指向指定的字符串。如：

```
char *p="Just do it!";
```

在编译程序时，系统会在内存中分配连续空间存放程序中出现的所有字符串常量，所以，这里的字符串“Just do it!”就会占用一段连续的存储单元，并用其首字符所在单元的地址来初始化字符指针 p，使 p 指向该字符串，如图 6-13 所示。

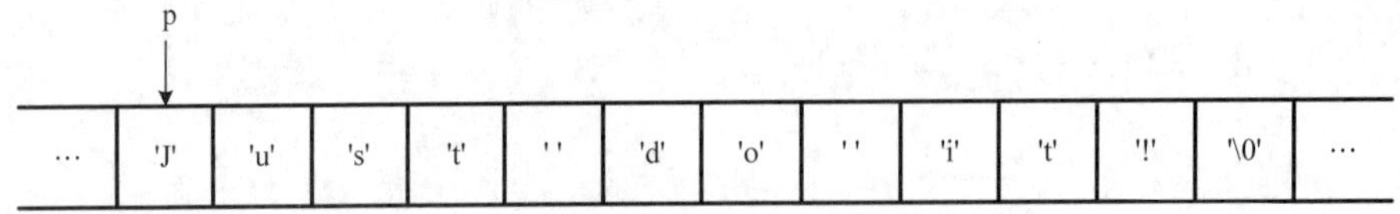

图 6-13　指针 p 指向指定字符串

上述定义在定义指针的同时，直接用字符串常量的首地址来初始化该指针。也可以在定义指针后，再将指定字符串常量的首地址赋值给该指针，例如：

```
char *p;
p="Just do it!";
```

例 6-8 使用上述指针指向字符串常量的方法求字符串的长度。

```
#include <stdio.h>
int main(){
    char *p;
    int n=0;
    p="Just do it!";          //p 指向了字符串的首字符
    for( ; *p!='\0' ; p++)
        n++;
    printf("length=%d\n",n);
}
```

运行结果：

```
length = 11
```

显然，该程序不能处理任意字符串，如果要求其他字符串的长度，必须修改程序的语句：

```
p="Just do it!";
```

使 p 指向其他的字符串。

那么，请思考，如果使用“scanf("%s", p);”在程序运行时输入字符串，然后使 p 指向该字符串，来解决程序通用的问题，是否可行？即下面语句是否正确：

```
char *p;
scanf("%s", p);
```

经过分析会发现，定义指针 p，只是为 p 分配了相应的空间，并没有初始化，p 中的值是一个无法预料的值，TC++3.0 编译系统会将 p 当作一个“空指针”，表示 p 为“NULL”，表明 p 目前没有指向任何存储单元，即 p 无所指。所以，再执行“scanf("%s", p);”时用户从键盘输入的数据就无处可放，从而导致运行出错。因此，用“scanf("%s", p);”替代“p = "Just do it!";”是不可行的。必须先定义数组，再用指针指向数组空间首单元，使得指针有所指，然后再从键盘输入字符串放入 p 所指向的数组空间，即：

```
char a[30], *p;
p=a;
scanf("%s", p);
```

使用指针处理字符串过程中要注意以下几点：

(1)指针法与下标式的互换性。如下面的定义：

```
char a[10]="supermarket",*p=a;
```

当表示元素 a[i]时，有多种等价的指针表达方式，如：*(a+i)、*(p+i)、p[i]，即 a[i]与 p[i](或*(p+i))可以互换，但是要注意它是有前提的，即 p 必须指向 a 数组的首元素。如果上述定义改写为；

```
char a[10]="supermarket",*p=&a[3];
```

那么，p[i]与 a[i]就不是等价的。如 i 为 5，则 p[5]等价于*(p+5) = *(&a[3]+5) = a[8]，即 p[5]等价于 a[8]，而不是 a[5]，此时 a[5]值为“m”，而 p[8]值为“k”。

(2)注意*(p++)、*p++、*(++p)、*++p 的使用。有时为使程序简洁，有人会把指针后移和访问指针指向元素在一个表达式中实现，如前面的例 6-7 求字符串长度的程序也可以改写为：

```
#include <stdio.h>
int main(){
    char a[30],*p=a;
    int n=0;
    scanf("%s",p);
    while(*p++!='\0')              //注意这里的条件表达式
        n++;
    printf("length=%d\n",n);
    return 0;
}
```

程序中改用了 while 循环，其条件表达式“*p++!='\0'”中，涉及 3 个运算符：“*”、“++”和“!=”。其中“!=”优先级最低，前两个优先级相同且为右结合性，所以先计算 p++，然后计算*p++，最后计算*p++!='\0'。

例如，运行时输入字符串“optimistic”后，p 指向首字符'o'，然后判断循环条件，即计算 p++，这里是后置++(先引用后自增)，所以 p++的值是原来 p 的值(首字符地址)，同时 p 自增，p 接着指向了第 2 个字符'p'。因此，条件“*p++!='\0'”是判断当前 p 所指向的元素值是否是串结尾标志，同时 p 指针后移，指向下一个字符，为下一次判断做准备。

上面 while 循环写成下面形式会更直观些。

```
while(*p!='\0') {
    n++;
    p++;
}
```

若前面的循环条件“*p++!='\0'”改成“*++p!='\0'”，结果会有变化吗？

显然，在计算++p 时要先自增后引用，所以条件“*++p!='\0'”先使指针后移，然后再判断该指针指向的字符是否为结尾标志。因此，第 1 次计算条件表达式时，实际上判断的是第 2 个字符，它不是串结尾标志，则进入循环，字符个数增 1，从而漏判了第 1 个字符。程序的结果会比实际的长度少 1。

从上例看出，*p++与*(p++)等价，*++p 与*(++p)等价，但是*p++与*++p 是不同的，使用中要注意。

若在形式上再改变一下，表达式(*p)++的作用是什么？它的值如何？请读者自行分析。

(3)随时注意指针的指向，如果一个指针定义时没有初始化，也没有使用赋值语句使其指向本程序合法数据空间，则该指针变量的值是无法预料的，即目前指针可能指向了非法空间。这时，通过指针访问内存单元后果可能会很严重，甚至会破坏系统！因此，再一次强调：指针在使用前一定要使其有所指。

(4)注意区分数组名与字符指针在使用上的不同。

请观察下面一组语句：

```
char a[10],*p1;
a="Just do it!";    //错误！数组名 a 是一个地址常量，不能赋值为常量
```

```
p1 = "Just do it!";  //正确！p1 是指针变量，可以把地址赋值给它
char b[10],*p2;
scanf("%s",b);
//正确！b 是地址常量，可以把输入的字符串存放在该地址开始的内存空间中
scanf("%s",p2); //错误！p2 无所指或指向了非法空间
```

6.4.3 使用指针处理字符串

例 6-9　字符串比较(strcmp 函数的实现)。

将两个字符串 s1 和 s2 比较，如果 s1 大于 s2，输出一个正数；如果 s1 等于 s2，输出 0；如果 s1 小于 s2，输出一个负数。输出的正数或负数的绝对值应是相比较的两个字符串相应字符的 ASCII 码的差值。

分析问题：

字符串比较的规则如下。

(1) 从第 1 个字符开始，依次比较两字符串相同位置的字符(字符的大小由其 ASCII 码值大小决定)，如果两个字符不等，则大字符所在字符串就大。

(2) 如果两个字符相等，则继续比较下一个字符。当同位置字符一直相等时，比较将在遇到串结尾标志时为止。

(3) 如果两个字符串比较时，同时遇到字符串结尾标志，则二者相等，否则先遇到串结尾标志的小于另一个字符串。

本题目要求对不相等的两个字符串，指出二者的差值。按照上述规则，字符串有下面的大小关系：

字符串比较	二者的差值
"Command" 小于 "Connection"	–1 ('m'与'n'的 ASCII 码值之差)
"Command" 大于 "Com"	109 ('m'与'\0'的 ASCII 码值之差)
"Command" 等于 "Command"	0

解题思路：

使用指针 p1、p2 分别指向两个字符串的首字符。

(1) 如果二者所指字符相等且均不是串结束标志，则指针 p1、p2 后移，重复(1)继续比较；否则，结束比较，转(2)。

(2) 如果二者都是串结尾标志，则两个字符串相等，字符串差值为 0；否则，两个字符串不相等，字符串差值为进行比较的两字符的 ASCII 码值之差。

(3) 输出字符串差值。

编写程序：

```
#include<stdio.h>
int main(){
    int resu;
    char s1[30],s2[30],*p1 = s1,*p2 = s2;
    printf("input string1:");
    scanf("%s",s1);
    printf("input string2:");
    scanf("%s",s2);
    while((*p1 == *p2)&&(*p1! = '\0'))
```

```
        p1++,p2++;
    if(*p1 == '\0'&&*p2 == '\0')
        resu = 0;
    else
        resu = *p1-*p2;
    printf("result:%d\n",resu);
    return 0;
}
```

程序中，字符指针 p1 指向字符串“constraint”首字符，字符指针 p2 指向字符串“constrict”首字符，while 循环检查*p1 和*p2 是否相同且是否都没有达到串尾，满足条件时指针 p1、p2 均后移，循环进行到 p1 指向'a'、p2 指向'i'时，*p1 与*p2 不再相等，循环条件不再满足，循环结束。

从 while 循环结束后，判断*p1 与*p2 是否同时为串结尾，显然二者都不是，则计算*p1 与*p2 的差值并输出。'a'和'i'差值为−8，结果输出为−8，表明 s1 串小于 s2 串。

运行结果：

```
input string1:constraint
input string2:constric
result:-8
```

6.5　指针与函数

回顾一下本章开始提出的实例，主函数调用 exchang1 函数时，实参和形参的结合方式是“单向传值”，即把实参的值传给形参。在函数中对形参的处理不会使实参同步变化，即变量 a 和变量 b 的值没能实现交换。

6.5.1　指针作函数的参数

对此，我们提出了解决问题的方案，即把变量 a、b 的地址传递给函数 exchange2，使函数能够直接处理 a、b 中的数据，使之相互交换。现在给出完整的程序：

```
void exchange2(int *x, int *y){
    //x、y 中存放了两个整数(这里是 a、b)的内存地址
    //下面按照 x、y 中的地址找到相应内存单元，互换其中的数据
    int temp;
    temp = *x;
    *x = *y;
    *y = temp;
}
int main(){
    int a = 18,b = 30;          //调用 exchange2 使 a 和 b 的值互换
    exchange2(&a, &b);          //把 a、b 的内存地址传递给形参 x、y
    printf("a = %d,b = %d\n",a,b);
    return 0;
}
```

其中，函数调用语句“exchange2(&a, &b);”取 a、b 的地址作实参，因此函数 exchange2

的形参必须是指针，即函数头部为 exchange2(int *x, int *y)，实参和形参的结合过程虽然仍然是“单向传值”，但是传递的是“地址值”。随后函数体中，通过指针 x、y 对主调函数中的变量 a、b 进行间接访问，结果使 a、b 实现值的交换。

通过上述实例我们发现，指针作函数的参数，可以解决这样一类问题：使被调函数能够间接处理主调函数中的数据，从而将处理结果“返回”给主调函数。这里所说的“返回”并不是真正意义上在被调函数中使用 return 语句向主调函数返回结果，而是主调函数中的变量(如上例中的 a、b)间接被处理而获得了结果(如 a、b 实现了交换)。因此，函数调用时，表面上是进行了数据的“单向传递”，即数据(地址)从主调函数传给了被调函数，但实际达到的结果是数据的“双向传递”，被调函数也将处理结果“返回”给了主调函数。

例 6-10 编写函数 sort3 对任意 3 个整数按升序进行排序，然后在主函数中调用它。

解题思路：

通常我们所说对 a、b、c 的排序是指按一定的规则调整、交换变量中的数据，使得 a 中数据最小，c 中数据最大，从而达到有序。

显然，要对主函数中的 a、b、c 排序，只能将它们的地址传递给函数 sort3，由函数 sort3 对它们排序。

编写程序：

```
#include <stdio.h>
void sort3(int *x,int *y,int *z){
    int temp;
    if (*x>*y) {temp = *x;*x = *y;*y = temp; }
    if (*y>*z) {temp = *y;*y = *z;*z = temp; }
    if (*x>*y) {temp = *x;*x = *y;*y = temp; }
}
int main(){
    int a,b,c;
    scanf("%d%d%d",&a,&b,&c);
    sort3(&a,&b,&c);
    printf("a = %d,b = %d,c = %d\n",a,b,c);
    return 0;
}
```

运行结果：

```
56 34 78
a = 34,b = 56,c = 78
```

函数 sort3 中采用的是“相邻比较，大数向后推”的算法思想，即第 1 个数与第 2 个数比较，大者交换到后面；第 2 个数与第 3 个数比较，大者交换到后面，此时最大数已经排在最后；然后将第 1 个数与第 2 个数比较，次大数排在第 2 位。要注意的是，比较的是指针所指向的变量的数据，如 if (*x>*y)，而不是比较指针，如 if(x>y)。

当函数调用结束时，主函数中的 a、b、c 也依次排好序了。

我们注意到，函数 sort3 中多次出现数据交换的操作，其实，它们也可以调用前面讲过的 exchange2 函数来实现。程序中的 sort3 函数可以改写为：

```
void sort3(int *x,int *y,int *z){
    int temp;
    if (*x>*y)  exchange2(x,y);
    if (*y>*z)  exchange2(y,z);
    if (*x>*y)  exchange2(x,y);
}
```

要说明的是，要交换指针 x、y 所指向的变量的数据，在调用函数 exchange2 时，实参必须是数据所在地址，这里显然指针 x、y 中就是要交换数据的地址，所以调用语句为：exchange2(x,y)，其余 2 个函数调用类似。

从前面函数知识我们知道，一个函数的返回值只能有一个，由于指针作函数参数，可以把被调函数处理的结果“返回”给主调函数，因此，当需要函数返回多个结果的时候，指针作函数参数尤其有用。

6.5.2　使用指针作参数传递一组数据

采用指针作函数的参数，可以把要处理的数据的地址作为实参传递给被调函数，然后在被调函数中通过间接访问的方式来处理该数据,从而使被调函数能够处理主调函数中的数据，最终将处理结果“返回”给主调函数。那么，如果是主调函数中的一组数据(通常存放在一个数组中)需要被调函数来处理的话,该如何传递地址呢？是否需要把数组所有元素的地址作为实参传递给被调函数呢？

显然，从数组的定义我们知道，数组各元素在内存中的地址是连续的，知道了首元素地址就能得到任意元素的地址，因此，无需传递所有元素地址给被调函数，只要传递首元素地址及元素的个数，被调函数就可以间接地访问所有元素。下面通过实例说明把主调函数中的一组数传递给被调函数时，如何定义函数的实参和形参。

例 6-11　编写函数 substr,把给定字符串 s1 从第 m 个字符开始的全部字符复制成另一个字符串 s2，显然后者是前者的一个子串。

分析问题：

调用函数 substr 时，需要经参数传入一个字符串(即字符数组)，并传出复制得到的子串(字符数组)。这也是数组作函数参数的问题。定义函数如下：

```
void substr(char *a,char *b,int m){
    /*在 a 所指字符开始的字符串中，从第 m 个字符开始，全部复制到 b 指向元素开始的一片连续内存空间中*/
    …
}
```

调用该函数将 s1 中的字符串从第 m 个字符开始的全部字符复制到 s2 中。

```
substr(s1,s2,m);     //s1、s2 是两个字符数组名(即首地址)
```

函数调用时，字符数组 s1、s2 的首地址分别传递给字符指针 a、b，此时 a 指向了 s1 串首字符，b 指向了 s2 串首字符。a 数组与 s1 数组占用同一片内存单元，b 数组与 s2 数组占用共同的存储单元。这样，就可以在函数中通过指针 a 和 b 间接访问和处理 s1、s2 的字符数据了，如图 6-14 所示。

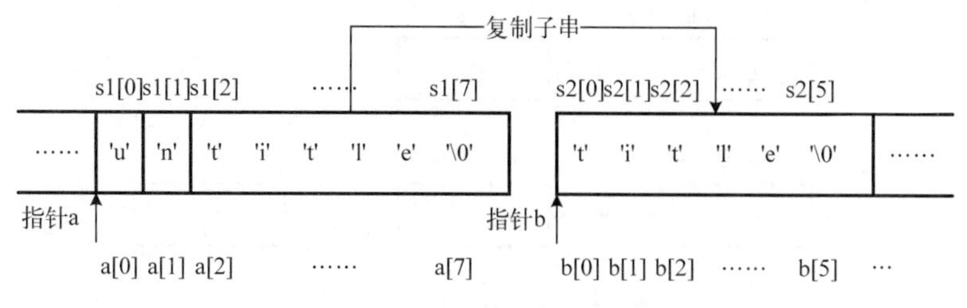

图 6-14　复制字符串的子串

函数中把子串“title”从 a[2]、a[3]、a[4]……，复制到 b[0]、b[1]、b[2]……，显然，等效于从 s1 数组复制到了 s2 数组中。函数调用结束时，s2 数组中存放的就是复制过来的子串“title”，如图 6-14 所示。

解题思路：

在函数 substr 中，首先让指针 a 指向 s1 串的第 m 个字符，此时，b 已指向了 s2 字符数组的首元素。判断 a 指向字符是否到字符串的结尾，如果没有，则将 a 所指字符复制到 b 所指元素中，同时 a、b 指针均后移一个元素，继续判断下一个字符是否到串结尾；否则，a 指向 s1 字符串结束标志时，复制结束。最后，将串结束标志“\0”加到当前 b 所指元素中，构成子串。

编写程序：

```
#include <stdio.h>
void substr(char *a,char *b,int m){
    a = a+m-1;                    //指向第 m 个字符
    while(*a! = '\0')             //a 所指没有到串结束标志
        *b++ = *a++;              //复制一个字符，指针后移
    *b = '\0';
}
int main(){
    char s1[30],s2[30];
    int m;
    gets(s1);
    scanf("%d",&m);
    substr(s1,s2,m);
    puts(s2);
    return 0;
}
```

6.6　指向指针的指针

如果一个指针变量存放的又是另一个指针变量的地址，则称这个指针变量为指向指针的指针变量。显然，指向指针的指针变量是一个两级的指针变量。如图 6-15 所示，指针变量 1 就是指向指针的指针变量。

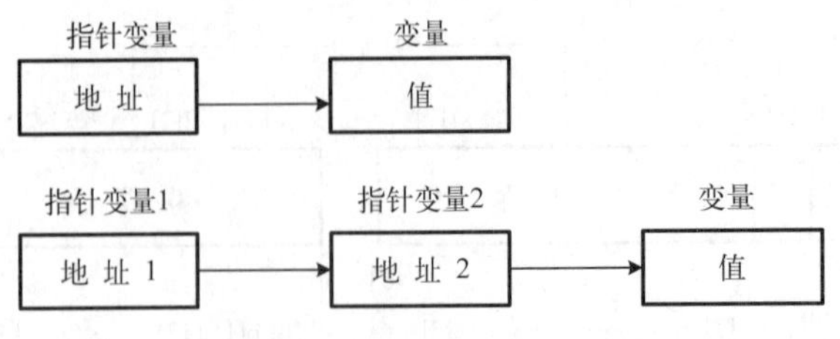

图 6-15　指向指针的指针变量

6.6.1　指向指针的指针变量的定义

定义一个指向指针型数据的指针变量格式如下：

```
数据类型  **指针变量[, **指针变量 2……] ;
```

例如：

```
char **p;
```

p 前面有两个*号，相当于*(*p)。显然*p 是指针变量的定义形式，如果没有最前面的*，那就是定义了一个指向字符数据的指针变量。现在它前面又有一个*号，表示指针变量 p 是指向一个字符指针型变量的。*p 就是 p 所指向的另一个指针变量。

如图 6-16 所示，name 是一个指针数组，它的每一个元素是一个指针型数据，其值为地址。name 是一个数组，它的每一个元素都有相应的地址。数组名 name 代表该指针数组的首地址。name+i 是 name[i]的地址。name+i 就是指向指针型数据的指针(地址)。还可以设置一个指针变量 p，使它指向指针数组元素。p 就是指向指针型数据的指针变量。

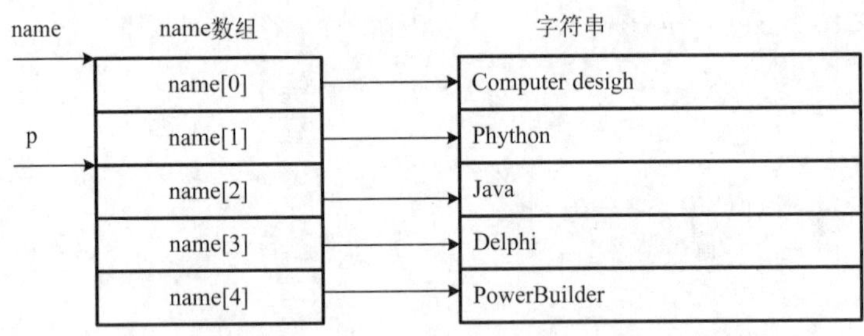

图 6-16　指向数组名的指针变量

指向指针的指针变量的赋值如下：

```
指向指针的指针变量 = 指针数组名[ + i]
```

如果有：

```
p = name+2;
printf("%o\n",*p);
printf("%s\n",*p);
```

则，第 1 个 printf 函数语句输出 name[2]的值(它是一个地址)，第 2 个 printf 函数语句以字符串形式(%s)输出字符串“Java”。

6.6.2 指向指针的指针变量的举例

例 6-12　使用指向指针的指针。

```
#include <stdio.h>
int main(){
    char *name[]={"Computer design","Phython","Java","Delphi","PowerBuilder"};
    char **p;
    int i;
    for(i=0;i<5;i++){
        p=name+i;
        printf("%s\n",*p);
    }
}
```

说明：p 是指向指针的指针变量。

程序运行结果如下：

```
Computer design
Phython
Java
Delphi
PowerBuilder
```

例 6-13　一个指针数组的元素指向数据的简单例子。

```
#include <stdio.h>
int main(){
    static int a[5]={1,3,5,7,9};
    int *num[5]={&a[0],&a[1],&a[2],&a[3],&a[4]};
    int **p,i;
    p=num;
    for(i=0;i<5;i++){
        printf("%d\t",**p);
        p++;
    }
}
```

说明：指针数组的元素只能存放地址。

6.7　综合应用实例

6.7.1 整数循环移位

例 6-14　对任意 n(n≤20)个整数构成的序列，整个序列循环右移 m 位(m<n)，末尾数据移动到序列的开始处。例如，有 10 个数据：

1，2，3，4，5，6，7，8，9，10

将其循环右移 3 位之后，序列变为：

8，9，10，1，2，3，4，5，6，7

分析问题：

(1) 针对整数序列定义一个数组 a(包含 20 个数组元素)，存放任意 n(n≤20)个整数。

(2) 每个整数依次后移 1 位，且后面的数据先移动，前面的数据后移动，避免数据丢失。如末尾数据 a[9]先暂存到变量 temp 中，然后 a[8]→a[9]、a[7]→a[8]、……、a[1]→a[2]，最后，再将暂存在 temp 中的末尾数据存放在 a[0]中，如图 6-17 所示。这个过程重复 m 次，实现循环右移 m 位。

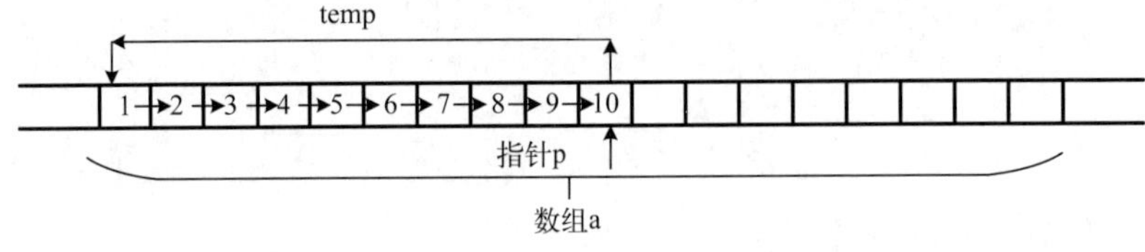

图 6-17　10 个数据循环右移

解题思路：

本程序的关键问题是，如何将 a[0]～a[n–1]循环右移 1 位？

这里使用一个指针 p，然后：

(1) p 初始指向末尾数据 a[n–1]。将末尾数据暂存到 temp 中，即：

```
p=a+n-1;  temp=*p;
```

(2) 将 p 当前所指元素的前一个元素向后移动到 p 指向的位置，即“*p=*(p–1);”。

(3) 把指针 p 前移，使其指向前一个元素，即“p– –;”。

(4) 如果 p 还没指到首元素 a[0](即 p>a)，转(2)，否则，此时 p 已指向首元素 a[0]，转(5)；

(5) 将暂存在 temp 中的末尾数据存放在首元素中，实现循环右移，即“*p=temp;”。

上述过程可以采用 while 循环来实现：

```
p=a+n-1;
temp=*p;
while(p>a){
    *p=*(p-1);   p--;
}
*p=temp;
```

把以上过程重复 m 次，就可以实现循环右移 m 位。

编写程序：

```
#include  <stdio.h>
int main(){
    int a[20],n,m;
    int i,temp;
    int *p;
    printf("n,m=");
    scanf("%d %d",&n,&m);          //输入数据个数 n 和右移位数 m
```

```
        for(i=0;i<n;i++)                    //输入 n 个数据
            scanf("%d",&a[i]);
        for(i=1;i<=m;i++){                  //循环 m 次，实现循环右移 m 次(位)
            p=a+n-1;                        //初始 p 指向末尾数据
            temp=*p;                        //暂存末尾数据
            while(p>a){                     //指针还没指向首元素 a[0]
                *p=*(p-1);
                p--;                        //数据后移，指针前移
            }
            *p=temp;                        //末尾数据移动到序列首部
        }
        printf("\n");
        for(i=0;i<n;i++)                    //输出移位后的数据序列
            printf("%d ",a[i]);
        return 0;
    }
```

运行结果：

```
n,m=10 3
1 2 3 4 5 6 7 8 9 10
8 9 10 1 2 3 4 5 6 7
```

对上述程序，请继续思考下面问题：

(1)若把语句“p=a+n−1;”移动到 for(i=1;i<=m;i++)行的前面，即放在循环之外，是否正确？为什么？

(2)若把语句“*p=*(p−1);”改为“*(p+1)=*p;”，即把 p 所指元素移动到 p+1 所指位置，程序应该如何修改？

6.7.2 数制间的转换

例 6-15 将任意一个十进制数 a(0≤a≤232−1)转换为十六进制。如输入 2809，输出相应的十六进制数 AF9。

分析问题：

1. 数据表示问题

十进制转换为十六进制，就是由一个整数经过处理得到一个十六进制字符串，如将整数 2809 进行处理后得到字符串"AF9"。题目要求整数 a 的范围是 0≤a≤232−1，可以把 a 定义为一个无符号长整型变量，即“unsigned long a;”。而相应的十六进制数最大为 FFFFFFFF，即得到的十六进制字符串最长为 8 个字符，所以，可以定义一个字符数组“char s[9];”来存放它。

2. 进制转换问题

按照一定规则(整数 a 短除 16 取余)从低位到高位依次求出十六进制数的各位，如对 2809，低到高得到字符'9'、'F'和'A'，将其构成字符串"9FA"。显然，正确的结果应该是"AF9"，所以还需要把该字符串逆置。

3. 字符串逆置

把对整数 a 处理后得到的十六进制字符串"9FA"进行逆序存放，得到"AF9"，然后输出结果。

解题思路：

本程序进制转换是关键，可以采用下面的算法：

(1) 定义一个字符指针 p 初始指向字符数组 s 的首元素，预备用来存放转换得到的十六进制的一位。

(2) 对 a 短除 16 求余数 r。

(3) 如果余数 r 只有 1 位数字，则将其转换成相应数字字符，如由 9 转换为字符'9'；否则，转换得到相应的字母字符，如 10 转换为'A'。

(4) 把转换得到的十六进制字符存放在指针 p 指向的元素中，然后指针后移。

(5) 将 a 整除 16 求出整数商，即"a = a/16;"。

(6) 如果整数商 a 还没有为 0，则转 (2) 继续转换，否则结束转换，转 (7)。

(7) 在字符数组中最后一位十六进制字符后添加串结束标志"\0"，构成字符串。

转换之后的字符串是由低位到高位的，要进行逆置处理。

编写程序：

```
#include <stdio.h>
#include <string.h>
int main(){
    unsigned long a,r;
    char s[9],*p,*q,ctemp;
    int n;
    scanf("%ld",&a);                        //输入整数
    p=s;                                    //指针 p 初始指向字符数组首元素
    do{
        r=a%16;                             //求余
        if(r<10)
            *p=r+'0';                       //将余数转换成数字字符
        else
            *p=r-10+'A';                    //将余数转换成相应字母字符
        p++;
        a=a/16;
    }while(a>0);                            //若整数商不为 0 则继续转换
    *p='\0';
    n=strlen(s);                            //求字符串 s 的长度
    for(p=s,q=s+n-1;p<q;p++,q--){           //对称字符对调
        ctemp=*p;
        *p=*q;
        *q=ctemp;
    }
    printf("%s\n",s);
    return 0;
}
```

运行结果：

```
2809
AF9
```

6.7.3　寻找区间内的素数

例 6-16　编写函数 prime_maxmin 求任意闭区间[a, b]内的所有素数的个数及其中的最大素数、最小素数。

解题思路：

首先，考虑该函数应该有哪些形参。

(1) 要调用该函数必须指出闭区间的上限和下限，形参应包含 int a、int b。

(2) 函数处理的结果有 3 个：素数个数、最大素数、最小素数。这里我们都采用指针作形参来返回结果，因此，函数返回值类型为 void。具体实现方法是，在主调函数中定义 3 个变量 count、max、min，然后把它们的地址传递给函数 prime_maxmin，函数把计算的结果直接存放在这些地址中。所以，该函数的形参还应包含：int *pcount、int *pmax、int *pmin。

函数头部应该为：

```
void prime_maxmin(int a, int b, int *pcount, int *pmax, int *pmin)
```

其次，考虑函数体的实现，即采用什么算法来实现函数的功能。可以利用 for 循环，穷举闭区间[a,b]中的每个数，判断其是否为素数，是素数则计数增 1，同时就暂时认定该素数就是最大素数，将其存放在指针 pmax 指向的变量 max 中(随后不断会有更大的素数覆盖它)，如果此时素数个数为 1，则此素数一定是最小素数，将其放入指针 pmin 指向的变量 min 中。

函数中判断某数是否为素数时，调用了函数 prime 来判断，如果是素数则 prime 函数返回 1，否则返回 0。

编写程序：

```
#include <stdio.h>
int prime(int x){                    //判断 x 是否为素数，是返回 1，不是返回 0
    int i;
    for(i = 2;i<x;i++)
        if(x%i == 0)
            return 0;
    return 1;
}
void prime_maxmin(int a,int b,int *pcount,int *pmax,int *pmin){
    int k;
    for(k = a;k< = b;k++)            //穷举[a,b]间的所有整数
    if(prime(k)){                    //判断 k 是否为素数
        *pcount = *pcount+1;         //若是素数，pcount 指向的变量中的数字增 1
        *pmax = k;                   //素数放在 pmax 指向的变量中
        if(*pcount == 1)
            *pmin = k;               //如果是第 1 个素数，一定是最小素数
    }
}
```

```
int main(){
    int a1,b1,count,max,min;
    count = 0;
    scanf("%d%d",&a1,&b1);                   //输入任意闭区间的下限 a1 和上限 b1
    prime_maxmin(a1,b1,&count,&max,&min);  //调用函数
    printf("count = %d,max = %d,min = %d\n",count,max,min);
    return 0;
}
```

在主函数中输入指定闭区间的下限和上限，然后调用函数 prime_maxmin，将 a1、b1 的值和变量 count、max、min 的地址传递给该函数，使得函数中的指针 pcount 指向变量 count，指针 pmax 指向变量 max，pmin 指向 min。

随后，在函数 prime_maxmin 中，求出闭区间[a,b]内的所有素数并计数，同时求出最大素数和最小素数，直接存放在各自指针所指向的变量空间中。

程序运行结果如下：

```
50 100
count = 10,max = 97,min = 53
```

指定的闭区间为[50, 100]，其中有 10 个素数，最大素数为 97，最小素数为 53。

请读者思考，函数调用时，实参涉及的变量 count、max、min 是否需要事先赋值或初始化？

从 prime_maxmin 函数中看出，*pcount 要进行累加，必须赋初值为 0，这个 0 可以在该函数中设置，即函数开始增加语句“*pcount = 0;”，由于 pcount 指向的就是 count，所以也可以在主函数中直接给变量 count 赋值为 0，本程序采用了后者方法。而 max 和 min 无论初值如何，在函数中都会被求得的最大素数和最小素数覆盖掉，所以，无需初始化，当然这里的前提是假设[a, b]间有素数存在。

6.7.4　运用指针插入排序

例 6-17　对指定数组 a(数据已经升序排好)，给出一个数据 key，若数组中存在该数据，则求出其位置(下标)，否则，将该数据插入数组中使之仍然有序。

分析问题：

假设有数组 a，目前存放了 n = 10 个元素，已经有序：

a[0]	a[1]	a[2]	a[3]	a[4]	a[5]	a[6]	a[7]	a[8]	a[9]
3	6	8	10	16	20	28	42	50	72

若给出数据 key = 28，在数组中查找 key，a[6]与 key 相同，返回 key 出现的位置(下标)为 6；若给出数据 key = 29，在数组中没有与 key 相同的元素，此时把 key 插入该数组中，使之仍然有序。即：

a[0]	a[1]	a[2]	a[3]	a[4]	a[5]	a[6]	a[7]	a[8]	a[9]	a[10]
3	6	8	10	16	20	28	29	42	50	72

这里涉及两部分功能，一个是查找，一个是插入排序。可以编写两个函数分别实现。

1. 查找

定义函数时很重要的一点是函数参数的设置。这是函数与外部的接口。一部分参数用来

传入要处理的数据，另一部分用来传出处理的结果。

当调用查找函数时，应该传入的数据包括：一组数据、该组数据的个数、要查找的数据；要传出的结果是：查找的结果(找到元素的位置，若找不到返回−1)。这里我们重点介绍一组数据如何传入。

C 语言中，一组数据传递给函数实际上是通过传递该数组的首地址来实现的，既然实参是首地址(指针)，形参就应该是指针变量，所以这里的查找函数可以定义为：

```
void bio_search(int *a, int n, int key, int *position){
    在 a[0]～a[n-1]中查找 key……
}
```

该函数的调用如下：

```
int b[20] = { 3,6,8,10,16,20,28,42,50,72},x = 28,xp;
                                    //xp 存放 x 在数组 b 中的位置(下标)
bio_search(b,10,x,&xp);             //实参 b 是数组名，即数组 b 的首地址
```

这里实参是数组名 b(即数组首元素地址)，形参是指针变量 a，bio_search 函数被调用时，实参和形参结合，指针 a 就指向了 b 数组的首元素，随后就可以在 b 数组的前 n 个元素中查找指定数据 key。

上面函数 bio_search 的形参 int *a 也可以写成 int a[ ]或 int a[10]。例如函数形式为：

```
void bio_search(int a[ ], int n, int key, int *position){
    在 a[0]～a[n-1]中查找 key……
}
```

实际上，编译系统在处理 int a[ ]或 int a[10]时只要方括号中不是负数，编译都认为没错，但括号里面的数字并没有实际意义，编译系统本质上就是把 a 理解为一个指针变量，即 int *a。

数组名 b 作实参和形参 a 的结合关系如图 6-18 所示。

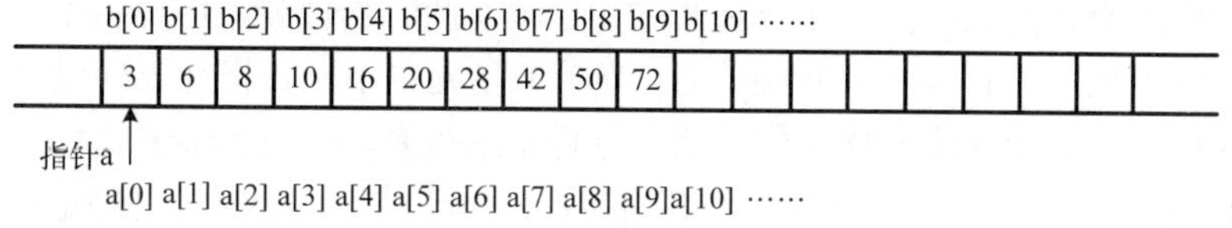

图 6-18　数组实参与形参结合关系

参数结合时实参数组 b 的首地址传递给形参指针 a，a 就指向了 b 数组的首元素，就可以在 bio_search 函数中用 a[0]、a[1]、a[2]、……形式访问和处理 b 数组中 b[0]、b[1]、b[2]、……了。但处理到哪个元素为止，即有多少个元素却无从知晓，因此，调用函数时除了要传递数组首元素地址，还要传递元素的个数，所以上面 search 函数中又包含了形参 int n。

2. 插入排序

类似地，插入排序函数的参数也应包含：一组数据的首地址、该组数据的个数、要插入的数据。可以定义为：

```
void insert_sort(int *a, int n, int key){
    对 a[0]～a[n-1]进行插入排序……
}
```

该函数的调用如下：

```
insert_sort(b,10,x);     //实参 b 是数组名，即数组 b 的首地址
```

参数结合与图 6-18 所示相同。此时，a 指针开始指向的一片连续内存空间可以看作数组 a，该连续空间同时又是数组 b 的空间，因此，函数体中对 a 数组的排序也影响着 b 数组。所以，当函数调用结束时，b 数组的数据也已经排好序，无形中将函数处理的结果也“返回”给了主调函数。

解题思路：

1. 查找函数的算法实现

```
void bio_search(int *a, int n, int key, int *position){
    在 a[0]～a[n-1]中采用折半查找的算法查找 key……
}
```

2. 插入排序函数的算法实现

主要解决的问题是：

(1) 确定插入的位置。

可以采用从后向前依次比较的方法来确定插入位置：指针 p 初始指向末尾数据，即“p = a+n−1;”，如果 key>*p 则确定插入位置在 p 所指元素之后；否则，指针 p 前移，即“p− −;”，重复刚才的判断过程。即：

```
p = a+n-1;
while(key< = *p&& p> = a)
p--;
```

由于有可能要插入的 key 比第 1 个元素 a[0]还小，此时指针就不应该再继续前移了。因此，在循环条件中加入了 p> = a，即 key 比 p 当前所指元素小，且指针 p 还没有超过第 1 个元素时，进入循环，指针继续前移一位。这个过程不断重复，一直到 key 比*p 大了，或者 p 已经超过 a[0]，指向了不合法的数组元素 a[−1]为止，循环结束。此时，已确定插入位置就在当前 p 所指元素之后。

(2) 在 p 所指元素后插入 key。

插入 key 的位置及过程如图 6-19 所示。p 当前指向 a[6]，a[7]～a[9]逐个后移，然后把 key 放入 a[7]中。实际上元素的后移可以在(1)中确定插入位置的同时进行，边比较边后移。

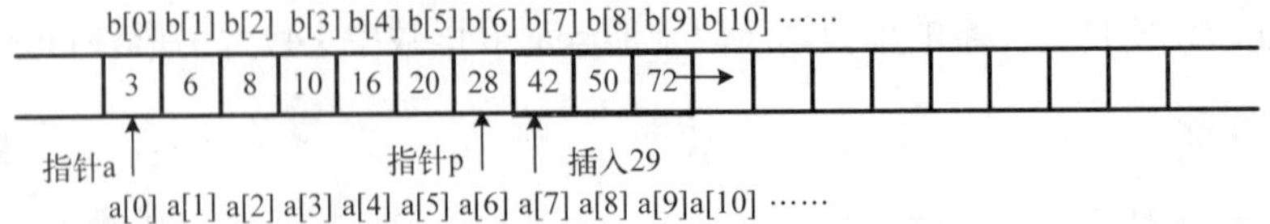

图 6-19　插入 key

主要程序段如下：

```
p=a+n-1;
while(key<=*p&& p>=a){
    *(p+1)=*p;             //p 所指元素后移一位
    p--;
}
*(++p)=key;                //把 key 放在 p 所指元素后面
```

编写程序：

```
#include <stdio.h>
void bio_search(int *a, int n, int key, int *position){
    int low=0,high=n-1,mid;
    mid=(low+high)/2;
    while(key!=a[mid]&&low<=high){
        if (key<a[mid]) high=mid-1;
        else low=mid+1;
        mid=(low+high)/2;
    }
    if(low>high) *position=-1;  //未找到返回-1
        else *position=mid;
}
void insert_sort(int *a, int n, int key){
    int *p;
    p=a+n-1;
    while(key<=*p && p>=a) {
        *(p+1)=*p;                 //p 所指元素后移一位
        p--;
    }
    *(++p)=key;                    //把 key 放在 p 所指元素后面
}
int main(){
    int b[20]={3,6,8,10,16,20,28,42,50,72},x,n=10,xp,i;
                                   //xp 存放 x 在数组 b 中位置
    printf("b array:\n");
    for(i=0;i<n;i++)               //输出查找(插入)前的 b 数组数据
        printf("%d ",b[i]);
    printf("\n");
    printf("input x:");
    scanf("%d",&x);                //输入要查找(插入)的数据 x
    bio_search(b,n,x,&xp);         //实参 b 是数组名，即数组 b 的首地址
    if(xp==-1){             //如果 b 数组中不存在 x，则插入 x，否则输出找到的位置
        insert_sort(b,n,x);        //实参 b 是数组名，即数组 b 的首地址
        n++;                       //数组中数据个数增 1
        for(i=0;i<n;i++)
            printf("%d ",b[i]);
    }else{
```

```
        printf("found %d at b[%d]!\n",x,xp);//输出 x 所在位置(下标)
    }
    return 0;
}
```

6.8 习　　题

一、选择题

1．设有定义“double a[10],*s = a;”，以下能代表数组元素 a[3]的是(　　)。

A．(*s)[3]　　B．*(s+3)　　C．*s[3]　　D．*s+3

2．设有定义“int n1 = 0,n2,*p = &n2,*q = &n1;”，以下赋值语句中与语句“n2 = n1;”等价的是(　　)。

A．*p = *q　　B．p = q　　C．*p = &n1;　　D．p = *q

3．若有定义“int x = 0,*p = &x;”，则语句“printf("%d\n",*p);”的输出结果是(　　)。

A．随机值　　B．0　　C．x 的地址　　D．p 的地址

4．有以下程序，运行结果是(　　)。

```
int main(){
    int a[10] = {1,2,3,4,5,6,7,8,9,10},*p = &a[3],*q = p+2;
    printf("%d\n",*p+*q);
}
```

A．16　　B．10　　C．8　　D．6

5．下面程序段的运行结果是(　　)。

```
char str[] = "ABC",*p = str;
printf("%d\n",*(p+3));
```

A．67　　B．0　　C．随机值　　D．'0'

6．有以下定义，则 p+5 表示(　　)。

```
int a[10], *p = a;
```

A．元素 a[5]的地址　　B．元素 a[5]的值

C．元素 a[6]的地址　　D．元素 a[6]的值

7．语句“int(*ptr)();”的含义是(　　)。

A．ptr 是指向一维数组的指针变量

B．ptr 是指向 int 型数据的指针变量

C．ptr 是指向函数的指针，该函数返回一个 int 型数据

D．ptr 是一个函数名，该函数的返回值是指向 int 型数据的指针

8．若有以下语句:

```
int a[10] = {1,2,3,4,5,6,7,8,9,10},*p = a;
```

则数值为 6 的表达式是(　　)。

A. *p+6　　B. *(p+6)　　C. *p+ = 5　　D. p+5

9. 若有以下语句：

```
int w[3][4] = {{0,1},{2,4},{5,8}};
int (*p)[4] = w;
```

则数值为 4 的表达式是(　　)。

A. *w[1]+1　　B. p++,*(p+1)　　C. w[2][2]　　D. p[1][1]

10. 设有如下定义：

```
struct sk{
    int a; float b;
}data, *p;
```

若有“p = &data;”，则对 data 中的 a 域的正确引用是(　　)。

A. (*p).data.a　　B. (*p).a　　C. p->data.a　　D. p.data.a

二、填空题

1. 以下程序先输入数据给数组 a 赋值，然后按照从 a[0]到 a[4]的顺序输出各元素的值，最后再按照从 a[4]到 a[0]的顺序输出各元素的值。请填空。

```
#include<stdio.h>
int main(){
    int a[5];
    int i,*p;
    p = a;
    for(i = 0;i<5;i++)
        scanf("%d",p++);
  ___(1)___
    for(i = 0;i<5;i++,p++)
        printf("%d",*p);
    printf("\n");
  ___(2)___
    for(i = 4;i> = 0;i--,p--)
        printf("%d",*p);
    printf("\n");
    return 0;
}
```

2. 以下程序的功能是：将无符号八进制数构成的字符串转换为十进制数。例如，输入的字符串为八进制数 556，则输出为十进制数 366。请填空。

```
#include "stdio.h"
int main(){
    char *p,s[6];
    int n;
  ___(1)___
    gets(p);
```

```
    n = *p-'0';
    while(___(2)___! = '\0')
        n = n*8+*p-'0';
    printf("%d\n",n);
    return 0;
}
```

3．以下程序调用 findmax 函数，求数组中最大的元素在数组中的下标。请填空。

```
#include<stdio.h>
void findmax(int *s, int n, int *k){
    int p;
    for(p = 0, *k = p;p<n;p++)
        if(s[p]>s[*k])
            ____(1)____;
}
int main(){
    int a[10],i,k;
    for(i = 0;i<10;i++)
        scanf("%d",&a[i]);
    ___(2)___;
    printf("%d,%d\n",k,a[k]);
    return 0;
}
```

4．下面程序的功能是将字符串 b 复制到字符串 a 中。请填空。

```
#include<stdio.h>
void s(char *s,char *t){
    while(____(1)____)
        ____(2)____;
    *s = '\0';
}
int main() {
    char a[20],b[10];
    scanf("%s",b);
    s(____(3)____);
    puts(a);
    return 0;
}
```

5．下面程序是将 p 指向的常量字符串中的大写字母取出依次放到 b 数组中，小写字母取出依次放在 a 数组中。请填空。

```
#include<stdio.h>
int main(){
    char a[80],b[80],*p = "lYoOvUe";
    int i = 0,j = 0;
    while(___(1)___){
```

```
        if(*p>='a'&&*p<='z')
            ____(2)____;
        else
            b[j++]=*p;
        p++;
    }
    ____(3)____;
    puts(a);puts(b);
    return 0;
}
```

三、程序分析题

1. 阅读程序写结果

```
#include<stdio.h>
int main(){
    int a[]={2,4,6,8,10};
    int y=1,x,*p;
    p=&a[1];
    for(x=0;x<3;x++)
        y+=*(p+x);
    printf("%d\n",y);
    return 0;
}
```

2. 阅读程序写结果

```
#include<stdio.h>
int main(){
    char *s="121";
    int k=0,a=0,b=0;
    do{
        k++;
        if (k%2==0){a=a+s[k]-'0';continue;}
        b=b+s[k]-'0';
        a=a+s[k]-'0';
    }while (s[k+1]);
    printf("k=%d a=%d b=%d\n",k,a,b);
    return 0;
}
```

3. 程序问答

```
#include <stdio.h>
#include <string.h>
int main(){
    char b1[8]="abcdefg",b2[8],*pb=b1+3;
    while(--pb>=b1) strcpy(b2,pb);
```

```
    printf("%d\n",strlen(b2));
    return 0;
}
```

问题 1：该程序运行结果如何？

问题 2：当 while 循环结束时，pb 指向哪里？

问题 3：若--pb 改为 pb--结果又如何？

4．程序问答

```
#include <stdio.h>
void fun1(char *s,char *c){
    char *p,*q;
    for(p=s;*p!='\0';p++)
        if(*p==*c){
            for(q=p;*q!='\0';q++)
                *q=*(q+1);
            p--;
        }
}
int main(){
    char str[20]="attactet",c1='t';
    fun1(str,&c1);
    puts(str);
    return 0;
}
```

问题 1：程序运行结果？

问题 2：函数 fun1 的功能是什么？

问题 3：如果将函数 fun1 中的语句“p– –;”去掉，程序结果又怎样？

5．程序改错

下面程序将给定字符串循环左移 1 位，首字符移动到字符串的末尾。如输入“abcde”，输出结果为“bcdea”。

```
#include <stdio.h>
void move1(char *s){
    char *p,t;
    p=s+1;
    *********found*********
    t=s;
    while(*p){
    *********found*********
        *p=*(p-1);
        p++;
    }
    *********found*********
    *p=t;
}
```

```
int main(){
    char *p,str[10] = "abcde";
    move1(str);
    printf("%s\n",str);
    return 0;
}
```

四、编程题

以下程序均要求使用指针来实现。

1. 编函数，分别求给定字符串中大写字母、小写字母、空格、数字、其他符号的数目。

2. 编函数，把给定字符串从 m 开始的字符复制到另一个指定的字符串中。

3. 编函数 insert(char * s1,char * s2,int v)，在字符串 s1 的第 v 个字符处插入字符串 s2。若 s1 = "abcde"，s2 = "123"，v = '2'，则插入后 s1 = "ab123cde"。

4. 编函数，用指针作参数，实现把字符串 str 反向存放。

5. 编函数，用指向指针的指针实现对给定的 n 个整数按递增顺序输出，要求不改变这 n 个数原来的顺序。

6. 编函数，对给定的 n 个整数进行位置调整。调整方案是：后面 m 个数移到最前面，而前面的 n–m 个数顺序向后串。例：n = 5，5 个数为：1，2，3，4，5，m = 3。移动后的顺序为：3，4，5，1，2。

7. 编函数，输入一个字符串，例如：

   123bc456　　d7890 * 12///234ghjj987

   把字符串中连续数字合并，作为整数存入 int 类型数组中，并输出。

8. 将十进制数转换成二进制数的字符串形式输出。

9. 计算字符串的长度。

10. 寻找数组中的最大值和最小值。

第 7 章　结　构　体

在现实中，经常遇到这样的问题，几个数据之间有着密切的联系，它们用来描述一个事物的多个方面，但是这些数据的数据类型并不相同(当然也可以相同)。例如，职工的记录，可由工号、姓名、性别、工龄、年龄、工资等数据组成。这些数据共同描述了一个职工的不同方面，在应用中需要将这些相同类型或不同类型的数据作为一个整体来进行处理。为此，C 语言提供了一种构造类型——结构体。学习结构体之后，程序设计人员可以根据需要自定义多种结构体类型，用于描述不同类型的事物。

本章介绍结构体类型、结构体类型变量、结构体数组、结构体类型的变量作为函数参数、结构体指针变量、链表等内容。

7.1　结构体类型

作为一种自定义的数据类型，在使用结构体时，必须先对其进行定义。结构体类型是由若干数据组成的。组成结构体类型的每一个数据称为成员。定义结构体类型就是确定该类型中包括哪些成员，各成员属于什么数据类型。

定义结构体类型的一般形式：

```
struct 结构体类型名 {
    数据类型 成员名 1;
    数据类型 成员名 2;
    ……
    数据类型 成员名 n;
};
```

其中，“struct”是定义结构体类型的关键字；结构体类型名由用户自行定义，需要符合标识符的命名规则；每个成员项后用分号结束，整个结构体定义也用分号结束。

例如，某学生的基本情况由学号(number)、姓名(name)、性别(sex)、生日(birthday)、籍贯(province)组成，这些不同类型的信息构成了学生情况。其中成员“生日”由年(year)、月(month)、日(day)3 个成员组成。首先定义该结构体类型：

```
struct date {
    int year;
    int month;
    int day;
};
```

下面定义学生(student)结构体类型：

```
struct student {
    int number;
    char name[20];
```

```
    char sex;
    struct date birthday;        //birthday 的类型是 struct date 结构体类型
    char province[30];
};
```

说明：

(1)结构体中的成员可以单独使用，与普通变量作用等同。

(2)结构体中的成员名可以与程序中的变量名相同，二者代表不同对象。

(3)类型与变量是不同的概念，不要混同。可以对变量赋值、存取或运算，而不能对一个类型赋值、存取或运算。只能对变量分配空间，而不能对类型分配空间。

(4)结构体成员的类型也可以是结构体类型，例如，生日(birthday)类型是 struct date 结构体类型，这就是结构体的嵌套。

7.2　结构体类型变量

7.2.1　结构体类型变量的定义

定义结构体仅仅是定义结构体的构成，即数据结构，必须通过结构体变量才能使用自定义的数据结构。定义结构体类型之后就可以定义结构体类型变量，简称结构体变量。结构体变量的定义有 3 种方法。

(1)先定义结构体类型再定义变量。

一般形式为：

```
struct  结构体名 {
    成员表列
};
结构体类型 变量名表列;
```

例如：

```
struct date {
    int year;
    int month;
    int day;
};
struct date  date1, date2;
```

(2)在定义类型的同时定义变量。

一般形式为：

```
struct 结构体名 {
    成员表列
} 变量名表列;
```

例如：

```
struct date {
    int year;
    int month;
    int day;
}date1, date2;
```

(3) 直接定义结构体类型变量。

一般形式为：

```
struct {
    成员表列
}变量名表列;
```

即不出现结构体名。

例如：

```
struct {
    int year;
    int month;
    int day;
}date1, date2;
```

7.2.2　结构体变量的引用

定义了结构体类型的变量后就可以对其进行引用了，如赋值、存取和运算等。引用结构体变量通常是通过引用它的成员来实现的。引用结构体变量中成员的方式为：

```
结构体变量名.成员名
```

例如：date1.year 表示结构体变量 date1 中的成员 year。

说明：

(1)“.”是成员分量运算符，是所有运算符中优先级最高的。因此，(date1.year)++等价于 date1.year++。

(2) 如果成员本身又属于一个结构体类型，则要用若干个成员运算符，一级一级地找到最低的一级的成员，并且只能对最低级的成员进行赋值或存取以及运算。例如：

```
struct date {
    int year;
    int month;
    int day;
};
struct student {
    int number;
    char name[20];
    char sex;
    struct date birthday;        //birthday 的类型是 struct date 结构体类型
    char province[30];
}stu;
```

引用方法是：stu.birthday.year。

(3)使用结构体变量时，不能将结构体变量作为一个整体进行处理，例如不能这样引用：

```
printf("year = %d  month = %d  day = %d", stu);
```

应引用结构体变量中的最后一级成员，例如：

```
printf("year = %d,month = %d,day = %d", stu.birthday.year,stu.birthday.month,
stu.birthday.day);
```

(4)结构体变量在使用时和普通类型的变量一样，可以参加多种运算。例如：

```
stu.birthday.year++;
stu.birthday.year = 2011;
```

(5)可以引用结构体变量的地址和结构体成员的地址。

```
scanf("%d",&stu.number);      //从键盘给 stu.number 成员赋值
printf("%o",&stu);            //按八进制输出结构体变量 stu 的地址
```

结构体变量的地址主要用作函数参数，传递结构体变量的地址。

(6)在定义了结构体变量后，系统会为之分配内存单元。

例 7-1 结构体变量在内存中占用的字节数。

问题分析：本章程序均在 Dev C 集成开发环境中运行。在 Dev C 集成开发环境中，结构体占用的内存需要符合对齐和补齐的规则。对齐即假定从零地址开始对每个成员的起始地址编号，其起始地址必须是它本身字节数的整数倍。补齐即结构体的总字节数必须是它最大成员(占用内存最多的成员)所占内存的整数倍。

注意：在 Dev C 等很多集成开发环境中，计算对齐、补齐时，成员超过 4 字节按 4 字节计算。计算结构体变量在内存中占用的字节数用到的运算符为 sizeof()。

程序代码：

```
#include <stdio.h>
#include<stdlib.h>
int main() {
    struct date {
        int year;
        int month;
        int day;
    };
    struct student {
        int number;
        char name[20];
        char sex;
        struct date birthday;
        char province[30];
    }stu;
    system("cls");          //调用系统函数，作用为清屏
    printf("sizeof(stu) = %d\n",sizeof(stu));
    printf("sizeof(struct student) = %d\n", sizeof(struct student));
}
```

代码解释：

例 7-1 的输出结果“72”就是学生(student)结构体的大小。下面分析“72”是如何得到的。

(1)第 1 个成员 int number，int 类型占 4 字节。假设结构体第 1 个成员的起始地址是从 0 开始的，则第 1 个成员的地址范围是 0～3，占了 4 字节。

(2)第 2 个成员 char name[20]，字符型数组是占了 20 字节，超过 4 字节按 4 字节进行计算。第 2 个成员的起始地址是 4，可以发现起始地址是 4 的倍数，满足对齐规则，所以，这里第 2 个成员的起始地址是 4，其地址范围是 4～23，占了 20 字节。

(3)第 3 个成员 char sex，char 类型占 1 字节，不需要考虑对齐规则，所以，第 3 个成员所占的地址是 24，占了 1 字节。

(4)第 4 个成员 struct date birthday，date 结构体类型占了 12 字节，超过 4 字节按 4 字节进行计算。第 4 个成员对齐前起始地址是 25，不是 4 的倍数，所以为满足对齐规则，将 struct date birthday 成员的起始地址调整为 28，所以，第 4 个成员的地址范围是 28～39，占了 12 字节。

(5)第 5 个成员 char province[30]，字符型数组占了 30 字节，超过 4 字节按 4 字节进行计算。第 5 个成员的起始地址是 40，可以发现起始地址是 4 的倍数，满足对齐规则，所以，第 5 个成员的起始地址是 40，其地址范围是 40～69，占了 30 字节。

至此这个结构体的地址范围是 0～69，大小是 70 字节，不满足补齐规则。在这个结构中最大的成员的字节数是 30，超过 4 字节按 4 字节算。由于 70 不是 4 的整数倍，所以，为满足补齐规则，最后这个结构体的大小还要增加 2，这就是程序运行结果“72”的由来。

7.2.3　结构体变量的初始化

结构体变量的初始化就是在定义结构体变量的同时为其赋初值，各成员的初始值用大括号括起来。

方法一：

```
struct date {
    int year;
    int month;
    int day;
}d={2011,10,1};
```

方法二：

```
struct date {
    int year;
    int month;
    int day;
};
struct date d={2011,10,1};
```

7.3　结构体数组

结构体数组就是数组中的每一个数组元素都是结构体类型的数据，每个数组元素都有若干个成员，例如描述学生的学号、姓名、性别、生日和籍贯。每个班有 30 名学生，每名学生都有相同的数据结构。

7.3.1　结构体数组的定义

和定义结构体变量的方法相仿，只需说明其为数组，也有 3 种方法。

(1) 先定义结构体类型再定义结构体数组。

```
struct  student {
    long  num;              //学号
    char  name[20];         //姓名
    float  score;           //成绩
};
struct student stu[30];
```

(2) 在定义结构体类型的同时定义结构体数组。

```
struct  student {
    long  num;              //学号
    char  name[20];         //姓名
    float  score;           //成绩
}stu[30];
```

(3) 直接定义结构体数组。

```
struct {                    //不指出结构体名
    long  num;              //学号
    char  name[20];         //姓名
    float  score;           //成绩
}stu[30];
```

上述 3 种方法作用相同，结构体数组 stu 如图 7-1 所示。结构体数组元素在内存中连续顺序存放。

	num	name	score
stu[0]	110611001	zhang	65.4
stu[1]	110611002	wang	84.3
stu[2]	110611003	Li	77.0
⋮	⋮	⋮	⋮
stu[29]	110611030	zhao	90.0

图 7-1　结构体数组 stu 示例

7.3.2　结构体数组的引用

结构体数组的引用是指对结构体数组元素的引用，由于每个结构体数组元素都是一个结构体变量，因此，结构体数组的引用方法等同于结构体变量的引用。

(1) 结构体数组元素中某一个成员的引用。

形式如下：

```
结构体数组元素名称.成员名
```

例如：

```
stu[1].num;                         //表示引用数组元素stu[1]的num成员
sum = sum+stu[i].score;             //对i个同学的成绩累加
scanf("%ld,%s,%f", &stu[i].num, stu[i].name, &stu[i].score);
```

(2)结构体数组元素的引用。

可以将一个结构体数据元素赋给相同数据类型的数组元素或变量。

例 7-2　结构体数组元素引用实例。

问题分析：本例首先定义了一个学生(student)结构体类型，再定义该结构体类型的数组和变量。然后通过为数组元素和变量的成员赋值使得数组元素和变量获得值，然后打印出数组元素和结构体变量的各个成员的值。通过本程序观察结构体数组元素成员的引用方式，即“结构体数组元素名称.成员名”。

程序代码：

```
#include <stdio.h>
#include <stdlib.h>
#include <string.h>
int main() {
    struct student {
        long num;
        char name[20];
        float score;
    };
    struct student stu[2];
    struct student student1;
    stu[0].num = 110611010;
    strcpy(stu[0].name,"Apple");
    stu[0].score = 90;
    stu[1] = stu[0];
    student1 = stu[0];
    printf("num=%ld,name=%s,score=%f\n",stu[0].num,stu[0].name,stu[0].score);
    printf("num=%ld,name=%s,score=%f\n",stu[1].num,stu[1].name,stu[1].score);
    printf("num=%ld,name=%s,score=%f\n",student1.num,student1.name,student1.score);
}
```

例 7-3　给定学生成绩登记表，如表 7-1 所示。利用结构体数组计算每名同学的平均成绩并输出。

表 7-1　学生成绩登记表

学号	姓名	性别	年龄	成绩 1	成绩 2	平均成绩
110611001	Zhang	M	18	95.5	87.4	
110611002	Wang	F	19	89.3	78.5	
110611003	Zhao	F	20	76.9	78.2	

问题分析：根据表 7-1，学生信息包括学号、姓名、性别、年龄、成绩 1、成绩 2 和平均成绩 7 个字段。定义学生结构体类型时，可以将成绩 1、成绩 2 和平均成绩定义为一个一维数组，这样，学生(student)结构体类型就包括 5 个成员，即学号(num)、姓名(name)、性别

(sex)、年龄(age)和分数(score)，对应的类型分别为长整型、字符型数组、字符型、整型、浮点型数组。然后，定义学生结构体类型的数组，并按表 7-1 的值给该结构体数组初始化。接下来计算平均成绩，这里注意结构体数组元素成员的使用。

程序代码：

```
#include <stdio.h>
#include <stdlib.h>
int main() {
    int i;
    struct student {
        long num;
        char name[10];
        char sex;
        int age;
        float score[3];
    }stu[3] = { {110611001, "Zhang", 'M', 18, 95.5, 87.4},
            {110611002, "Wang", 'F', 19, 89.3, 78.5},
            {110611003, "Zhao", 'F', 20, 76.9, 78.2}};//结构体数组的初始化
    system("cls");              //调用系统函数，作用为清屏
    for(i = 0;i< = 2;i++) {
        stu[i].score[2] = (stu[i].score[0]+stu[i].score[1])/2;
        printf("%-12ld%-10s%-5c%-6d%-7.2f%-7.2f%-7.2f\n",
            stu[i].num, stu[i].name, stu[i].sex, stu[i].age,
            stu[i].score[0], stu[i].score[1], stu[i].score[2]);
    }
}
```

7.4　结构体类型的变量作为函数参数

结构体变量作为函数参数有两种情况。一种是用结构体变量的成员作参数；另一种是用结构体变量作参数。这两种方式都是“值传递”方式，使用中应当注意实参和形参的类型需要保持一致。

7.4.1　结构体成员作为函数参数

结构体成员与其类型相同的变量并无区别。结构体成员只能用作函数实参，其用法与其类型相同的普通变量完全相同，对应的形参必须是类型相同的变量。在发生函数调用时，把结构体成员的值传送给形参，实现单向传送，即“值传递”方式。

例 7-4　结构体成员作函数参数。

问题分析：本例首先定义了学生(student)结构体类型，有学号(sno)和姓名(sname)两个成员。然后定义了打印姓名函数 PrintName()，函数的形参为基类型为字符型的指针。在主函数中定义了 student 结构体类型变量 ss，并对 ss 进行初始化。在调用 PrintName()时，实参为结构体成员 ss.sname。

程序代码：

```
#include <stdio.h>
struct student {
    char sno[32];
    char sname[32];
};
void PrintName(char *name) {
    printf("sname : %s\n", name);
}
int main() {
    struct student ss = {"031202523", "zhangsan"};
    PrintName(ss.sname);      //结构体成员作函数实参
    return 0;
}
```

代码解释：

从main()开始执行，首先初始化结构体变量ss，接着调用PrintName()函数，以ss.sname作实参，其对应的形参为字符指针，所以ss.sname的值可以传递给该形参变量。从本例可以看出：

(1)用结构体成员作函数实参时，要求结构体成员类型和函数的形参类型一致；对结构体成员的处理是按与其相同类型的变量对待的。

(2)在结构体成员作函数实参时，形参变量和对应的实参变量是由编译系统分配的两个不同的内存单元。在函数调用时把实参变量的值赋予形参变量，是单向传递，即“值传送”方式。

7.4.2　结构体变量作为函数参数

结构体变量作函数参数时，结构体的变量既可以作形参，也可以作实参。要求形参和相对应的实参都必须是类型相同的结构体变量。

例7-5　输入天数和小时数，求一共有多少分钟。

问题分析：本例首先定义time结构体类型，包含天数(day)和小时数(hour)两个成员。然后，定义函数print()，其功能是根据天数和小时数计算出分钟数，并打印结果。该函数形参为time结构体类型。在主函数中首先定义time结构体类型变量minute，然后，通过输入获得天数和小时数，最后，调用print()，计算出分钟数。这里注意调用print()时，实参为time结构体类型变量minute。

程序代码：

```
#include<stdio.h>
struct time {                                    //定义结构体类型
    long int day;
    long int hour;
};
void print(struct time minute) {                 //结构体变量作参数
    long int i;
    i = (minute.day*24+minute.hour)*60;          //计算分钟数
    printf("total minute is :%ld\n",i);          //输出分钟数
```

```
    }
    int main() {
        struct time minute;                         //定义结构体变量
        printf("input day:\n");
        scanf("%ld",&minute.day);                   //输入天数
        printf("input hour:\n");
        scanf("%ld",&minute.hour);                  //输入小时数
        print(minute);                              //调用 print 函数
    }
```

代码解释：

(1) 结构体变量作函数参数，应该在主调函数和被调用函数中分别定义结构体变量，且数据类型必须一致，否则结果将出错。例如，在本例中，形参和实参是相同类型的结构体变量。

(2) 本例实参名与形参名相同，这与实参名与形参名不同的处理方法是一致的。

7.5　结构体指针变量

结构体指针变量即指向结构体变量的指针变量。结构体指针变量中的值是所指向的结构体变量的首地址。通过结构体指针即可访问该结构体变量。

定义结构体指针变量的一般形式为：

```
    struct 结构体名 *结构体指针变量名;
```

例如：

```
    struct stu {
        int num;
        char *name;
        char sex;
        float score;
    };
    struct stu  *p1,s1; //定义指向 struct stu 类型结构体的指针 p1 和结构体变量 s1
```

指针的指向操作是把结构体变量的首地址赋予该指针变量，而不能把结构体名赋予该指针变量。可以给结构体指针赋值，其一般形式为：

```
    指针名 = &结构体变量名;
```

例如：

```
    p1 = &s1;
```

通过指针引用结构体成员有两种方式：

结构体指针变量名->成员名，如 p1->num

或者

(*指针名).成员名，如 (*p1).age

例 7-6　用指针访问结构体。

问题分析：本例分别用“结构体变量名.成员名”、“(*指针名).成员名”和“结构体指针

变量名->成员名”3 种方式引用结构体成员。注意观察和掌握这 3 种引用方式。

程序代码：

```
# include "stdio.h"
# include "stdlib.h"
struct stu {
    int num;
    char *name;
    char sex;
    float score;
} stu1 = {102,"wang hong",'M',78.5},*p1;
int main() {
    p1 = &stu1;
    system("cls");                //调用清屏函数
    printf("Number = %d\nName = %s\n",stu1.num,stu1.name);
    printf("Sex = %c\nScore = %f\n\n",stu1.sex,stu1.score);
    printf("Number = %d\nName = %s\n",(*p1).num,(*p1).name);
    printf("Sex = %c\nScore = %f\n\n",(*p1).sex,(*p1).score);
    printf("Number = %d\nName = %s\n",p1->num,p1->name);
    printf("Sex = %c\nScore = %f\n\n",p1->sex,p1->score);
}
```

7.6 链　　表

本节首先介绍两个常用的内存管理函数：内存空间分配函数与内存空间释放函数。在实际应用中，可能出现所需的内存空间无法预先确定的情况，因此，C 语言提供了一些内存管理函数。使用这些函数时，必须包含 stdlib.h 头文件。

1. 分配内存空间函数 malloc()

调用格式：

```
(类型说明符*)malloc(size)
```

功能：如果分配成功，在内存的动态存储区中分配一块长度为 size 字节的连续区域，函数的返回值为该区域的首地址。如果分配失败，则返回 NULL。

说明：

(1)类型说明符表示把该区域用于何种数据类型。

(2)(类型说明符*)表示把返回值强制转换为该类型指针。

(3)size 是一个无符号整数。

例如：

```
pc = (char *)malloc(100);        //分配 100 字节的内存空间，用于存放字符
```

2. 释放内存空间函数 free()

调用格式：

```
void free(void *ptr);
```

功能：释放 ptr 所指向的一块内存空间。ptr 是一个任意类型的指针变量，它指向被释放区域的首地址。被释放区应是由 malloc 函数所分配的区域。

例 7-7　分配一块区域，输入一个学生数据。

问题分析：在本例中，定义了结构体类型 stu 和指向结构体 stu 类型的指针变量 ps。首先，申请一块结构体 stu 大小的内存区域，并使 ps 指向该区域；然后，通过 ps 为结构体的各成员赋值，并输出各成员值；最后，释放 ps 指向的内存空间。

程序代码：

```
# include "stdlib.h"
# include "stdio.h"
int main(){
    struct stu{                    //定义结构体
        int num;
        char *name;
        char sex;
        float score;
    }*ps;                          //定义结构体指针
    system("cls");                 //调用系统函数，作用为清屏
    ps = (struct stu*)malloc(sizeof(struct stu));
    //申请一块可容纳 stu 类型结构体的空间
    ps->num = 102;                 //给结构体各个成员赋值
    ps->name = "wang hong";
    ps->sex = 'M';
    ps->score = 62.5;
    printf("Number = %d\nName = %s\n",ps->num,ps->name);        //输出
    printf("Sex = %c\nScore = %f\n",ps->sex,ps->score);
    free(ps);                      //释放所占内存空间
}
```

整个程序包含申请内存空间、使用内存空间和释放内存空间 3 个步骤，实现了存储空间的动态分配。动态分配的方法每次分配一块空间，称为一个结点。需要多少个结点就可以申请分配多少块内存空间。这种动态分配方法与结构体数组的主要区别是，数组中的数组元素的个数是确定的；而动态分配的结点数可以通过结点的建立或删除动态地发生改变。另外，数组必须占用一块连续的内存区域；而动态分配方法的结点可以不连续存储，结点之间的前驱后继关系可以用指针实现。

链表就是一种动态数据结构。链表由头指针和结点组成。头指针存放一个地址，该地址指向链表第 1 个元素。结点由用户需要的实际数据和连接结点的指针构成，结点为结构体类型的数据。

如图 7-2 所示，第 0 个结点为头指针，它存放了第 1 个结点的首地址。从第 1 个结点开

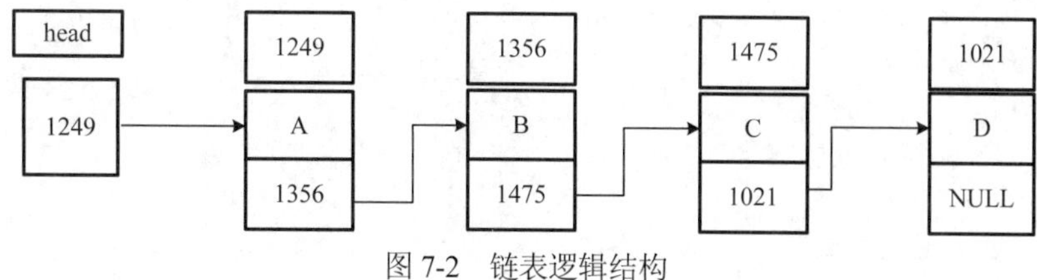

图 7-2　链表逻辑结构

始，每个结点都分为两个域，一个为数据域，存放各种实际的数据；另一个为指针域，存放下一结点的首地址，根据此指针可以找到下一结点。最后一个结点的指针域为 NULL。链表的建立需要使用结构体及指针。

例如：

```
struct student {
    int num;
    float score;
    struct student *next ;
};
```

结构体类型 student 中前两个成员组成数据域，用于存放学生学号 num 和成绩 score。第 3 个成员 next 构成指针域，它是一个指向 student 类型结构体变量的指针，用于存放下一个结点的地址，如图 7-3 所示。

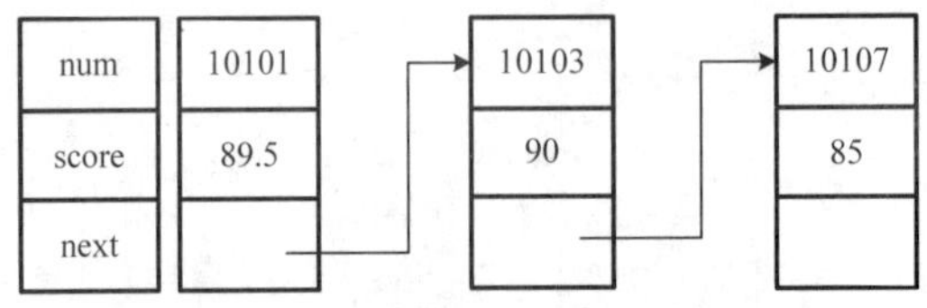

图 7-3　链表中的结构体结点示例

例 7-8　建立一个 3 个结点的链表，存放学生数据。为简单起见，假定学生数据结构中只有学号和分数两项。

问题分析：在本例中，首先定义了结构体类型 student，该结构体类型包括 3 个成员，分别为学号(num)、成绩(score)和一个指向 student 类型结构体变量的指针(next)，用于存放下一个结点的地址。在主函数中定义了基类型为 student 的头指针 head 和 p，首先给 3 个结点的各个成员赋值，通过对各结点指针域 next 赋值使得各个结点连接起来。

程序代码：

```
#include "stdio.h"
struct student {
    long num;
    float score;
    struct student *next;
};
int main() {
    struct student a,b,c,*head,*p;
    a. num = 99101;
    a.score = 89.5;
    b.num = 99103;
    b.score = 90;
    c.num = 99107;
    c.score = 85;
    head = &a;
    a.next = &b;
```

```
        b.next = &c;
        c.next = NULL;
        p = head;
        do {
            printf("%ld %5.1f\n",p->num,p->score);
            p = p->next;
        } while(p! = NULL);
}
```

运行结果：

```
99101 89.5
99103 90.0
99107 85.0
```

所建立的链表如图 7-4 所示。

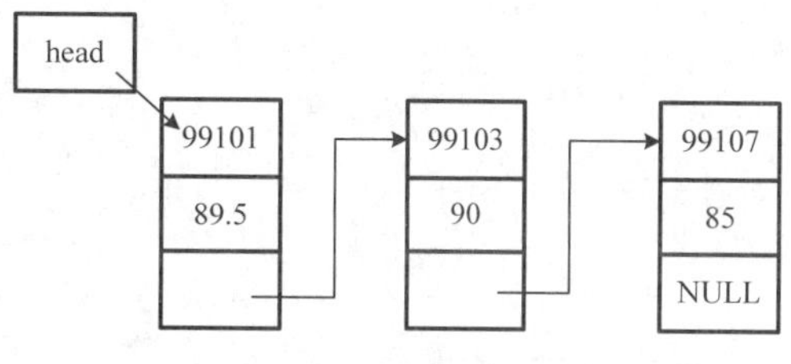

图 7-4　例 7-8 所建立的链表

最后，总结一下链表的特点：结点是通过指针连接的；结点数据可以不连续存放；必须使用结构体和指针技术。

7.7　数 值 方 法

7.7.1　复数的乘除

对两个复数做基本的乘除运算，运算规则为：

乘法：$(a+b\mathrm{i})*(c+d\mathrm{i})=(ac-bd)+(ad+bc)\mathrm{i}$

除法：$(a+b\mathrm{i})/(c+d\mathrm{i})=((a+b\mathrm{i})*(c-d\mathrm{i}))/(c^2+d^2)$

例 7-9　输入两个复数的实数部分与虚数部分进行运算，输出两个复数的乘法和除法结果。

问题分析：由于复数分为实数部分和虚数部分，可以构建 complex 结构体，并根据复数乘法和除法的预算规则进行两个复数的乘除法运算，并输出结果。

程序代码：

```
#include <stdio.h>
typedef struct complex {
    double re;
    double im;
}COMPLEX;
void ComplexInput(COMPLEX *complex) {
```

```
    printf("请输入复数的实部和虚部：\n");
    scanf("%lf%lfi",&complex->re,&complex->im);
}
void ComplexOutput(const COMPLEX *complex) {
    printf("%.2lf%+.2lfi",complex->re,complex->im);
}
//复数乘法
COMPLEX ComplexMul(const COMPLEX *x, const COMPLEX *y) {
    COMPLEX r;
    r.re=(x->re * y->re)-(x->im * y->im);
    r.im=(x->re * y->im)+(x->im * y->re);
    return r;
}
//复数除法
COMPLEX ComplexDiv(const COMPLEX *x, const COMPLEX *y) {
    COMPLEX s;
    if(y->re!=0&&y->im!=0) {
        double w=(y->re * y->re + y->im * y->im);
        s.re=((x->re * y->re)+(x->im * y->im))/w;
        s.im=-((x->re * y->im)-(x->im * y->re))/w;
    }
    if(y->re==0&&y->im==0) {
        printf("Divided by zero!\n");
        return *y;
    }
    return s;
}
int main() {
    COMPLEX a, b, r, s;
    ComplexInput(&a);
    ComplexInput(&b);
    printf("乘法：");
    r=ComplexMul(&a, &b);
    ComplexOutput(&r);
    putchar('\n');
    printf("除法：");
    s=ComplexDiv(&a,&b);
    ComplexOutput(&s);
    putchar('\n');
    return 0;
}
```

运行结果：

```
请输入复数的实部和虚部：
3.2 5.2<CR>
请输入复数的实部和虚部：
```

```
0.8 -3.2<CR>
乘法：19.20-6.08i
除法：-1.29+1.32i
```

7.7.2 用二分法求解非线性方程

在第 4 章介绍了 3 种非线形方程求解的方法：简单迭代法、牛顿法和弦截法。本节介绍求解非线性方程的另一种方法：二分法。

二分法求解步骤如下：

(1) 假定 $f(x)=0$ 在 $[a,b]$ 内有唯一单实根 x^*，考察有根区间 $[a,b]$。

(2) 取中点 $x_0=(a+b)/2$，若 $f(x_0)=0$，则 $x^*=x_0$，若 $f(x_0)f(a)>0$，则 x 在 x_0 右侧，令 $a_1=x_0$，$b_1=b$；若 $f(x_0)f(a)<0$，则 x 在 x_0 左侧，令 $a_1=a$，$b_1=x_0$。

(3) 以 $[a_1,b_1]$ 为新的隔根区间，且仅为 $[a,b]$ 的一半，对 $[a_1,b_1]$ 重复前过程，得新的隔根区间 $[a_2,b_2]$，如此二分下去，得一系列隔根区间：

$$\cdots\cdots\subset[a_k,b_k]\subset\cdots\subset[a_2,b_2]\subset[a_1,b_1]\subset[a,b]$$

其中每个区间都是前一区间的一半，故 $[a_k,b_k]$ 的长度：$b_k-a_k=(b-a)/2^k$。

(4) 当 k 趋于无穷时，长度趋于 0，即若二分过程无限继续下去，这些区间最后必收敛于一点 x^*，即方程的根。

为理解二分法，介绍两个定理。

介值定理：设函数 $f(x)$ 在区间 $[a,b]$ 连续，且 $f(a)f(b)<0$，则方程 $f(x)=0$ 在区间 $[a,b]$ 内至少有一个根。

二分法的收敛定理：设 x 为方程 $f(x)=0$ 在 $[a,b]$ 内唯一根，且 $f(x)$ 满足 $f(a)f(b)<0$，则由二分法产生的第 n 个区间 $[a_n,b_n]$ 的中点 x_n 满足不等式：$|x_n-x|\leqslant(b-a)/2^{n+1}$。

二分法的优点是思路简单，效率高；缺点是使用该方法需要使用者确定唯一有根的大致区间，也就是说使用该方法的前提是相对苛刻的，这也决定了该方法应用的局限性。

例 7-10 求解方程 $x^3-3x^2-x+3=0$ 的实根。

问题分析：

(1) 程序设计循环输入两个边界值，即 leftBorder 和 rightBorder 的初值，直到 f(leftBorder) 与 f(rightBorder) 的乘积为负数才停止。这里注意：输入必须保证方程的某个根在[leftBorder, rightBorder]区间，这样的 leftBorder 和 rightBorder 的初值才有意义，即使用二分法需要使用者确定唯一有根的大致区间。

(2) 令 value=(leftBorder+rightBorder)/2，若此刻证明了 leftBorder 要被 value 替代了，即区间变成了[value,rightBorder]；若 f(value)* f(rightBorder) > 0，此刻证明了 rightBorder 要被 value 替代了，即区间变成了[leftBorder, value]。

(3) 程序何时结束涉及精度的问题，最精准的方程根的函数值是 0，那么就用 f(value) 与 0 比较，相差在自己设置的精度(一般是 10^{-6}，C 语言中写作：1e–6)以内，则可以把 value 近似当作方程的根。

根据二分法，求解上述方程的程序设计如下：

```
#define N 10
#include <stdio.h>
#include <string.h>
#include <math.h>
double f(double x){
    return (x*x*x - 3*x*x - x + 3);
}
struct Border {
    double leftBorder;
    double rightBorder;
};
int main() {
    printf("请输入试验次数:");
    int times;
    scanf("%d", &times);
    struct Border border[N];
    int i;
    for (i=0; i < times; i++) {
        double value;//x1,x2 代表区间左右边界, xx 代表方程根的值
        do {
            printf("请分别输入左端点和右端点:");
            scanf("%lf %lf", &border[i].leftBorder, &border[i].rightBorder);
        } while (f(border[i].leftBorder)*f(border[i].rightBorder) > 0);
            /*保证 f(x1)和 f(x2)是异号, 这样才可以进行下一步的精准区间, 否则, 重
新输入 x1、x2 的值*/
        do {
            value=(border[i].leftBorder + border[i].rightBorder) / 2;
            if (f(value)*f(border[i].leftBorder) > 0)
                border[i].leftBorder=value;
            else
                border[i].rightBorder=value;
        } while (fabs(f(value)) >=1e-6);
            /*1e-6 代表 1*10 的-6 次方, 它的值将影响根的准确度的问题*/
        printf("方程在此区间的根%.2f\n", value);
    }
    system("pause");
    return 0;
}
```

程序的输入包括输入的次数以及区间的端点，程序的输出是一个指定区间内的根。

运行结果：

```
请输入试验次数:3<CR>
请分别输入左端点和右端点:-2 0<CR>
-1.00
```

```
方程在此区间的根-1.00
请分别输入左端点和右端点:0 2.5<CR>
1.00
方程在此区间的根 1.00
请分别输入左端点和右端点:2 5<CR>
3.00
方程在此区间的根 3.00
```

7.8 综合应用实例

7.8.1 学生成绩统计

在第5章，用数组实现了学生成绩统计。在本节中，将用结构体实现学生成绩统计，请比较一下两者的不同，并总结使用结构体的优势。

例 7-11 某班有20名学生，每名学生的数据包括学号、姓名、3门课的成绩，从键盘输入20名学生的数据，要求打印出每门课的平均成绩，以及每名学生的平均成绩并输出最高分的学生的数据(学号、姓名、3门课、平均成绩)。

问题分析：根据题目可以首先定义student结构体类型，包括学号(num)、姓名(name)、分数(score)、平均分(ave)4个成员，各个成员的类型分别为字符数组、字符数组、浮点型数组、浮点型。然后定义结构体类型数组，数组的长度为20，并通过输入给各个数组元素赋值。最后按照题目要求计算并输出学生相关成绩的统计信息。

程序代码：

```
#include <stdio.h>
struct student {
    char num[4];
    char name[8];
    float score[3];
    float ave;
};
int main() {
    struct student s1[20];
    int i,j;
    float avg1 = 0,avg2 = 0,avg3 = 0,sum = 0;
    for(i = 0;i<20;i++)
        scanf("%s%s%f%f%f", s1[i].num, s1[i].name, &s1[i].score[0],
&s1[i].score[1], &s1[i].score[2]);          //输入每个学生的3门课成绩
    for(i = 0;i<20;i++) {
        avg1+ = s1[i].score[0];        //20名学生第1门课的总成绩
        avg2+ = s1[i].score[1];        //20名学生第2门课的总成绩
        avg3+ = s1[i].score[2];        //20名学生第3门课的总成绩
        s1[i].ave = (s1[i].score[0]+s1[i].score[1]+s1[i].score[2])/3;
    }
    avg1/ = 20;                        //第1门课的平均成绩
    avg2/ = 20;                        //第2门课的平均成绩
    avg3/ = 20;                        //第3门课的平均成绩
```

```
        printf("第 1 门课平均成绩: %f ,第 2 门课平均成绩: %f ,第 3 门课平均成绩:
%f\n",avg1,avg2,avg3);
        sum = s1[0].ave;
        j = 0;                                  //设学生 j 的平均成绩最高
        for(i = 1;i<20;i++){                    //找出学生平均成绩的最大值
            if(s1[j].ave<s1[i].ave)
                j = i;
        }
        for(i = 0;i<20;i++)
            printf("第%d 名学生平均成绩: %f \n",(i+1),s1[i].ave);
        printf("平均分最高分--学号: %s, 姓名: %s, 成绩:%f %f %f, 平均分: %f\n",
s1[j].num, s1[j].name, s1[j].score[0], s1[j].score[1], s1[j].score[2], s1[j].ave);
    }
```

运行程序，首先输入成绩(满分 120 分)，运行结果：

```
    001 一 101 112 116<CR>
    002 二 101 115 118<CR>
    003 三 95 116 116<CR>
    004 四 105 108 114<CR>
    005 五 100 117 111<CR>
    006 六 97 116 109<CR>
    007 七 98 116 115<CR>
    008 八 103 115 110<CR>
    009 九 92 119 116<CR>
    010 十 95 114 112<CR>
    011 十一 101 113 114<CR>
    012 十二 92 114 111<CR>
    013 十三 100 110 116<CR>
    014 十四 96 103 115<CR>
    015 十五 102 115 108<CR>
    016 十六 105 99 112<CR>
    017 十七 84 110 116<CR>
    018 十八 95 105 116<CR>
    019 十九 93 118 106<CR>
    020 二十 100 115 114<CR>
    第 1 门课平均成绩: 97.750000 ,第 2 门课平均成绩: 112.500000 ,第 3 门课平均成绩:
113.250000
    第 1 名学生平均成绩: 109.666664
    第 2 名学生平均成绩: 111.333336
    第 3 名学生平均成绩: 109.000000
    第 4 名学生平均成绩: 109.000000
    第 5 名学生平均成绩: 109.333336
    第 6 名学生平均成绩: 107.333336
    第 7 名学生平均成绩: 109.666664
    第 8 名学生平均成绩: 109.333336
    第 9 名学生平均成绩: 109.000000
    第 10 名学生平均成绩: 107.000000
```

```
第 11 名学生平均成绩: 109.333336
第 12 名学生平均成绩: 105.666664
第 13 名学生平均成绩: 108.666664
第 14 名学生平均成绩: 104.666664
第 15 名学生平均成绩: 108.333336
第 16 名学生平均成绩: 105.333336
第 17 名学生平均成绩: 103.333336
第 18 名学生平均成绩: 105.333336
第 19 名学生平均成绩: 105.666664
第 20 名学生平均成绩: 109.666664
平均分最高分--学号: 002, 姓名: 二, 成绩:101.000000 115.000000 118.000000, 平
均分: 111.333336
```

7.8.2　“三天打鱼两天晒网”问题

例 7-12　中国有句俗语叫“三天打鱼两天晒网”。某人从1990年1月1日起开始“三天打鱼两天晒网”，问这个人在以后的某一天中是“打鱼”还是“晒网”？

问题分析：根据题意可以将解题过程分为3步。

(1)计算从1990年1月1日开始至指定日期共有多少天；

(2)由于“打鱼”和“晒网”的周期为5天，所以将计算出的天数用5去除；

(3)根据余数判断他是在“打鱼”还是在“晒网”，若余数为1、2、3，则他是在“打鱼”，否则是在“晒网”。

在这3步中，关键是第1步，求从1990年1月1日至指定日期有多少天，要判断所经历的年份中是否有闰年。C语言中判断能否整除可以使用求余运算。

程序代码：

```
#include <stdio.h>
#include <conio.h>
struct date {
    int year;
    int month;
    int day;
};
int days(struct date day);
int main() {
    struct date today, term;
    int yearday, year, day;
    puts("◇◇◇◇◇◇◇◇◇◇◇◇◇◇◇◇◇◇◇◇◇◇◇◇◇◇◇◇◇◇◇◇◇");
    puts("◇ 打鱼还是晒网?                                ◇");
    puts("◇ 中国有句俗语叫【三天打鱼两天晒网】。          ◇");
    puts("◇ 某人 20 岁从 1990 年 1 月 1 日起开始【三天打鱼两天晒网】◇");
    puts("◇ 问这个人在以后的某一天中是【打鱼】还是【晒网】?    ◇");
    puts("◇◇◇◇◇◇◇◇◇◇◇◇◇◇◇◇◇◇◇◇◇◇◇◇◇◇◇◇◇◇◇◇◇\n");
    while (1) {
        printf(" >> 请输入年 月 日【例如: 2000 1 1】: ");
        scanf("%d%d%d", &today.year, &today.month, &today.day);//输入日期
```

```
            if (today.year < 1990) {
                if (today.year < 1970)
                    puts(" >>对不起，那一年他还没出生呢！按任意键继续...");
                else
                    puts(" >> 对不起，那一年他还没开始打鱼呢！按任意键继续...");
                getch();
                continue;
            }
            if (today.year == 1990 && today.month == 1 && today.day == 1)
                break;
            term.month = 12;                     //设置变量的初始值：月
            term.day = 31;                       //设置变量的初始值：日
            for (yearday = 0, year = 1990; year < today.year; year++) {
                term.year = year;
                yearday += days(term);  //计算从 1990 年至指定年的前一年共有多少天
            }
            yearday += days(today);             //加上指定年中到指定日期的天数
            day = yearday % 5;                  //求余数
            if (day > 0 && day < 4)
                printf(" >> %d 年%d 月%d 日，他正在打鱼。\n", today.year,
today.month, today.day);                        //打印结果
            else
                printf(" >> %d 年%d 月%d 日，他正在晒网。\n", today.year,
today.month, today.day);
        }
        puts("\n >> 请按任意键退出...");
        getch();
        return 0;
    }
    int days(struct date day) {
        static int day_tab[2][13] = {{0, 31, 28, 31, 30, 31, 30, 31, 31, 30,
31, 30, 31,},{0, 31, 29, 31, 30, 31, 30, 31, 31, 30, 31, 30, 31,}, };
                                                //平均每月的天数
        int i, lp;
        lp = day.year % 4 == 0 && day.year % 100 != 0 || day.year % 400 == 0;
                    /* 判定 year 为闰年还是平年，lp = 0 为平年，非 0 为闰年*/
        for(i = 1;i<day.month;i++)          //计算本年中自 1 月 1 日起的天数
            day.day+ = day_tab[lp][i];
        return day.day;
    }
```

运行结果：

```
◇◇◇◇◇◇◇◇◇◇◇◇◇◇◇◇◇◇◇◇◇◇◇◇◇◇◇◇◇◇◇◇◇◇◇
◇ 打鱼还是晒网？                                  ◇
◇ 中国有句俗语叫【三天打鱼两天晒网】。            ◇
◇ 某人 20 岁从 1990 年 1 月 1 日起开始【三天打鱼两天晒网】 ◇
```

```
◇ 问这个人在以后的某一天中是【打鱼】还是【晒网】？　　　◇
◇◇◇◇◇◇◇◇◇◇◇◇◇◇◇◇◇◇◇◇◇◇◇◇◇◇◇◇◇◇◇◇
>> 请输入年 月 日【例如：2000 1 1】：2022 12 1<CR>
>> 2022 年 12 月 1 日，他正在打鱼。
>> 请输入年 月 日【例如：2000 1 1】：
```

7.8.3　税后工资计算

月工资扣税方法为：

各级应纳税所得额 = 工资收入金额–起征点

各级应纳税额 = 各级应纳税所得额*税率

总应纳税额 = sum(各级应纳税额)

2022 年最新个税征收标准如下，个人所得税起征点为 5000 元/月，纳税等级共分为 7 级，具体如下：

(1) 在 5000～8000 元的收入，包括 8000 元，适用个人所得税税率为 3%；

(2) 在 8000～17 000 元的收入，包括 17 000 元，适用个人所得税税率为 10%；

(3) 在 17 000～30 000 元的收入，包括 30 000 元，适用个人所得税税率为 20%；

(4) 在 30 000～40 000 元的收入，包括 40 000 元，适用个人所得税税率为 25%；

(5) 在 40 000～60 000 元的收入，包括 60 000 元，适用个人所得税税率为 30%；

(6) 在 60 000～85 000 元的收入，包括 85 000 元，适用个人所得税税率为 35%；

(7) 收入在 85 000 元以上的，适用个人所得税税率为 45%。

例 7-13　根据当前的个人所得纳税政策，按每月收入扣除各项社会保险费后的额度计算企业员工的税后工资。

问题分析：首先，建立相应的结构体；然后，输入员工的信息，存放在结构体 wage 数组中；编写计税函数，以结构体数组做函数参数，参照税收政策，按照当下的各阶段的税收方法计算，并按照收入的不同分阶段进行税收的累计，计算各位员工应缴纳的税额，将总收入减去应缴纳的总税款，得到剩余工资；最后，编写输出函数，以结构体数组作参数，列出每位员工的税后工资。

程序代码：

```
#include<stdio.h>
#include<stdlib.h>
typedef struct {
    char name[20];
    char id[30];
    int nowWages, taxWages;
}wage;
int calcuTax(wage *wagesData,int N) {
    int jud, i,temp;
    double tax;
    for (i=0; i < N; i++) {
        jud=wagesData[i].nowWages;
        tax=0.0;
        if (jud > 85000) {
```

```
            tax += (double)(jud - 85000) * 0.45;
            jud = 85000;
        }
        if (jud > 60000) {
            tax += (double)(jud - 60000) * 0.35;
            jud = 60000;
        }
        if (jud > 40000) {
            tax += (double)(jud - 40000) * 0.3;
            jud = 40000;
        }
        if (jud > 30000) {
            tax += (double)(jud - 30000) * 0.25;
            jud = 30000;
        }
        if (jud > 17000) {
            tax += (double)(jud - 17000) * 0.2;
            jud = 17000;
        }
        if (jud > 8000) {
            tax += (double)(jud - 8000) * 0.1;
            jud = 8000;
        }
        if (jud > 5000) {
            tax += (double)(jud - 5000) * 0.03;
        }
        wagesData[i].taxWages = wagesData[i].nowWages - (int)tax;
    }
    return 0;
}
int oupWages(wage *wagesData,int N) {
    int i;
    for (i = 0; i < N; i++) {
        printf("%s 税后工资: %d\n", wagesData[i].name,wagesData[i].taxWages);
    }
}
int main() {
    int N, i;
    wage *wagesData;
    printf("输入员工个数:");
    scanf("%d", &N);
    wagesData = (wage*)malloc(sizeof(wage) * N);
    printf("依次输入每个员工的姓名，工号，扣除保险后总收入:\n");
    for (i = 0; i < N; i++) {
        scanf("%s", &wagesData[i].name);
        scanf("%s", &wagesData[i].id);
```

```
            scanf("%d", &wagesData[i].nowWages);
        }
        calcuTax(wagesData,N);
        oupWages(wagesData,N);
        return 0;
    }
```

运行结果：

```
输入员工个数:4<CR>
依次输入每个员工的姓名，工号，扣除保险后总收入:
小张 001 4000<CR>
小王 002 7000<CR>
小李 003 16000<CR>
小赵 004 28000<CR>
小张税后工资: 4000
小王税后工资: 6940
小李税后工资: 15110
小赵税后工资: 24810
```

7.9　习　　题

一、选择题

1．当定义一个结构体变量时，系统为它分配的内存空间是(　　)。

A．结构中一个成员所需的内存容量

B．结构中第 1 个成员所需的内存容量

C．结构体中占内存空间最大者所需的容量

D．结构中各成员所需内存容量之和

2．有如下结构体定义：

```
struct date { int year, month, day; };
struct worklist {
    char name[20];
    char sex;
    struct date birthday;
}person;
```

对结构体变量 person 的出生年份进行赋值时，下面赋值语句正确的是(　　)。

A．year = 1958　　　　B．birthday.year = 1958

C．person.birthday.year = 1958　　　　D．person.year = 1958

3．若有以下结构体定义：

```
struct example {
    int x1;
    int y1;
};
```

则(　　)是正确的定义或引用。

A. struct example.x1 = 100;　　B. struct example xy; xy.x1 = 100;
C. struct xy; xy.x1 = 100;　　D. struct example xy = {100};

4. 设“struct {int a; char b; } Q; *p = &Q;”，下面错误的表达式是(　　)。
A. Q.a　　B. (*p).b　　C. p->a　　D. *p.b

5. 设有如下定义：

```
struct ss {
    char name[10];
    int age;
    char sex;
} std[3],* p=std;
```

下面各输入语句中错误的是(　　)。
A. scanf("%d",&(*p).age);　　B. scanf("%s",&std.name);
C. scanf("%c",&std[0].sex);　　D. scanf("%c",&(p->sex))

6. 根据下面的定义，能打印出字母 M 的语句是(　　)。

```
struct person {
    char name[9];
    int age;
};
struct person class[10] = {"John",17,"Paul",19,"Mary",18,"Adam",16};
```

A. printf("%c\n",class[3].name);　　B. printf("%c\n",class[3].name[1]);
C. printf("%c\n",class[2].name[1]);　　D. printf("%c\n",class[2].name[0]);

7. 设有如下定义：

```
struct student {
    int num;
    int age;
};
struct student stu[3]={{1001,20},{1002,19},{1003,21}};
int main(void ) {
    struct student *p;
    p=stu;
    ...
}
```

则不正确的引用是(　　)。
A. (p++)->num　　B. (*p).num　　C. p++　　D. p = &stu.age

8. 下面结构体数组的定义中，错误的是(　　)。

```
A. struct student {
    int num;
    char name[10];
    float score;
```

```
};
struct student stu[30];
B. struct {
    int num;
    char name[10];
    float score;
}stu[30];
C. struct student {
    int num;
    char name[10];
    float score;
}stu[30];
D. struct stu[30] {
    int num;
    char name[10];
    float score;
};
```

9．有以下语句：

```
struct st{
    int n;
    struct st *next;
};
static struct st a[3]={5,&a[1],7,&a[2],9,'\0'},*p;
p=&a[0];
```

则以下表达式的值为 6 的是(　　)。

A．p++->n　　B．p->n++　　C．(*p).n++　　D．++p->n

10．有以下说明和定义语句，则表达式的值为 3 的选项是(　　)。

```
struct s {
    int m;
    struct s *n;
};
static struct s a[3]={1,&a[1],2,&a[2],3,&a[0]},*ptr;
ptr=&a[1];
```

A．ptr->m++　　B．ptr++->m　　C．++ptr->m　　D．*ptr->m

二、填空题

1．(　　)是定义结构体类型的关键字。

2．在 16 位 PC 机中，若有定义“struct data { int i ; char ch; double f; } b ;”，则结构变量 b 占用内存的字节数是(　　)。

3．通过结构体变量引用其成员使用运算符“.”；通过结构体指针变量引用成员使用“(　　)”运算符。

4. 设：

```
struct student{ int no; char name[12]; float score[3];} sl, *p=&sl;
```

用指针法给 sl 的成员 no 赋值 1234 的语句是(　　)。

5. 有如下定义：

```
struct {int x; int y; } s[2]={{1,2},{3,4}}, *p=s;
```

则表达式++p–>x 的结果是(　　)。

6. 若有定义：

```
struct num {int a; int b; float f;} n={1, 3, 5.0};
struct num *pn=&n;
```

则表达式 pn–>b/n.a*++pn–>b 的值是(　　)。

7. 若要使指针 p 指向一个 double 类型的动态存储单元，请填空。

```
p=(    ) malloc(sizeof(double));
```

8. 使用内存管理函数时，如内存空间分配函数与内存空间释放函数，必须包含(　　).h 头文件。

9. 分配内存空间的函数名为 malloc，释放内存空间的函数名为(　　)。

10. 链表由头指针和结点组成。头指针存放一个地址，该地址指向第 1 个元素。结点为(　　)类型的数据，由用户需要的实际数据和连接结点的指针构成。

三、判断题

1. 运算 sizeof 可以求变量或类型占用内存的字节个数。
2. 结构体类型中各成员的数据类型不能完全相同。
3. 结构体类型名由用户自行定义，符合标识符的命名规则。
4. 结构体定义中，每个成员项后用“;”结束，整个结构体定义用“}”结束。
5. 结构体中的成员可以单独使用，与普通变量作用等同。
6. 结构体中的成员名不可以与程序中的变量名相同。
7. 结构体成员的类型也可以是结构体类型。
8. “.”是成员分量运算符，是所有运算符中优先级最高的。
9. 在定义了结构体类型后，系统会为之分配内存单元。
10. 结构体变量作函数参数时，结构体的变量既可以作形参，也可以作实参。

四、程序分析题

1. 程序改错。

```
#include <stdio.h>
struct st {
    int n;
    struct st *next;
};
static struct st a[3]={5,&a[1],7,&a[2],9,'\0'};
```

```
int main() {
    struct st *p;
    p=a[1];
    printf("%d",++p->n);
}
```

2. 写出下面程序的输出结果。

```
#include"stdio.h"
struct tt {
    int x;
    struct tt *y;
} *p;
struct tt a[4]={{20,a+1},{15,a+2},{30,a+3},{17,a}};
int main() {
    int i;
    p=a;
    for(i=1;i<=2;i++) {
        printf("%d,",p->x);
        p=p->y;
    }
}
```

3. 写出下面程序的功能。

```
#include <stdio.h>
#include <string.h>
int main() {
    struct note {
        char name[20];
        int count;
    }leader[4]={"zhao",0,"qian",0,"sun",0,"wen",0};
    char name[20];
    int i,j;
    for(i=0;i<10;i++) {
        scanf("%s",name);
        for(j=0;j<4;j++)
            if(!strcmp(name,leader[j].name))
                leader[j].count++;
    }
    for(i=0;i<4;i++)
        printf(" %s -- %d\n",leader[i].name,leader[i].count);
}
```

4. 下面程序的功能是打印出分数最高的学生的名字。请填空。

```
#include <stdio.h>
void main() {
    struct student {
```

```
        char name[10];
        int score;
    }stu[4]={"zhang",80,"wang",100,"li",70,"zhao",50};
    int i,k,x;
    x=stu[0].score;
    k=0;
    for(i=1;i<4;i++)
        if(  (1)   ) k=i;
    printf("%s",  (2)   );
}
```

五、编程题

1．输入学生信息，统计不及格学生的个数。要求使用链表，为每个结点动态分配存储空间，链表结点个数由输入者确定，每次通过当前结点的指针访问下一个结点，从而统计不及格学生的个数。

2．统计候选人总得票数。假设有 3 名候选人，每次输入一个得票候选人的名字，要求最后输出每个人的得票总数。

3．输入 N 个学生的学号、姓名和计算机课程的成绩，输出成绩最高的学生的学号、姓名和成绩。要求将题目中的 N 定义为符号常量，定义函数实现通过输入使得结构体变量成员获得值，主函数通过调用该函数录入 N 个学生的信息，然后通过循环获得最高成绩，并将成绩最高的学生的信息输出。

4．设有如表题 7-1 所示的学生情况登记表，请对该表按成绩从小到大排序。

表题 7-1　学生情况登记表

学号(num)	姓名(name[8])	性别(sex)	年龄(age)	成绩(score)
101	Zhang	M	19	98.3
102	Wang	F	18	87.2
103	Li	M	20	73.6
104	Zhao	F	20	34.6
105	Miao	M	18	99.4
106	Guo	M	17	68.4
107	Wu	F	19	56.9
108	Xu	F	18	45.0
109	Lin	M	19	76.5
110	Ma	F	19	85.3

5．用结构体变量表示矩形，编写求矩形面积函数，求矩形周长函数，输入矩形长宽函数，输出矩形长宽函数，输入矩形的长宽并进行面积和周长的计算。

6．定义一个结构体变量(包括年、月、日)，计算该日在本年中是第几天(请注意闰年情况)。

7．“各个国家体育竞赛获奖排名”问题。输入一个正整数 N 代表国家个数，然后输入国家名称，该国家获得金牌数目，获得银牌数目，获得铜牌数目。根据输入输出国家获奖排名，排名规则是首先按金牌排名，如果金牌相同则比较银牌，如果银牌也相同，则比较铜牌数目，否则按照输入顺序输出排名。

8. 13 个人围成一圈，从第 1 个人开始顺序报号 1、2、3。凡报到“3”者退出圈子，找出最后留在圈子中的人原来的序号。

9. 数值计算——复数的加减。定义一个结构体类型，用于描述复数结构数据。分别编写函数实现复数的加法和减法运算，在主函数中调用这些函数进行计算并输出计算结果。

10. 数值计算——余数法实现整数进制转换。将一个十进制整数转换成 P 进制数(可以是二进制到十六进制)。

第 8 章　文　　件

在前面章节介绍的程序中，程序原始数据的输入和最终结果的输出都是通过标准输入输出设备完成的。程序运行期间，原始数据、中间结果和最终结果都是存放在内部存储器中的。当程序结束时，存放数据的内存空间被释放，数据不能再被访问和利用。而文件是永久存储在外部存储介质上的，保存在文件中的数据可以被重复访问和利用。如果需要长期保存程序运行所需的原始数据、中间结果和最终结果，则应该以文件的形式将它们存储到外部存储介质上。本章主要介绍 C 语言中的文件概念、文件的类型和文件的操作。

8.1　文 件 概 述

所谓文件是指保存在外部存储介质上的相关数据的集合。文件可以是文本文档、图片和源程序等。文件名通常具有由 3 个字母组成的文件扩展名，用于标识文件类型。如果文件中存放的是数据，则文件被称为“数据文件”；如果文件中存放的是源程序或者是编译连接后生成的可执行程序，则文件被称为“程序文件”。在 C 语言中，文件可以从不同角度进行分类。

1. 按存储介质分类

(1) 普通文件：是指保存在外部存储介质上的相关数据集合。从文件功能角度来分类，普通文件又可分为程序文件和数据文件。程序文件可以是源程序文件、目标程序文件和可执行程序文件；数据文件存放程序的原始输入数据、中间结果和最终结果。

(2) 设备文件：是非存储介质文件，一般是指与主机相连的输入输出外部设备。C 语言中，把键盘、显示器或打印机都看作文件，把它们称为标准输入输出文件。C 语言默认提供 3 个 FILE *类型的文件指针：stdin、stdout 和 stderr。其中，stdin 代表标准输入设备(键盘)，stdout 代表标准输出设备(显示器)，stderr 代表标准错误输出设备(默认为显示器)。在程序开始运行时，系统自动打开这 3 个标准文件。

2. 按数据组织形式分类

(1) 文本文件：以 ASCII 码方式存储的文件，用于存放英文、数字等字符的 ASCII 码，因此，文本文件也称为 ASCII 文件。

(2) 二进制文件：把内存中的数据按其在内存中的存储形式原样输出写入文件中。

文本文件和二进制文件的区别主要体现在对数值型数据的处理上。例如，要存储一个整型数据 1024，按二进制文件的格式存储，在文件中存放的是 1024 的二进制形式 10000000000，占 2 字节的存储空间(假设一个整型数据占 2 字节)；而以文本文件的格式存储，则在文件中保存的是'1'、'0'、'2'、'4'这 4 个字符的 ASCII 码值，占用 4 字节，如图 8-1 所示。

文本文件中 1 字节代表一个字符，优点是便于对字符进行处理，同时也便于输出字符，缺点是占用存储空间较大，而且将二进制形式转换为 ASCII 代码形式存储需要花费大量的转换时间；二进制文件用二进制形式输出数值，优点是可以节省存储空间和转换时间，缺点是

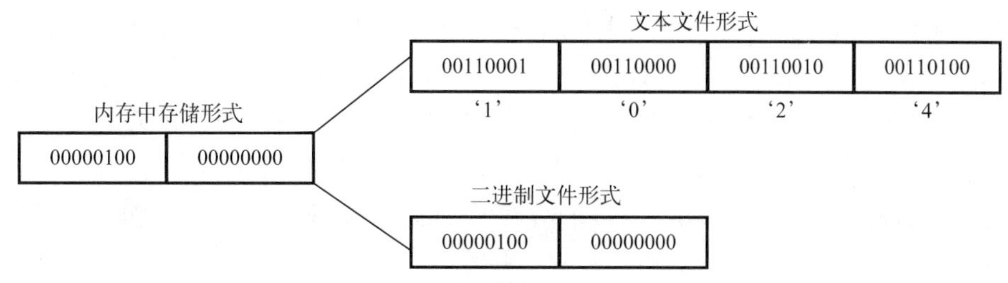

图 8-1　文本文件和二进制文件存储格式的区别

1 字节并不对应一个字符，不能直接输出字符形式。那么，在处理文件时，该使用哪种格式存储呢？一般来说，如果存入的数据只是暂存的中间结果数据，一般用二进制文件，以节省时间和空间；如果输出的数据用于人们浏览和编辑，一般用文本文件。

3. 按文件存取方式分类

按文件的存取方式，可以把文件分为"顺序文件"和"随机文件"。

(1) 顺序文件：信息是按照顺序排列的，而且只提供第 1 条记录的存储位置，因此，访问每一个数据只能从头开始访问，直到访问的数据是所要处理的数据为止。顺序文件不能随机访问，并且数据访问速度既慢又烦琐。

(2) 随机文件：既可以从头到尾顺序访问每一个数据，也可以随机访问其中的任意一个数据。随机访问文件时就像利用数组下标存取对应的数组元素一样，只要利用系统函数将当前文件的位置指针定位指向所要访问的数据，就可以对这个数据进行读写操作。随机访问文件的程序要比顺序访问文件的程序复杂，但文件访问的效率比较高。

4. 按文件的处理方式分类

按文件的处理方式，C 语言将文件系统分为缓冲区文件系统和非缓冲区文件系统。ANSI C 标准只采用缓冲区文件系统。

(1) 缓冲区文件系统：系统自动为每个打开的文件在内存开辟一块缓冲区，缓冲区的大小一般由系统决定。当程序向文件中输出(写入)数据时，先把数据输出到缓冲区，待缓冲区满或数据输出完成(文件关闭)后，再把数据从缓冲区输出到文件；当程序从文件输入(读取)数据时，先把数据输入到缓冲区，待缓冲区满或数据输入完成后，再把数据从缓冲区逐个输入到程序。缓冲文件系统由系统代替程序设计员完成了许多功能，使用起来比较方便。这种方式的文件存取效率比较高，具有跨平台性和移植性强的优点。

(2) 非缓冲区文件系统：系统不会自动地为每一个需要处理的文件在内存中开辟一个磁盘缓冲区，必须由程序员为每个文件设置缓冲区，使用较低级的 I/O 函数来直接对磁盘进行存取操作。因此，程序设计人员需要熟悉操作系统。这种方式的文件存取速度比较慢，文件操作相对比较复杂。由于不使用 C 的标准库函数，程序的跨平台性和可移植性比较弱。

本章主要介绍缓冲区文件系统的文件操作。

8.2　文件型指针

在缓冲区文件系统中，系统为每个被访问的文件在内存中开辟一个文件信息区，用来存放文件的相关信息(如文件名、文件状态、缓冲区的地址、缓冲区的大小、文件的当前位置等)，这些信息保存在一个 FILE 类型的结构体变量之中。FILE 类型是由系统预定义的，其定义包含在 C 语言的头文件 stdio.h 中。在 Dev C++或 VC(Visual C++)中，FILE 类型的定义如下：

```
struct _iobuf {
    char *_ptr;                 //文件输入的下一个位置
    int _cnt;                   //当前缓冲区的相对位置
    char *_base;                //基础位置(即文件的起始位置)
    int _flag;                  //文件标志
    int _file;                  //文件的有效性验证
    int _charbuf;               //检查缓冲区状况，如果无缓冲区则不读取
    int _bufsiz;                //缓冲区的大小
    char *_tmpfname;            //临时文件名
};
typedef struct _iobuf FILE。
```

文件型指针(也称文件指针)是一个 FILE 类型的指针变量，它指向某个已打开文件的文件信息区，程序通过文件指针来访问指定的文件。每当用 fopen()函数打开一个文件时，系统会自动创建一个 FILE 结构的信息区并填充其中的信息，并返回文件信息区的指针，即文件指针。通常，将 fopen()返回的文件指针赋值给一个文件指针变量，让该变量指向被成功打开的文件，以便使用该文件指针变量对文件进行读/写等操作。

文件型指针变量的定义形式如下：

```
FILE    *文件指针变量名;
```

其中，“文件指针变量名”是自定义的标识符。

例如：

```
FILE * fp;
```

定义了文件指针变量 fp。变量 fp 在没有被赋值之前，不指向任何一个文件，即通过它不能访问任何一个文件。只有在 fopen()成功打开某个文件，将返回的文件指针赋值给变量 fp 之后，才可以通过 fp 访问该文件，此时可以理解为 fp 指向了该文件(文件的信息区)。

8.3　文件的打开与关闭

文件的打开是使程序与文件之间建立连接。C 语言规定，文件必须“先打开，后使用”。打开文件时，系统自动为该文件建立缓冲区，将文件和缓冲区的信息写入 FILE 类型数据中，并返回文件指针。在文件被成功打开之后，可以使用文件指针对文件进行读写操作。由于程序只能处理内存中的数据，因此，只有在文件中的数据被读取到内存之后，程序才可以对其进行处理。

文件的关闭是释放文件缓冲区及相关资源，并且将缓冲区中的数据写入磁盘文件中。C 语言规定，文件在使用完毕之后必须关闭，否则，资源会一直被占用。在关闭文件时，系统自动对缓冲区中的数据做相应处理(如写文件时，将缓冲区的数据写入文件，以避免数据丢失)，然后，释放缓冲区，文件指针不再指向该文件。

C 语言提供的文件打开和关闭函数是面向非标准设备文件的，例如：磁盘文件。标准设

备文件由系统自动打开和关闭。访问文件的一般步骤是：打开文件→操作文件→关闭文件。其中，操作文件是指对文件的读、写和定位等操作。

8.3.1　文件的打开

函数原型：**FILE * fopen(char *filename, char *mode)**

参数：filename 是字符型指针，代表所要打开文件的文件名的首地址；mode 是字符型指针，代表文件打开方式字符串的首地址。文件打开方式字符串的含义如表 8-1 所示。

功能：按 mode 规定的“打开方式”，打开 filename 指定的文件，同时，自动给该文件建立文件信息区和文件缓冲区。

返回值：如果能成功打开文件，则返回一个文件指针，其指向文件信息区。如果打开文件失败，则返回空指针 NULL(在 stdio.h 文件中被定义为 0)。

表 8-1　文件打开方式及含义

打开方式	含义
"r"	以“读”的方式打开一个文本文件(只能读)
"w"	以“写”的方式打开一个文本文件，若文件已存在，则在打开时将该文件删除，然后新建一个文件
"a"	以“尾部追加”的方式打开一个文本文件(只能写)
"r+"	以“读/写”的方式打开一个文本文件，文件应该存在，允许在文件尾部添加数据
"w+"	以“读/写”的方式打开一个文本文件，建立一个新文件
"a+"	以“读/写”的方式打开一个文本文件，原来的文件不被删除

在表 8-1 中，文件打开方式仅适用于文本文件。如果要打开二进制文件，则在文件打开方式的字母后加“b”，即“rb”、“wb”、“ab”、“rb+”、“wb+”和“ab+”。

例如，欲以“只读”的方式打开一个文本文件，程序代码段如下：

```
FILE *fp;                                          //定义文件型指针
char filename[16];
……
printf("Input a file name:");
scanf("%s", filename);
if ((fp = fopen(filename, "r")) == NULL)   {       //以只读方式打开一个文件
    printf("\n Can not open this file.");          //打开文件出错的提示
    exit(0);                                       //关闭文件，中止程序运行
}
……                                                 //文件正确打开，可对文件操作
```

8.3.2　文件的关闭

函数原型：**int fclose(FILE *fp)**

参数：fp 是文件指针变量，指向某个已打开的文件。

功能：关闭 fp 所指向的文件。

返回值：若关闭文件成功，则返回值为 0；若关闭文件失败，则返回 EOF(值为–1)。

例如：

```
fclose(fp);
```

8.4　文件的读写

在调用系统函数 fopen()成功打开一个文件之后，就可以利用文件指针对该文件进行读写等操作，这些操作都是通过调用系统函数来完成的。文件操作的系统函数原型声明包含在头文件 stdio.h 中。读取文件操作就是将文件中存储的数据输入内存中，写文件操作就是将内存中的数据输出到文件中。

8.4.1　文件尾部测试函数

读取文件中的数据时，需要判断文件是否结束，即位置指针是否指向了文件结束符。系统提供了 feof()函数用于判断文件是否结束。

函数原型：**int feof(FILE *fp)**

参数：fp 是文件型指针变量。

功能：测试 fp 所指向的文件的位置指针是否指向了文件结束符(EOF)，即文件是否结束。

返回值：若文件位置指针指向了文件结束符(EOF)，则返回非 0，否则，返回 0。

在读取文件中的数据时，通常需要利用该函数来判断文件是否结束。

8.4.2　文件的字符读/写函数

1. 读字符函数

函数原型：**int fgetc(FILE *fp)**

参数：fp 是文件型指针变量。

功能：从 fp 所指向的文件的当前位置读取单个字符。

返回值：若读字符成功，则返回读取的字符；否则，返回 EOF。

2. 写字符函数

函数原型：**int fputc(char ch, FILE *fp)**

参数：ch 是要被写入文件中的字符，可以是字符常量、字符变量或表达式等。fp 是文件指针变量。

功能：将 ch 中的字符写入 fp 所指向的文件中。

返回值：若字符写入文件成功，则返回该字符；否则，返回 EOF。

例 8-1　从键盘输入若干个字符写入 f 盘根目录下名为 char.txt 的文本文件中，直到遇到回车结束，然后读取该文件内容输出到显示器上。

问题分析：本题主要让大家熟悉文件的读写函数的使用。首先根据问题建立文本文件，然后按照要求编写程序。

```
#include "stdio.h"
int main(void) {
    FILE *fp;
    int i;
    char ch;
```

```
        if((fp = fopen("f:\\char.txt","w")) == NULL){   //只写方式打开一个文本文件
            printf("Can not open the file!\n");
            return 0;
        }
        while((ch = getchar())! = '\n') //输入一个字符存入变量 ch 中，并且字符不是回车
            fputc(ch,fp);               //将 ch 中字符写到 fp 指向的文件中
        fclose(fp);
        if((fp = fopen("f:\\char.txt","r")) == NULL) {
            printf("Can not open the file!\n");
            return 0;
        }
        while(!feof(fp))                //如果是文件尾，则退出循环
            putchar(fgetc(fp));         //将读取的字符输出到显示器上
        fclose(fp);                     //关闭 fp 所指向的文件
        return 0;
    }
```

8.4.3　文件的字符串读/写函数

1. 读字符串函数

函数原型：**char *fgets(char *str, int count, FILE *fp)**

参数：str 是字符型指针变量，count 是整型变量，fp 是文件指针变量。

功能：从 fp 所指向的文件中读取 count−1 个字符，存放到以 str 为首地址的内存空间中。如果在读入 count−1 个字符之前遇到换行符或文件结束符，则读取结束。读取完毕后在其尾部自动加'\0'。

返回值：若函数执行成功，则返回 str 的首地址；否则，返回空指针 NULL(值为 0)。

2. 写字符串函数

函数原型：**int *fputs(char *str, FILE *fp)**

参数：str 是字符型指针变量，fp 是文件型指针变量。

功能：将 str 指向的字符串输出写入 fp 所指向的文件中，字符串结束符'\0'不输出。

返回值：若该函数输出成功，则返回非负整数；否则，返回−1。

8.4.4　文件的数据块读/写函数

函数 fgetc()和 fputc()主要用于处理文本文件，但也可以处理二进制文件。对文本文件，读取的是单个字符；对二进制文件，读取的是 1 字节数据。函数 fputs()和 fgets()只能处理文本文件，一次读出或写入一个字符串。函数 fread()和 fwrite()用来读取和写入数据块，通常用于二进制文件的读写操作。

1. 读数据块函数

函数原型：**int fread(char *buffer, unsigned size, unsigned count, FILE *fp)**

参数：buffer 是字符型指针变量，读入数据的存储区的首地址。size 是要读取的每个数

据块的字节数。count 是读取大小为 size 字节的数据块的个数。fp 是文件型指针变量。

功能：从 fp 所指向的文件中读取 count 个大小为 size 字节的数据，存放到以 buffer 为首地址的内存存储区中。

返回值：若读取数据成功，则返回读取数据块的个数；否则，返回值为 0。

2．写数据块函数

函数原型：**int fwrite(char *buffer, unsigned size, unsigned count, FILE *fp)**

参数：buffer 是字符型指针，输出数据的首地址。size 是要写入的每个数据块的字节数。count 是写入文件的数据块的个数。fp 是文件型指针变量。

功能：将以 buffer 为首地址的内存存储空间中存放的 count 个大小为 size 的数据块写入 fp 所指向的文件中。

返回值：若写入数据成功，返回写入的数据块的个数；否则，返回值为 0。

8.4.5　文件的格式化读/写函数

1．格式化读数据函数

函数原型：**int fscanf(FILE *fp,格式控制字符串,输入列表)**

参数：fp 是文件指针变量。格式控制字符串和输入列表的内容与 scanf() 函数中的相同。

功能：从 fp 指向的文件中，按照格式控制字符串指定的格式读取数据，依次保存到输入列表中对应的变量地址所指定的内存存储单元中。

返回值：若读取数据成功，则返回读取到的数据的个数；若遇见文件结束符或读取不成功，则返回 EOF(值为–1)。

2. 格式化写数据函数

函数原型：**int fprintf(FILE *fp,格式控制字符串,输出列表)**

参数：fp 是文件指针变量。格式控制字符串和输出表列与 printf() 函数中的相同。

功能：将输出列表中的各个表达式的值依次按格式控制字符串指定的格式写入 fp 所指向的文件中。

返回值：若写数据成功，则返回写入的字符的总数；否则，返回–1。

例 8-2　fprintf() 函数的返回值。

```
include <stdio.h>
int main(void) {
    FILE *fp;
    int i=1;
    char ch[20];
    if((fp=fopen("f:\\char.txt","w"))==NULL){
        printf("Can not open the file!\n");
        return 0;
    }
    i=fprintf(fp,"%d,%f,%c",12,1.234,'a');
    fclose(fp);
```

```
    printf("%d",i);
    return 0;
}
```

程序的输出结果为 13，文件 char.txt 的内容如下：

```
12,1.234000,a
```

8.5　文 件 定 位

8.5.1　文件位置指针重置函数

在读取了文件中若干条数据之后，又要从文件的开始处(文件开头)读取数据，这时就需要将文件位置指针重新定位到文件开头。

函数原型为：**void rewind(FILE *fp)**

参数说明：fp 是文件指针变量。

功能：将 fp 所指向的文件的位置指针重新移动到文件开头。

返回值：无。

例 8-3　将 f 盘当前目录下名为 char.txt 的文本文件复制到 e 盘根目录下，然后在屏幕上显示这个文件的内容。

```
#include "stdio.h"
int main() {
    FILE *fp1,*fp2;
    char ch;
    char *fname1="f:\\char.txt",*fname2="e:\\char.txt";
    if((fp1=fopen(fname1,"r"))==NULL) {      //以只读方式打开一个文本文件
        printf("Can not open the file:%s!\n",fname1);
        return 0;
    }
    if((fp2=fopen(fname2,"w"))==NULL) {      //以只写方式打开一个文本文件
        printf("Can not open the file:%s!\n",fname2);
        return 0;
    }
    while(!feof(fp1)) {          //fp1 指向的文件不是文件尾则循环
        ch=fgetc(fp1);           //从 fp1 指向的文件中读取一个字符存入 ch
        fputc(ch,fp2);           //将 ch 中一个字符数据写到 fp2 指向的文件中
    }
    fclose(fp2);                 //关闭 fp2 所指向的文件
    rewind(fp1);                 //将 fp1 指向的文件内部指针指向文件开头
    while(!feof(fp1))            //输出 fp1 指向的源文件内容
        putchar(fgetc(fp1));
    fclose(fp1);                 //关闭 fp1 指向的文件
    return 0;
}
```

由于复制文件需要依次读取 fp1 所指向的原文件中的字符，当程序完成文件复制后，fp1 指向的文件的位置指针指向了文件结尾。接下来显示文件内容到屏幕时，需要调用函数 rewind(fp1)将文件位置指针从文件结尾移动到文件开头。

8.5.2 文件位置指针定位函数

函数原型：**fseek(FILE *fp,long offset,int position)**

参数说明：fp 是文件指针变量。offset 是偏移量，即文件位置指针相对于起始位置 position 移动的字节数，正数表示正向偏移(向后偏移)，负数表示负向偏移(向前偏移)。position 用于指定位置指针移动的起始位置，其值可以是 SEEK_SET(值为 0，代表文件开头位置)、SEEK_CUR(值为 1，代表文件指针当前位置)或 SEEK_END(值为 2，代表文件的结束位置)。

功能：将 fp 所指向的文件的位置指针移动到距离起始位置的 offset 字节数的位置。

返回值：若函数读写指针移动失败，则返回值为–1。

例如：

```
fseek(fp,50L,0);      //将位置指针移到文件头起始第 50 字节处
fseek(fp,50L,1);      //将位置指针从当前位置向后(文件尾方向)移动 50 字节
fseek(fp,-50L,2);     //将位置指针从文件末尾向前(文件头方向)移动 50 字节
```

8.6 数值方法——拉格朗日插值

本书 2.6 节介绍的线性插值方法是利用两个数据点(x_0,y_0)和(x_1,y_1)进行一次多项式插值，即使用穿过两个数据点(x_0,y_0)和(x_1,y_1)的直线方程来逼近未知函数 $f(x)$，该方法简单直观，应用广泛。线性插值要求区间$[x_0, x_1]$比较小，并且 $f(x)$在区间上曲线变化较平稳，否则，线性插值的误差可能会较大。

拉格朗日插值法是以法国数学家约瑟夫·拉格朗日命名的一种多项式插值方法，该方法利用已知的 $n+1$ 个数据点$(x_0,y_0),(x_1,y_1),\cdots,(x_n,y_n)$构造一个多项式函数 $y=P_n(x)$，该多项式函数的曲线穿过这些点，并且其次数不超过 n。

假设给定 $n+1$ 个数据点$(x_0,y_0),(x_1,y_1),\cdots,(x_n,y_n)$，并且它们互不相同，则通过这 $n+1$ 个点的 n 次拉格朗日多项式函数公式如下：

$$P_n(x)=\sum_{t=0}^{n}L_i(x)y_i \tag{8-1}$$

其中，$L_i(x)$称为拉格朗日插值基函数，其公式如下：

$$L_i(x)=\prod_{\substack{j=0\\ j\neq i}}^{n}\frac{x-x_j}{x_i-x_j} \tag{8-2}$$

根据公式(8-1)和公式(8-2)，n 次拉格朗日插值算法设计如下：

算法输入：n，$(x_0,y_0),(x_1,y_1),\cdots,(x_n,y_n)$及 x 的值

算法输出：$P_n(x)$的值

算法步骤：

(1) begin

(2) 输入 n 和 x 的值

(3) 输入 (x_0,y_0), (x_1,y_1), ⋯, (x_n,y_n)，存入长度为 (n+1) 的结构体数组 point 中

(4) Pn = 0.0

(5) for (i = 0;i< = n;i++) {

(6) 　L = 1.0;

(7) 　for (j = 0;j< = n;j++)

(8) 　　　if (i! = j)

(9) 　　　　　L = L* (x–point[j].x) / (point[i].x–point[j].x) ;

(10) Pn = Pn+L* point[i].y;

(11) }

(12) 输出 Pn

(13) end

在上面的算法中，point 是含有两个整型成员变量 x 和 y 的结构体类型的数组，用来存放 n+1 个数据点的坐标 x 和 y 的值，L 是一个一维数组用来存放 $L_i(x)$，变量 Pn 存放拉格朗日插值 $P_n(x)$ 的计算结果。

拉格朗日插值的综合实例见 8.7.4 节的例 8-7。

8.7　综合应用实例

8.7.1　统计文本文件中字符的个数

例 8-4　编写一个统计文本文件中字符个数的程序。

问题分析与程序思路：定义函数 int CharNumInFile (char *filename) 完成文本文件中的字符个数的统计，其形参是字符型指针，用来接收“文件名”字符串的首地址。当文件打开失败时，函数返回值为–1，否则，返回值为统计出的字符个数。首先根据问题建立文本文件，然后按照要求编写程序。文本文件需要自己用记事本应用程序来创建，并且保存在源文件所在的目录下 (当前目录)。

```
#include "stdio.h"
int CharNumInFile(char *filename){
    FILE *fp;
    int n=0;
    if(!(fp=fopen(filename,"r")))
        return -1;
    while(!feof(fp)){
        fgetc(fp);
        n++;
    }
    fclose(fp);
    return n;

}
int main(void) {
```

```
    int num;
    char filename[21];
    printf("请输入欲统计所包含字符个数的文件名:\n");
    scanf("%s",filename);
    num = CharNumInFile(filename);
    if(num == -1){
        printf("%s 文件不存在!",filename);
        return 0;
    }
    printf("文件\"%s\"中的字符个数:%d\n",filename,num);
    return 0;
}
```

8.7.2 判断两个文件内容是否相同

例 8-5 写一个程序判断任意给定的两个 ASCII 文件内容是否相同。

问题分析与程序思路：定义函数 nt IsFileContentSame(char *filename1,char *filename2) 完成两个文件内容是否相同的判断，其形参是两个字符型指针，分别用来接收要比较的两个文件的“文件名”字符串的首地址。如果文件 1 打开失败，则函数返回值为–1；如果文件 2 打开失败，则函数返回值为–2；如果两个文件内容相同，返回值为 1，否则，返回值为 0。两个文本文件需要自己创建，并且保存在当前目录下。

```
#include "stdio.h"
int IsFileContentSame(char *filename1,char *filename2){
    FILE *fp1,*fp2;
    int res = 1;
    char ch1,ch2;
    if(!(fp1 = fopen(filename1,"r")))
        return -1;
    if(!(fp2 = fopen(filename2,"r"))){
        fclose(fp1);
        return -2;
    }
    while(!feof(fp1)&!feof(fp2)){
        ch1 = fgetc(fp1);
        ch2 = fgetc(fp2);
        if(ch1! = ch2){
            res = 0;
            break;
        }
    }
    fclose(fp1);
    fclose(fp2);
    return res;
}
int main(void) {
    int result;
    char filename1[21],filename2[21];
    printf("请输入文件 1 的名字:\n");
```

```
        scanf("%s",filename1);
        printf("请输入文件 2 的名字:\n");
        scanf("%s",filename2);
        result = IsFileContentSame(filename1,filename2);
        if(result == -1)
            printf("%s 文件不存在!",filename1);
        else
            if(result == -2)
                printf("%s 文件不存在!",filename2);
        else
            if(result == 0)
                printf("文件内容不同!");
        else
            printf("文件内容相同!");
        return 0;
    }
```

8.7.3　逐行排序数据文件

例 8-6　假设文本文件 1 中每一行存放了若干个整数，每行的第 1 个数据代表该行所包含的整数的个数，并且每个整数之间用空格隔开。请读取文件 1 中的各行数据，分别将每行整数按升序排序保存到文件 2 中，文件 2 中的每行第 1 个数据仍是该行所包含的整数的个数。

文本文件 1 需要用户自己利用记事本应用程序来创建，并且将其保存在当前目录下。程序创建的文本文件 2 也保存在当前目录下。

例如，数据文本文件 1 内容如下：

5 23 4 65 –12 87

6 15 123 –23 21 90 200

排序后数据文本文件 2 的内容应该为：

5 –12 4 23 65 87

6 –23 15 21 90 123 200

程序设计如下：

```
    #include <stdio.h>
    #include <stdlib.h>
    void sort_select(int *p,int n);      //选择法升序排序
    void sortfiledata(char *fname1,char *fname2);
                                         //读取文件 1，每行数据排序后写入文件 2
    int main(void) {
        char filename1[21],filename2[21];
        printf("文件 1 的名字:\n");
        scanf("%s",filename1);
        printf("文件 2 的名字:\n");
        scanf("%s",filename2);
        sortfiledata(filename1,filename2);//函数调用完成，数据排序后写入另一个文件
        return 0;
    }
```

```
void sort_select(int *p,int n){
    int i,j,*p_min,temp;
    for(i=0;i<n-1;i++){        //扫描 n-1 趟
        p_min=p+i;             //假设一组数中第 1 个数最小，让 p_min 指向它
        for(j=i+1;j<n;j++)  //查找最小数，让 p_min 指向它
            if(*(p+j)<*p_min)
                p_min=p+j;
        if(p!=p_min){
            temp=*p_min;
            *p_min=*(p+i);  //最小数不是第 1 个数时，最小数和第 1 个数交换
            *(p+i)=temp;
        }
    }
}
void sortfiledata(char *fname1,char *fname2){
    FILE *fp1,*fp2;
    int i,*p,data,count;
    char ch;
    if(!(fp1=fopen(fame1,"r"))){       //以读方式打开文件 1，若失败，则返回
        printf("文件%s 不存在!",fname1);
        return;
    }
    if(!(fp2=fopen(fname2,"w"))){     //以读方式打开文件 2，若失败，则返回
        printf("文件%s 不存在!",fname2);
        return;
    }
    while(!feof(fp1)){                 //文件 1 没有结束，循环读取每行数据
        fscanf(fp1,"%d",&count);//读取某行的第 1 个数，即某行的数据个数
        p=(int *)malloc(count*sizeof(int));//按 1 行的整数个数动态申请存储空间
        for(i=0;i<count;i++){    //p 可以看作动态数组的名字或首地址
            ch=fgetc(fp1);         //读取 1 个字符，判断某行是否结束或文件是否结束
            if(ch=='\n'||ch==EOF)
                break;
            fscanf(fp1,"%d",p+i);     //读取 1 个整数，存入 p[i]中
        }
        sort_select(p,count);     //对某行数据进行升序排序
        fprintf(fp2,"%d",count);//向文件 2 中写入一行，先写入这行整数的个数
        for(i=0;i<count;i++){    //循环写入一行排序后的数据序列
            fprintf(fp2," %d",*(p+i));
        }
        fprintf(fp2,"%c",'\n');  //每行末尾换行
        free(p);
    }
    fclose(fp1);
    fclose(fp2);
    return;
}
```

8.7.4　读取数据文件计算拉格朗日插值

例 8-7　假设在文本数据文件中存放了若干个平面点的坐标数据，文件的第 1 行为点的个数，第 2 行至文件末尾依次为每个点的 x 和 y 的坐标值，它们之间用一个空格隔开。以 step 为步长生成函数 $y = \sin(x)$ (x 的单位为弧度) 在区间$[a,b]$上的数据点 (x, y) 集合，并将数据点的个数和这些点的数据写入当前目录下的 lag.txt 中。文件 lag.txt 构建完毕后，读取该文件，并且输入区间 (a,b) 内的一个值 x，计算 x 的拉格朗日插值 $P_n(x)$ 。

问题分析：定义一个结构体类型 struct Point，其含有 x 和 y 两个成员变量，定义一个长度为 11 的 struct Point 类型的一维数组 point，用于存放区间[a,b]上步长为 step 的函数 y = sin (x) 的数据点集合，将数据点的个数 count 和数据集 point 写入数据文件 lag.txt 中。输入 x 的值，读取文件 lag.txt 并将数据保存到变量 count 和数组 point 中，根据 8.6 节给出的拉格朗日插值算法计算 $P_n(x)$ 。分别定义如下函数：

```
int BuildDataFile(char *fname,float a,float b,float step);
float LagInterpolation(char *fname,float x);
```

程序设计如下：

```
#include<stdio.h>
#include<math.h>
#include<stdlib.h>
struct Point {
    float x;
    float y;
};
int BuildDataFile(char *fname,float a,float b,float step);
float LagInterpolation(char *fname,float x);
int main(void){
    char filename[21];
    float a,b,step,x;
    printf("请输入闭区间的下限 a 的值:");
    scanf("%f",&a);
    printf("请输入闭区间的上限 b 的值:");
    scanf("%f",&b);
    printf("请输入步长 step 的值:");
    scanf("%f",&step);
    printf("请输入文件名:");
    scanf("%s",filename);
    if(!BuildDataFile(filename,a,b,step)){
        printf("数据文件创建失败! ");
        return 0;
    }
    printf("请输入 x 的值:");
    scanf("%f",&x);
    printf("\n 计算结果: %f",LagInterpolation(filename,x));
```

```
    return 0;
}
int BuildDataFile(char *fname,float a,float b,float step){
    FILE *fp;
    int count=0;
    float x;
    struct Point point;
    if(!(fp=fopen(fname,"w"))){
        printf("文件%s 不存在!",fname);
        return 0;
    }
    for(x=a;x<b;x+=step)
        count++;
    count++;
    fprintf(fp,"%d\n",count);
    for(x=a;x<b;x+=step){
        point.x=x;
        point.y=sin(x);
        fprintf(fp,"%f %f\n",point.x,point.y);
    }
    point.x=x;
    point.y=sin(x);
    fprintf(fp,"%f %f\n",point.x,point.y);
    fclose(fp);
    return 1;
}
float LagInterpolation(char *fname,float x){
    FILE *fp;
    int count,i,j;
    float L,Pn=0.0;
    struct Point *p0,*p;
    if(!(fp=fopen(fname,"r"))){
        printf("文件%s 不存在!",fname);
        exit(0);
    }
    fscanf(fp,"%d\n",&count);
    p0=(struct Point *)malloc(count*sizeof(struct Point));
    for(p=p0;p<p0+count;p++)
        fscanf(fp,"%f %f\n",&p->x,&p->y);
    for(i=0;i<count;i++){
        L=1.0;
        for(j=0;j<count;j++)
            if(i!=j)
        L=L*(x-(p0+j)->x)/((p0+i)->x-(p0+j)->x);
        Pn=Pn + L*(p0+i)->y;
    }
```

```
        fclose(fp);
        free(p0);
        return Pn;
    }
```

8.8　习　　题

一、选择题

1. 在 C 语言中，标准输入设备是指(　　)。

A. 键盘　　B. 显示器　　C. 软盘　　D. 硬盘

2. 在 C 语言中，stdout 代表(　　)。

A. 标准输入设备　　B. 标准输出设备　　C. 磁盘文件　　D. 标准错误输出设备

3. 若执行 fopen 函数时发生错误，则函数的返回值是(　　)。

A. 地址值　　B. 0　　C. 1　　D. EOF

4. 如果用 fopen 函数打开一个新的文本文件，对该文件要既能读也能写，则文件打开方式字符串应是(　　)。

A. "a+"　　B. "w+"　　C. "r+"　　D. "a"

5. 在 C 语言中，可以实现函数 getchar() 功能的是(　　)。

A. fgetc(stdin)　　B. fgetc(stdout)　　C. fgetc(stderr)　　D. 以上都不对

6. 函数 fseek(pf, –10L,SEEK_END) 中的 SEEK_END 代表的起始点是(　　)。

A. 文件开始　　B. 文件末尾　　C. 文件当前位置　　D. 以上都不对

7. 在 C 语言中，可把数据块以二进制形式写入文件中的函数是(　　)。

A. printf() 函数　　B. fputc() 函数　　C. fputs() 函数　　D. fwrite() 函数

8. 使用 fseek 函数可以实现的操作是(　　)。

A. 改变文件的位置指针的当前位置　　B. 文件的顺序读写

C. 文件的随机读写　　D. 以上都不对

9. 函数 fgetc() 的功能是从指定文件中读入一个字符，文件打开方式可以是(　　)。

A. 只写　　B. 追加　　C. 读或读写　　D. 前两个选项都正确

10. 当文件关闭成功时，fclose() 函数的返回值是(　　)。

A. –1　　B. EOF　　C. 0　　D. 1

二、程序分析题

1. 写出下面程序的功能。

```
# include "stdio.h"
int main(void) {
    FILE *f1,*f2;
    int i;
    if (!(f1 = fopen("c:\\tc\\f1.c","r"))) {
        printf("file can not open!\n");
        return 0;
```

```
    }
    if (!(f2=fopen("a:\\f2.c","w"))) {
        printf("file can not open!\n");
        return 0;
    }
    for(i=1;i<=100;i++) {
        if(feof(f1)) break;
        fputc(fgetc(f1),f2);
    }
    fclose(fp1);
    fclose(fp2);
    return 0;
}
```

2．由键盘输入一个文件名，然后输入若干个字符(用#结束输入)存放到文件中，并将字符的个数写到文件尾部。请填空。

```
#include <stdio.h>
void main(void){
    FILE *fp;
    char ch,fname[32];
    int count=0;
    printf("Input the filename:");
    scanf("%s",fname);
    if (!(fp=fopen(___(1)___,"w+"))) {
        printf("Can not open file %s \n",fname);
        return 0;
    }
    printf("Enter data:\n");
    while ((ch=getchar())!="#") {
        fputc(ch, fp);
        count++;
    }
    fprintf(___(2)___,"\n%d\n",count);
    fclose(fp);
}
```

3．写出程序的运行结果。设在当前目录下有 2 个文本文件 file1.txt 和 file1.txt。

文件 file1.txt 的内容如下：

```
121314#
```

文件 file2.txt 的内容如下：

```
252627#
```

程序如下：

```
# include "stdio.h"
int main(void) {
```

```
    FILE *fp;
    void printfile();
    if (!(fp=fopen("file1.txt","r"))) {
        printf("file can not open!\n");
        return 0;
    }
    else {
        print(fp);
        fclose(fp);
    }
    if (!(fp=fopen("file2.txt","r"))) {
        printf("file can not open!\n");
        return 0;
    }
    else {
        print(fp);
        fclose(fp);
    }
    return 0;
}
void print(FILE *fp){
    char c;
    while((c=fgetc(fp))!='#')
        putchar(c);
}
```

三、编程题

1．编写程序，从键盘输入一个由大小写字母组成的字符串，将其以小写的形式保存到文件 f81.txt 中。

2．编写程序，假设当前目录下有两个文件 f82_1.txt 和 f82_2.txt，它们各存放一行英文字母(不超过 80 个)，合并这两个文件中的信息，并按字符 ASCII 码值的升序排序后输出到一个新文件 f82_3.txt 中。

3．编写一个统计文本文件中行数的程序。

4．编写程序，假设用编号、名称、单价和数量来表示某种商品的信息，请从键盘输入 5 个商品的信息，并将它们写入二进制数据文件 f84.dat 中，然后从该文件中读取商品信息，分行输出显示每个商品信息，并统计输出所有商品的总金额。

第9章　常用算法

从计算思维角度理解，算法是用系统的方法描述并解决问题的策略机制，对一定规范的输入在有限时间内获得所要求的输出。计算机常用算法主要包括穷举法、分治法、回溯法、递推法、递归法、迭代法、贪心算法和动态算法，这 8 种常用算法基本上可以解决大部分的计算机类问题。尤其需要强调的是，当数据量比较小时，可以使用简单循环进行穷举求解，但当数据量比较大，场景比较复杂的时候，就需要灵活使用针对性的算法进行求解。

9.1　穷　举　法

穷举法又称枚举法，其利用计算机运算速度快、精确度高的特点，对要解决问题的所有可能情况全部逐一检验，从中找出符合要求的答案。因此，穷举法是通过牺牲时间性能来求取答案一种算法。穷举法的优点和缺点如下。

1．穷举法的优点

由于穷举法一般是现实生活中问题的“直译”，因此，比较直观，易于理解；枚举法建立在考察大量状态、甚至是穷举所有状态的基础上，所以，算法的正确性比较容易证明。

2．穷举法的缺点

用穷举法解题的最大的缺点是运算量比较大，解题效率不高，如果枚举范围太大，在时间上就难以承受。

例 9-1　我国古代数学家张丘建在《算经》一书中曾提出过著名的“百钱买百鸡”问题，该问题叙述如下：鸡翁一，值钱五；鸡母一，值钱三；鸡雏三，值钱一；百钱买百鸡，则翁、母、雏各几何？

问题分析：如果用数学的方法解决百钱买百鸡问题，设公鸡 x 只，母鸡 y 只，小鸡 z 只，可以得到以下方程式组：

$$\begin{cases} 5x + 3y + z/3 = 100 \\ x + y + z = 100 \end{cases}$$

x、y、z 的取值范围为 $x \in [0, 20]$，$y \in [0, 33]$，$z \in [0, 100]$。

程序设计：

```
#include <stdio.h>
#include <stdlib.h>
int main() {
    int x, y, z;
    for(x = 0; x< = 20;x++)
        for(y = 0;y< = 33;y++)
            for(z = 0;z< = 100;z++) {
```

```
                if(5*x+3*y+z/3 == 100 && z%3 == 0 && x+y+z == 100) {
                    printf("公鸡%2d 只，母鸡%2d 只，小鸡%2d 只\n", x, y, z);
                }
            }
    return 0;
}
```

运行结果：

```
公鸡 0 只，母鸡25 只，小鸡75 只
公鸡 4 只，母鸡18 只，小鸡78 只
公鸡 8 只，母鸡11 只，小鸡81 只
公鸡12 只，母鸡 4 只，小鸡84 只
```

穷举法的思路简单，程序编写和调试方便，是唯一一个可以解决几乎所有问题的方法。因此，在题目规模不是很大、对时间与空间要求不高的情况下，采用穷举法是一种非常有效的解决问题方法。

穷举法中的网格搜索是一种常用的调参手段，即给定一系列超参，然后在所有超参组合中穷举遍历，从所有组合中选出最优的一组超参数，通过穷举法在全部解中找最优解。网格搜索可以用于机器学习算法调参，但很少用于深度神经网络调参。对于深度神经网络来说，运行一遍需要更长时间，穷举调参效率太低，随着超参数数量的增加，超参组合呈几何级增长。而对于机器学习的算法来说，运行时间相对较短，甚至对于朴素贝叶斯这种算法不需要去多次迭代所有样本，训练时间很快，可以使用网格搜索来调参。

9.2 分 治 法

任何一个可以用计算机求解的问题所需的计算时间都与其规模有关。问题的规模越小，越容易直接求解，解题所需的计算时间也越少。分治法是把一个复杂或难以直接求解的大问题分解为多个相同或相似的子问题，再把子问题分解为更小的子问题，直到最后子问题可以直接求解，原问题的解即子问题的解的合并。这个方法是很多高效算法的基础。

分治法所能解决的问题一般具有以下 4 个特征：

(1) 该问题的规模缩小到一定的程度就可以容易地解决。

(2) 该问题可以分解为若干个规模较小的相同问题，即该问题具有最优子结构性质。

(3) 利用该问题分解出的子问题的解可以合并为该问题的解。

(4) 该问题所分解出的各个子问题相互独立，即子问题之间不包含公共的子子问题。

分治法在每一层递归上都有 3 个步骤。

(1) 分解：将原问题分解为若干个规模较小、相互独立、与原问题形式相同的子问题。

(2) 解决：若子问题规模较小而容易被解决则直接解，否则递归地解各个子问题。

(3) 合并：将各个子问题的解合并为原问题的解。

计算机中的排序算法就是典型的分治法。所谓排序，就是使一串记录或者数字，按照其中的某个或某些关键字的大小，递增或递减地排列起来的操作。常见排序算法包括：插入排序、冒泡排序、选择排序、快速排序、堆排序、归并排序、基数排序和希尔排序等。

例 9-2 多个水下无人机器人(AUV)协同执行任务，在返回母港的时候需要按顺序靠泊。

假设让剩余能量最少的机器人优先入港，在保证水声网络通信良好的基础上，已知 5 台机器人的剩余能量，根据剩余能量由小到大进行靠泊排序。这里暂时不考虑其他靠泊条件，例如吨位、位置、AUV 编号等。

问题分析：采用冒泡法排序，算法思路比较如下。

(1)将所有待排序的机器人能量值放入一个数组中。

(2)从数组的第 1 个数字(能量值)开始检查，如果大于它的下一位数字(能量值)，则进行互换。

(3)如此循环直至倒数第 2 个数字(能量值)。

(4)顺序输出数组元素值。

程序设计：

```
#include<stdio.h>
#include<stdlib.h>
#define N 5
int main() {
    int n,i,seq[N],t;
    printf("获取 5 个 AUV 的能量值(整数)：");
    for(i=0;i<N;i++)
        scanf("%d",&seq[i]);
    for(n=0; n<N-1; n++) {                  //比较 n-1 轮
        for(i=0; i<N-1-n; i++) {
            if (seq[i] > seq[i+1]) {        //比较当前 AUV 和下一个 AUV 的能量值
                t=seq[i];
                seq[i]=seq[i+1];
                seq[i+1]=t;                 //互换当前 AUV 和下一个 AUV 的编号
            }
        }
    }
    printf("AUV 能量值排序后结果：");
    for (i=0; i<N; i++)
        printf("%d\x20", seq[i]);
    return 0;
}
```

运行结果：

```
获取 5 个 AUV 的能量值(整数)：50 48 46 49 41
AUV 能量值排序后结果：41 46 48 49 50
```

9.3 递 推 法

递推算法是一种简单的算法，因为这类问题的运算过程是一一映射的，故可分析得其递推公式。通过已知条件，利用递推公式求出中间结果，一步步推导计算，直至得到结果。

例 9-3　用递推算法求斐波那切数列的第 10 项。

问题分析：斐波那切数列求解可以采用递推或者递归算法求解，但递归算法效率低，所以考虑采用递推算法。已知数列前两项为 1,1，从第 3 项开始，每一项都是前两项之和，按照该规律，通过循环赋值，即可顺序求出第 4 项、第 5 项、……、第 N 项。

程序设计：

```
#include<stdio.h>
#include<stdlib.h>
#define N 10
int main() {
    int t1=1, t2=1, next,i;
    for (i=3;i<=N;i++) {
        next=t1 + t2;
        t1=t2;
        t2=next;
    }
        printf("第%d 项的值是：%d\n",i-1,next);
}
```

运行结果：

```
第 10 项的值是：55
```

9.4　递　归　法

递归算法是一种函数直接或间接调用自身的算法，它通常把一个大型复杂的问题层层转化为一个与原问题相似的、规模较小的问题来求解。递归算法通常只需少量的代码就可描述出解题过程所需要的多次重复计算，从而大大减少了程序的代码量。递归的优势在于用有限的语句来定义对象的无限集合。用递归思想写出的程序往往十分简洁易懂。

一般来说，递归需要有边界条件、递归前进段和递归返回段。当边界条件不满足时，递归前进；当边界条件满足时，递归返回。

注意：

(1) 递归就是在过程或函数里直接或间接调用自身。

(2) 在使用递归策略时，必须有一个明确的递归结束条件，称为递归出口。

由于递归引起一系列的函数调用，并且可能会有一系列的重复计算，所以，递归算法的执行效率相对较低。当某个递归算法能较方便地转换成递推算法时，通常按递推算法编写程序。例如计算斐波那切数列的第 n 项的函数 $f(n)$ 应采用递推算法，即从斐波那切数列的前两项出发，逐次由前两项计算出下一项，直至计算出要求的第 n 项。

一个采用递归算法求解的典型问题就是求阶乘问题，其数学表达式如下：

$$f(n)=\begin{cases}1 & n=0\\ n*f(n-1) & n\geqslant 1\end{cases}$$

仔细观察会发现，绝大部分递归算法的数学表达式均可以表述为上述形式。采用递归算法求解的时候，一定要有程序出口，即递归到某一次时，程序可以简单求解表示递归结束。递归算法用于解决特定问题非常有效，但效率较低，所以，递归次数不宜过多，规模不宜过大。

例 9-4　用递归算法求斐波那切数列的第 10 项。

问题分析：根据递归求解的基本规则，其数学描述方法如下：

$$f(n)=\begin{cases} 1 & n\leqslant 2 \\ f(n-1)+f(n+2) & n>2 \end{cases}$$

程序设计：

```
#include<stdio.h>
#include<stdlib.h>
#define N 10
int main() {
    int f(int n);
    printf("斐波那切数列的第%d 项是：%d",N,f(N));
}
int f(int n) {
    if(n==1||n==1)
        return 1;
    else
        return f(n-1)+f(n-2);
}
```

运行结果：

```
斐波那切数列的第 10 项是：55
```

就斐波那切数列求值问题而言，递推法的时间复杂度为线性时间复杂度，优于递归法，当 n 较小时，两种算法的时间差别不大，但当 n 较大时，递归算法的效率将明显降低。所以，递归算法常用于解决特定业务场景下的问题，且代码量一般不大。

9.5　迭　代　法

迭代算法是用计算机解决问题的一种基本方法，通常用于最优求解问题。最常见的迭代法是牛顿法，还包括最小二乘法、线性回归、遗传算法及模拟退火算法等。迭代是一种不断用变量的旧值递推新值的过程，是一个系统逐渐收敛的过程。迭代法又分为精确迭代和近似迭代。采用迭代算法求解主要包括 3 个步骤：

(1) 确定迭代变量。在可以用迭代算法解决的问题中，至少存在一个直接或间接地不断由旧值递推出新值的变量，这个变量称为迭代变量。

(2) 建立迭代关系式。迭代关系式是指如何从变量的前一个值推出其下一个值的公式。迭代关系式的建立是解决迭代问题的关键，通常可以用顺推或倒推的方法来完成。

(3) 对迭代过程进行控制。迭代是一个重复循环的过程，其目的通常是为了逼近所需目标或结果，在什么时候结束迭代是编写迭代程序必须考虑的问题。对于确定解，可以通过精确迭代次数获得最终解；对于不确定解，可以通过近似迭代，在迭代到一定次数后，根据其收敛程度获得相对满意解，但有时会陷入局部最优而无法获得全局满意解。

例 9-5　钢板是船舶制造的主要原料。在船舶实际建造过程中，计划部门根据船舶订单生成切割计划，然后在分段车间对钢板进行适当切割加工。已知标准钢板为 10m×5m，现有一块切割后的剩余钢板，大小为 4.5m×4.5m，设计人员要在该剩余钢板上重新画线切割出一块面积为 $15m^2$，且长宽比为 4:3 的零件，是否可以做到?

问题分析：设零件长为 $4x$，宽为 $3x$，则面积为：$12x^2 = 15$，即 $x^2 = 1.25$，求出 x 后比较 $4x$ 与 4.5 的大小即可。所以问题转化为求解 1.25 的平方根，采用计算机编程方法解决该平方根问题。a 的平方根迭代公式是：$x_1 = 1/2*(x_0+a/x_0)$。

(1) x_0 为自定的一个初值，作为 x 的平方根值，在我们的程序中取 $a/2$ 作为初值；利用迭代公式求出一个 x_1。此时，x_1 与 a 的真正的平方根值相比，误差很大。

(2) 把新求得的 x_1 代入 x_0 中，准备用此新的 x_0 再求一个新的 x_1。

(3) 利用迭代公式再求出一个新的 x_1 的值，也就是用新的 x_0 又求出一个新的平方根值 x_1，此值将更趋近于真正的平方根值。

(4) 比较前后两次求得的平方根值 x_0 和 x_1，如果它们的差值小于指定的值，即达到要求的精度，则认为 x_1 就是 a 的平方根值，输出；否则执行步骤(2)，即循环进行迭代。

程序设计：

```
#include<stdio.h>
#include<stdlib.h>
#include<math.h>
int main() {
    float a=1.25,x0,x1;
    x0=a/2;
    x1=(x0+a/x0)/2;                     //初始化
    do {
        x0=x1;
        x1=(x0+a/x0)/2;                 //循环利用公式迭代
    }while(fabs(x0-x1)>=1e-6);          //直至达到指定精度
    printf("计划切割尺寸为：%.2fm，%.2fm\n",4*x1,3*x1);
    if (4*x1<=4.5)
        printf("小于钢板尺寸，可以切割");
    else
        printf("大于钢板尺寸，不能切割");
}
```

运行结果：

```
计划切割尺寸为：4.47m，3.35m
小于钢板尺寸，可以切割
```

迭代法是用于求方程或方程组近似根的一种常用的算法设计方法。如果将上题中的“$x_1 = (x_0+a/x_0)/2$;”替换为其他求根公式，就可以满足相应的方程求解需求。具体使用迭代法求根时应注意以下两种可能发生的情况：

(1) 如果方程无解，算法求出的近似根序列就不会收敛，迭代过程会变成死循环。因此在使用迭代算法前应先考察方程是否有解，并在程序中对迭代的次数给予限制。

(2) 方程虽然有解，但若迭代公式选择不当，或迭代的初始近似根选择不合理，也会导致迭代失败。

9.6 贪心算法

贪心算法(又称贪婪算法)是指在对问题求解时，总是做出在当前看来是最好的选择。也就是说，不是从整体最优上加以考虑，它所做出的仅是在某种意义上的局部最优解。必须注意的是，贪心算法不是对所有问题都能得到整体最优解，选择的贪心策略必须具备无后效性，即某个状态以后的过程不会影响以前的状态，只与当前状态有关。对许多问题贪心算法都能产生整体最优解或者整体最优解的近似解。贪心算法以迭代的方式做出连续的贪心选择，每做一次贪心选择就将所求问题简化为规模更小的子问题。

例 9-6 高效的工厂加工生产需要制定合理的生产计划、调度，来保证生产活动的顺利进行。在选定加工方法后，加工顺序安排得是否合理，将直接影响工厂的生产效率与生产成本。在某船厂分段车间，某一时间段内有 n 个钢板集合 $e=\{1,2,3,4,\cdots,n\}$ 等待切割，这些钢板都需要使用同一台切割机，在同一时间只有一个钢板能使用这台机器。每个钢板都有使用该机器的起始时间 si 和结束时间 fi，且 $si<fi$。设计一个切割计划，使尽可能多的钢板能够完成切割。

问题分析：该问题要求高效地安排一系列争用某一公共资源的活动。如果选择了切割活动 i，则它在半开时间区间$[si, fi)$内占用资源。若切割活动 j 的使用区间$[sj, fj)$与区间$[si, fi)$不相交，则称活动 j 与活动 i 是相容的。该问题就是要在所给的活动集合中挑选出最大的相容活动子集合。贪心算法提供了一个简单漂亮的方法，使得尽可能多的活动能兼容地使用公共资源。

用数组 selected 来存储所选择的切割活动。活动 i 被选择则 selected[i]的值为 1，否则 selected[i]的值为 0。变量 j 用来记录最近一次加入 selected 中的活动。

贪心算法一开始选择活动 1，并将 j 初始化为 1。然后依次检查活动 i 是否与当前已选择的所有活动相容。若相容，则将活动 i 加入集合 selected 中，从而取代活动 j 的位置，否则，不选择活动 i。

由于输入的切割活动是以其完成时间升序排列的，所以每次总是选择具有最早完成时间的活动加入集合 selected 中。从直观上来看，按这种方式选择相容活动就为后续的切割工作留下了尽可能多的时间。也就是说，该算法贪心选择的意义是使剩余的可安排时间段最大化，以便安排尽可能多的相容切割活动。

假设待安排的切割活动有 6 个，所有切割活动按结束时间升序排列，如表 9-1 所示。

表 9-1　切割活动数据

i	1	2	3	4	5	6
s[i]	1	3	0	4	8	11
f[i]	4	5	6	7	11	14

在下面所给出的算法中，各活动的起始时间和结束时间存储于数组 s 和 f 中，且按结束时间的升序排列(f1 <= f2 <= ··· <= fn)。如果所给出的活动未按此序排列，则可以先对其排序以完成初始化工作，排序工作此处不做阐述。

程序设计：

```
#include <stdio.h>
#include<stdlib.h>
```

```
#define N 100
void greedyselector(int n, int s[]、int f[], int selected[]);
int main() {
    int s[N], f[N];       //s[i]、f[i]存储切割活动 i 的开始和结束时间
    int selected[N];      //若活动 i 被选择，则 selected[i]置 1，否则置 0
    int n;
    printf("请输入切割活动个数：");
    scanf("%d", &n);
    printf("请输入各个切割活动的开始和结束时间(要求按结束时间升序输入)：\n");
    for (int i = 1; i <= n; i ++)
        scanf("%d%d", &s[i], &f[i]);
    greedyselector(n, s, f, selected);
    printf("如下钢板被选择：\n");
    for (int i = 1; i <= n; i ++)
        if (selected[i] == 1)
            printf("%d ", i);
    printf("\n");
    return 0;
}
void greedyselector(int n, int s[], int f[], int selected[]) {
    int j = 1;
    selected[1] = 1;            //首先选择钢板 1
    for (int i = 2; i <= n; i ++)
        if (s[i] >= f[j]) {  //如果钢板 i 与钢板 j 兼容，则选择钢板 i
            selected[i] = 1;
            j = i;
        } else {
            selected[i] = 0;
        }
}
```

运行结果：

```
请输入切割活动个数：6
请输入各个切割活动的开始和结束时间(要求按结束时间升序输入)：
1 4 3 5 0 6 4 7 8 11 11 14
如下钢板被选择：
1 4 5 6
```

程序显示按照钢板 1、钢板 4、钢板 5 和钢板 6 的顺序加工，可以最大效率地利用切割机器。

对于一个有多种属性的事物来说，贪心算法会优先满足某种条件，追求局部最优的同时希望达到整体最优的效果。贪心算法的基本思路：首先，建立数学模型来描述问题；其次，把求解的问题分成若干个子问题；再次，对每一子问题求解，得到子问题的局部最优解，最后，把子问题的解局部最优解合成原来问题的一个解。

在图论的求解中常常用到贪心算法，迪杰斯特拉算法(Dijkstra 算法)是从一个顶点到其余各顶点的最短路径算法，解决的是有权图中最短路径问题。其主要特点是从起始点开始，采用贪心算法的策略，每次遍历到始点距离最近且未访问过的顶点的邻接节点，直到扩展到

终点为止。普里姆算法(Prim 算法)可在加权连通图里搜索最小生成树，即由此算法搜索到的边子集所构成的树中，不但包括了连通图里的所有顶点，且其所有边的权值之和也最小。克鲁斯卡尔算法(Kruskal 算法)也是求解最小生成树，其思想是假设连通图中的最小生成树 T 初始状态为只有 n 个顶点而无边的非连通图，选择代价最小的边，若该边依附的顶点分别在不同的连通分量上，则将此边加入 T 中，否则，舍去此边而选择下一条代价最小的边。以此类推，直至 T 中所有顶点构成一个连通分量为止。

9.7 回　溯　法

回溯法的本质仍然是一种穷举方法，但是在具体使用时，需要考虑搜索优化问题，所以，回溯法也可以看作一种选优搜索法：首先把问题的解转化成一棵含有问题全部可能解的状态空间树或图，然后使用深度优先搜索策略进行遍历，遍历的过程中记录和寻找所有可行解或者最优解。首先从根节点出发搜索解空间树，当算法搜索至解空间树的某一节点时，先利用剪枝函数判断该节点是否可行(即能否得到问题的解)，如果不可行，则跳过对该节点为根的子树的搜索，逐层向其祖先节点回溯；否则，进入该子树，继续按深度优先策略搜索。

回溯法的基本行为是穷举搜索，搜索过程使用剪枝函数避免无效搜索，从而提升穷举效率。剪枝函数包括两类：

(1) 使用约束函数剪去不满足约束条件的路径。

(2) 使用限界函数，减去不能得到最优解的路径。

回溯法有“通用解题法”的美誉，因为当问题是要求满足某种性质(约束条件)的所有解或最优解时，使用回溯法往往可以得到最优解。但使用回溯法的一个关键问题是如何定义问题的解空间并转化成树(即解空间树)。实际上，回溯法并不是先构造出整棵状态空间树再进行搜索，而是在搜索过程逐步构造出状态空间树，即边搜索边构造。

回溯法的解题主要包括以下 3 个步骤：

(1) 针对所给问题，定义问题的解空间。

(2) 确定约束条件。

(3) 以深度优先方式搜索解空间。

回溯法与穷举法有些类似，它们都是基于试探的。穷举法要将一个解的各个部分全部生成后，才检查是否满足条件，若不满足，则直接放弃该完整解，然后再尝试另一个可能的完整解，它并没有沿着一个可能的完整解的各个部分逐步回退生成解的过程。而对于回溯法，一个解的各个部分是逐步生成的，当发现当前生成的某部分不满足约束条件时，就放弃该步所做的工作，退到上一步进行新的尝试，而不是放弃整个解重来。回溯算法适合求解组合搜索和组合优化问题，例如 0-1 背包问题、批处理作业调度、n 后问题、最大团问题及图的着色问题。

例 9-7　我军装备某新型 AUV，该艇可选配装载防空导弹、反舰导弹、鱼雷等多种武器，该艇最大容量为 M。第 i 种武器的重量是 W_i，其毁伤价值为 P_i。假设考虑到空间和能量约束，每种武器只能携带一个，问如何选择装入 AUV 的武器，使得携带武器的毁伤价值最大？

问题分析：

(1) 在 n 个武器中选择部分武器，使得毁伤价值最大，可以转换为典型的 0-1 背包问题，该问题的解空间是子集树。例如武器数目 $n=3$ 时，其解空间树如图 9-1 所示。每种武器均具

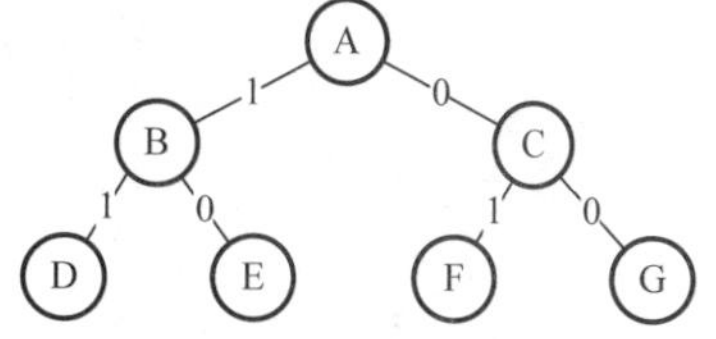

图 9-1　解空间树

有 0 和 1 两种可选情况：边为 0 代表不选择该武器，边为 1 代表选择该武器。使用 x 表示武器 i 是否被选择，$x = 0$ 表示不选择，$x = 1$ 表示选择。其中：左子树为 0，右子树为 1，和程序对应。

(2) 回溯搜索过程，如果来到了叶子节点，表示一条搜索路径结束，如果该路径上存在更优的解，则保存下来。如果不是叶子节点，是中点的节点(如 B)，就遍历其子节点(D 和 E)，如果子节点满足剪枝条件，就继续回溯搜索子节点。

程序设计：

```
#include <stdio.h>
#define N 3                            //武器数量
#define C 16                           //AUV 容量
int weight[N] = {10,8,5};              //每种武器的重量
int value[N] = {155,120,10};           //每种武器的毁伤价值
int x[N] = {0,0,0};                    //x[i] = 1 代表武器 i 选配装载，0 代表不选配装载
int CurWeight = 0;                     //当前选配装载武器的总重量
int CurValue    = 0;                   //当前选配装载武器的总毁伤价值
int BestValue = 0;                     //最优值：当前的最大毁伤价值，初始化为 0
int BestX[N];                //最优解：BestX[i] = 1 代表武器 i 选配装载，0 代表不选配装载
//t = 0 to N-1
void backtrack( int t ) {
    //叶子节点，输出结果
    if (t>N-1) {
        if (CurValue > BestValue ) {      //如果找到了一个更优的解
            BestValue = CurValue;         //保存更优的值和解
            for ( int i = 0; i < N; ++i )
                BestX[i] = x[i];
        }
    } else {                           //遍历当前节点的子节点：0 不选配装载，1 选配装载
        for ( int i = 0; i<= 1; ++i ) {
            x[t] = i;
            if ( i == 0 ) {   //不选配装载
                backtrack(t + 1);
            } else {          //选配装载
                if ((CurWeight + weight[t]) <= C) {
                    CurWeight += weight[t];
                    CurValue += value[t];
                    backtrack(t + 1);
                    //回溯
                    CurWeight -= weight[t];
                    CurValue -= value[t];
                }
            }
        }
```

```
        }
    }
    int main() {
        backtrack(0);
        printf( "最大毁伤价值:%d\n", BestValue );
        printf( "最优解:");
        for ( int i=0; i < N; i++ )
            printf( "%d ", BestX[i] );
        printf("\n");
        printf("1 代表载入, 0 代表不载入");
    }
```

程序分析：t 表示当前扩展节点在第 t 层，CurWeight 表示当前已放入物品的重量，CurValue 表示当前已放入武器的价值。如果 t > N–1，表示已经到达叶子节点，记录最优值最优解，返回。

遍历当前节点的子节点。在不装载该武器时候，x[t] = 0，则搜索左子树。因为左子树表示不装载该武器，当前已装载武器的重量、毁伤价值均不改变。backTrack(t+1)表示递推，深度优先搜索第 t+1 层。否则，装载该武器时，搜索右子树，因为右子树表示装载该武器，所以令 x[t] = 1，表示放入第 t 个该武器。CurWeight + = weight[t]，表示当前已装载该武器的重量增加 weight[t]。CurValue + = value[t]，表示当前已放入武器的毁伤价值增加 value[t]。backtrack(t+1)表示递推，深度优先搜索第 t+1 层。回归时即向上回溯时，要减去增加的值，CurWeight– = weight [t]，CurValue – = value [t]。

程序运行结果如下：

```
最大毁伤价值:165
最优解:1 0 1
1 代表载入, 0 代表不载入
```

程序运行结果表明，载入防空导弹和反舰导弹使得不超过该 AUV 装载能力的情况下毁伤价值最大，为 165。

9.8　动态规划算法

动态规划算法是一种用来解决最优化问题的算法思想，它没有固定的规则，算法使用上比较灵活，常常需要具体问题具体分析。

动态规划算法是将问题进行拆分，定义出问题的状态和状态之间的关系，使问题逐步得到解决。动态规划算法的基本思想与分治法类似，即需要将待求解的问题分解为若干个子问题，按顺序求解前一子问题的解，为后一子问题的求解提供有效信息。在求解任一子问题时，应当列出各种可能的局部解，通过决策舍去那些肯定不能成为最优解的局部解，保留那些有可能达到最优解的局部解。依次解决各子问题，最后一个子问题就是初始问题的解。

动态规划算法适用于具备最优子结构性质和子问题重叠性的最优化问题，最优子结构问题是整体最优解中包含它的子问题的最优解，子问题重叠性表示第 i+1 步问题的求解中包含第 i 步子问题的最优解，形成递归求解。其算法主要包括 4 个步骤：

(1) 分析最优解的结构。

(2) 给出计算局部最优解值的递归关系。

(3) 自底向上计算局部最优解的值。

(4) 根据最优解的值构造最优解。

例 9-8 使用动态规划算法求解不同路径。在水下巡逻任务中，将 AUV 从起点到终点行驶的轨迹视为一条任务路径。一个 AUV 位于一个 $m \times n$ 栅格化地图的左上角，试图达到网格的右下角，AUV 每次只能向下或者向右移动一步，如图 9-2 所示。计算共有多少条不同的任务路径。

示例 1：

输入：m = 3, n = 2

输出：3

从左上角开始，总共有 3 条路径可以到达右下角。

(1) 向右 → 向下 → 向下

(2) 向下 → 向下 → 向右

(3) 向下 → 向右 → 向下

示例 2：

输入：m = 3, n = 7

输出：28

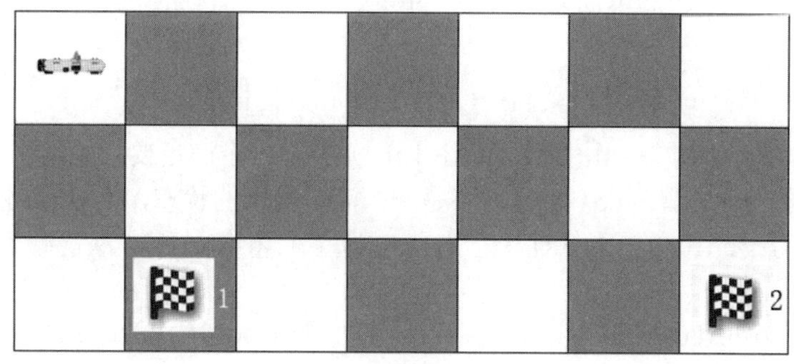

图 9-2 水下巡逻任务

问题分析：这个问题初看后直观的想法是采用递归来枚举出有多少条路径。但需要注意的是，机器人每次只能向下或者向右移动一步，机器人走过的路径可以转化为一棵二叉树，叶子节点就是终点，如图 9-3 所示。

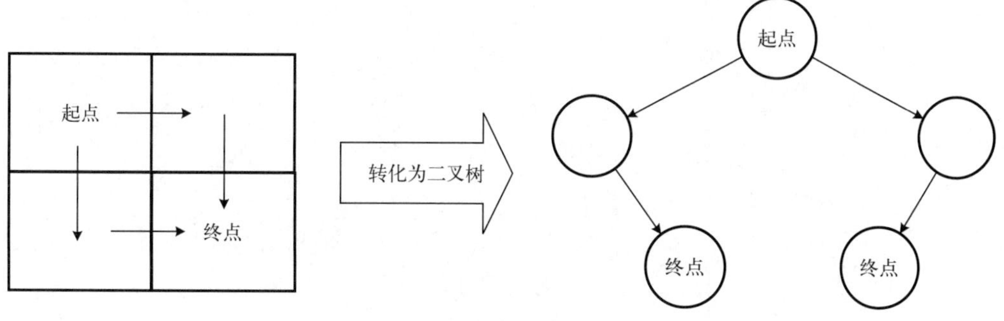

图 9-3 机器人路径转化

递归算法如下：

```
int dps(int i, int j, int m, int n) {
    if (i > m || j > n)
        return 0;          //越界
    if (i == m && j == n)
        return 1;          //找到一种方法，相当于找到了叶子节点
    return dps(i + 1, j, m, n) + dps(i, j + 1, m, n);
}
int Paths(int m, int n) {
    return dps(1, 1, m, n);
}
```

这个暴力递归算法其实是遍历整个二叉树。这棵树的深度是 m+n-1(深度按从 1 开始计算)，那么二叉树的节点个数就是 $2^{m+n-1}-1$。可以理解该算法就是遍历了整个满二叉树(其实没有遍历整个满二叉树，只是近似而已)，所以，上面算法的实际时间复杂度是 $O(2^n)$，达到指数级时间复杂度，当 n 较大时，该算法基本没有可行性。

我们考虑用 dp(i, j)表示从左上角走到(i, j)的路径数量，其中 i 和 j 的范围分别是[0, m)和[0, n)。因为每一步只能向下或者向右移动一步，所以，要走到(i, j)，如果向下走一步，那么，会从(i−1,j)走过来；如果向右走一步，那么，会从(i,j−1)走过来。因此，动态规划转移方程如下：

$$dp(i, j) = dp(i-1, j) + dp(i, j-1)$$

需要注意的是，如果 i = 0，那么 dp(i−1,j) 并不是一个满足要求的状态，需要忽略这一项；同理，如果 j = 0，那么 dp(i,j−1)并不是一个满足要求的状态，需要忽略。

初始条件为：dp(0,0) = 1，即从左上角走到左上角有一种方法。最终的答案即为：dp(m−1,n−1)。

在此过程中，dp(i,0)一定都是 1，因为从(0, 0)的位置到(i, 0)的路径只有一条，那么，dp(0,j)也同理。这样一来，算法的时间复杂度为 O(mn)，空间复杂度为 O(mn)，即为存储所有状态需要的空间，以空间换取时间。

程序设计：

```
#include<stdio.h>
#include<stdlib.h>
int Paths(int m, int n) {
    int dp[m][n];
    for (int i = 0; i < m; ++i) {
        dp[i][0] = 1;
    }
    for (int j = 0; j < n; ++j) {
        dp[0][j] = 1;
    }
    for (int i = 1; i < m; ++i) {
        for (int j = 1; j < n; ++j) {
            dp[i][j] = dp[i - 1][j] + dp[i][j - 1];
        }
```

```
    }
    return dp[m - 1][n - 1];
}

int main() {
    int m, n;
    printf("请分别输入 m 和 n 的值：\n");
    scanf("%d%d", &m, &n);
    int res = Paths(m,n);
    printf("不同路径数量为：%d", res);
}
```

运行结果：

```
请分别输入 m 和 n 的值：3 7
不同路径数量为：28
```

通过上面的问题分析可以得出这样的结论：可以按照从最小开始的顺序计算所有函数值来求任何类似函数的值，在每一步使用先前已经计算出的值来计算当前值，这种方法称为自底向上的动态规划。通过改进，可以把算法从指数级时间复杂度降低到线性时间复杂度。

对于分治法、动态规划法及贪心算法，它们具有一定的相似性，但又有所不同：分治和动态规划都是将问题分解为子问题，然后合并子问题的解得到原问题的解，但是不同的是，分治法分解出来的子问题是不重叠的，因此分治法解决的问题不拥有重叠子问题，而动态规划解决的问题拥有重叠子问题。例如，归并排序和快速排序都使用了分治法。另外，分治法解决的问题不一定是最优化问题，而动态规划解决的问题一定是最优化问题。

贪心法和动态规划法都要求原问题必须拥有最优子结构，二者的区别在于，贪心法采用的计算方式类似上面的自顶向下，但是并不等于子问题求解完毕后再去选择哪一个，而是通过一种策略直接选择一个子问题去求解，没有被选择的子问题就不求解了，直接抛弃，也就是说，它总是只在上一步选择的基础上继续选择，因此，整个过程是一种单链的流水方式，显然这种情况的正确性需要用归纳法去证明。动态规划算法与贪心算法都是将求解过程化为多步决策，二者最大的区别是贪心算法每一次做出唯一决策，求解过程只产生一个决策序列，求解过程自顶向下，不一定有最优解。动态决策算法是将问题的求解过程化为多步选择，求解过程多为自底向上，会产生多个选择序列，下一步的选择依赖上一步的结果，在每一步选择上列出各子问题的所有可行解并做取舍，最后一步得到的解必然是最优解。

9.9 习 题

一、选择题

1. 二分搜索算法是利用(　　)实现的算法。

   A. 分治策略　　B. 动态搜索策略　　C. 贪心算法　　D. 回朔法

2. 衡量一个算法好坏的标准是(　　)。

   A. 代码少　　B. 时间复杂度低　　C. 存储空间小　　D. 运算速度快

3. 穷举算法的优点是(　　)。

A. 求解速度快　B. 精确度高　C. 直观易理解　D. 可以解决所有问题

4. 递归算法的特点是(　　)。

A. 递归算法的速度比较快　B. 递归算法效率高

C. 递归算法适用于解决大多数问题　D. 以上描述均错误

5. 通常以深度优先形式搜索问题解的算法是(　　)。

A. 贪心算法　B. 递归算法　C. 回朔算法　D. 迭代算法

6. 二分查询法是采用(　　)思想实现的算法。

A. 动态规划法　B. 贪心法　C. 回朔法　D. 分治法

7. 关于算法的输出，以下描述正确的是(　　)。

A. 如果某个算法无解，则该算法可以没有输出

B. 算法至少有 1 个输出

C. 算法的输出必须出现在程序结束部分

D. 以上说法均错误

8. 关于排序，下列描述正确的是(　　)。

A. 排序就是将一组数据从小到大排列

B. 排序就是将一组数据从大到小排列

C. 排序就是使一组数据有序

D. 以上说法都正确

9. 关于 NP 问题，说法正确的是(　　)。

A. NP 问题都是不能解决的问题　B. NP 完全问题是 P 类问题的子集

C. P 类问题包含在 NP 类问题中　D. NP 类问题包含在 P 类问题中

10. 很多大型足球联赛采用循环赛制，循环赛日程表可以利用(　　)进行解决。

A. 动态规划法　B. 分治法　C. 回朔法　D. 迭代法

二、填空题

1. 算法的复杂度衡量有两方面，包括(　　)复杂度和(　　)复杂度。

2. 排序是数据处理中的一个重要步骤，计算机排序算法是一种典型的(　　)算法。

3. 在使用递归策略时，必须有一个明确的递归结束条件，称为(　　)，通常使用判断语句实现。

4. 回溯法的基本行为是(　　)，搜索过程使用(　　)避免无效搜索，从而提升算法效率。

5. 图论问题的求解中，常常使用(　　)。

6. 基于卷积运算的神经网络系统，即卷积神经网络，该网络的缩写是(　　)。

7. 算法的时间复杂性通常与问题的(　　)大小相关。

8. 迭代法是一种不断用变量的旧值(　　)出新值的解决问题的方法。

9. 分治法和动态规划法具有一定的相似性，但又有所不同，主要区别在于分解出来的子问题(　　)。

10. 动态规划算法是将问题进行拆分，定义出问题的(　　)的关系，使问题逐步得到解决。

三、判断题

1．递归算法通常是把一个大型复杂的问题层层转化为一个与原问题相似的规模较小的问题来求解，所以递归算法的时间复杂度比较低。

2．同一个问题，指数级时间复杂度的算法比线性时间复杂度的算法更好。

3．大规模的高精度数值计算中的大整数乘法可以采用分治法解决。

4．回溯法的基本行为是穷举搜索，它与穷举法都是基于试探解决问题的。

5．回朔法的特点是可以沿着一个可能的完整解的各个部分逐步回退生成解。

6．贪心算法在对问题求解时，总是做出在当前看来是最好的选择，所以该算法无法求出问题的整体最优解。

7．Prim 算法是图论中的一种算法，可在加权连通图里搜索最小生成树。即由此算法搜索到的边子集所构成的树中，不但包括了连通图里的所有顶点，且其所有边的权值之和亦为最小。

8．约束函数用于剪去不满足约束条件的路径。

9．深度学习中神经网络的层数越多越好。

10.一般情况下，递归法的时间复杂度优于递推法。

四、编程题

1．使用递归方法求解某班级计算思维二的平均成绩，要求输入每位学生的成绩，输出平均成绩。

2.某饮料厂举办促销活动。某款饮料凭 3 个瓶盖可以兑换一瓶同款饮料，且可以一直循环兑换。如果初始买入 n 瓶饮料，最后一共能喝到多少瓶饮料？

3．百马百担问题：100 匹马驮 100 担货，每匹大马驮 3 担，每匹中马驮 2 担，两匹小马驮 1 担，请问大马、中马、小马各多少匹？用穷举法实现。

4．泰波那契数序列 T_n 定义如下：$T_0=0$，$T_1=1$，$T_2=1$，且在 $n\geq 0$ 的条件下 $T_{n+3}=T_n+T_{n+1}+T_{n+2}$。输入一个整数 n，输出第 n 个泰波那契数 $T_n(0\leqslant n\leqslant 10)$，用动态规划方法实现。

第 10 章　经典人工智能算法

本章主要介绍几个经典的人工智能算法，通过学习人工智能算法的具体知识来进一步培养计算思维能力，提高求解复杂问题的能力。

10.1　概　　述

人工智能(Artificial Intelligence)作为计算机科学的一个分支出现于 20 世纪 50 年代，它试图了解智能的实质，并生产出一种新的、能以人类智能相似的方式做出反应的智能机器，该领域的研究包括机器人、语言识别、图像识别、自然语言处理和专家系统等。人工智能从诞生以来，理论和技术日益成熟，当前的人工智能不再依赖于基于符号知识表示和程序推理机制，而是建立在新的基础上，即机器学习(Machine Learning)。当今人工智能领域的大多数人工智能应用程序都是基于机器学习技术的。

按照模型训练方式不同，机器学习算法分为监督学习(Supervised Learning)、无监督学习(Unsupervised Learning)、半监督学习(Semi-supervised Learning)，以及深度学习(Deep Learning)和强化学习(Reinforcement Learning)四大类。

1．监督学习

监督学习就是利用已知的训练数据集去训练学习得到一个模型，使模型能够具有对其他未知数据进行分类的能力，也就是可以利用这个模型将任意给定的输入(测试样本集)映射为相应的输出，并对输出进行判断，从而实现分类的目的。

2．无监督学习

无监督学习是事先没有给定任何已标记过的训练样本，而需要直接对数据进行建模，以寻找数据的模型和规律，实现分类或分群。例如，聚类算法能针对数据集自动找出数据中的结构，从而把数据分成不同的簇。显然，有无预期输出是监督学习与非监督学习的区别。

3．半监督学习

半监督学习是监督学习与无监督学习相结合的一种学习方法。半监督学习使用大量的未标记数据，并同时使用标记数据，来进行模式识别工作。当使用半监督学习时，将会要求尽量少的人员来参与工作，同时，又能够带来比较高的准确性，因此，半监督学习越来越受到人们的重视。

4．深度学习和强化学习

深度学习和强化学习首先都是自主学习系统。深度学习是从训练集中学习，然后将学习到的知识应用于新数据集，是一种静态学习；而强化学习是通过连续的反馈来调整自身的动作以获得最优结果，是一种不断试错的过程，这是动态学习。有一点需要注意，深度学习和强化学习并不是相互排斥的概念。事实上，可以在强化学习系统中使用深度学习，这就是深度强化学习。

10.2　K-Means 聚类算法

10.2.1　K-Means 聚类算法简介

在自然科学和社会科学中，存在着大量的分类问题。所谓“类”就是指相似元素的集合。所谓聚类算法是指将一堆没有标签的数据自动划分成几类的方法，属于无监督学习方法。聚类与分类最大的区别在于，聚类过程为无监督过程，即待处理数据对象没有任何先验知识；而分类过程为有监督过程，即存在先验知识的训练数据集。

聚类具有非常广泛的实际应用需求和场景，例如：市场细分(Market Segmentation)、社交网络分析(Social Network Analysis)、集群计算(Organize Computing Clusters)和天体数据分析(Astronomical Data Analysis)等。

K-Means 聚类(K-Means Clustering，K-均值聚类)算法是一种原理简单、功能强大且应用广泛的无监督机器学习技术。该算法的主要作用是将相似的样本自动归到一个类别中，聚类的目标就是试图将数据集中的样本划分为若干个通常是不相交的子集，每个子集称为一个“簇(cluster)”，其中，K 代表类簇个数，Means 代表类簇内数据对象的均值，这种均值是一种对类簇中心的描述。类簇中心也称为质心，也就是每个簇的均值向量，即向量各维取平均值即可。

K-Means 算法以距离作为数据对象间相似性度量的标准，即数据对象间的距离越小，则它们的相似性越高，它们就越有可能属于同一个类簇。由于该算法认为簇是由距离靠近的对象组成的，因此它把得到紧凑且独立的簇作为最终目标。数据对象间距离的计算有很多种，K-Means 算法通常采用欧式距离来计算数据对象间的距离。

10.2.2　K-Means 聚类算法原理

K-Means 算法的主要思想是：在给定 K 值和 K 个初始类簇中心点的情况下，把每个点(即数据记录)分到离其最近的类簇中心点所代表的类簇中。所有点分配完毕之后，根据一个类簇内的所有点重新计算该类簇的中心点(取平均值)，然后再迭代地进行分配点和更新类簇中心点的步骤，直至类簇中心点的变化很小，或者达到指定的迭代次数。合理地确定 K 值和 K 个初始类簇中心点对于聚类效果的好坏有很大的影响。

假设给定样本集，按照样本之间的距离大小，将样本集划分为 K 个簇。让簇内的点尽量紧密地连在一起，而让簇间的距离尽量地大。若用数学表达式表示，假设簇划分为 $(C_1, C_2, \cdots, C_k)$，则 K-Means 的目标是最小化平方误差 E：

$$E = \sum_{i=1}^{k} \sum_{x \in C_i} \left\| x - \mu_i \right\|^2 \tag{10-1}$$

其中：μ_i 是簇 C_i 的均值向量，有时也称为质心，表达式为：

$$\mu_i = \frac{1}{|C_i|} \sum_{x \in C_i} x \tag{10-2}$$

如果直接求上式的最小值并不容易，这是一个 NP 难的问题(即需要超多项式时间才能求解的问题)，只能采用启发式的迭代方法。K-Means 算法流程如图 10-1 所示。

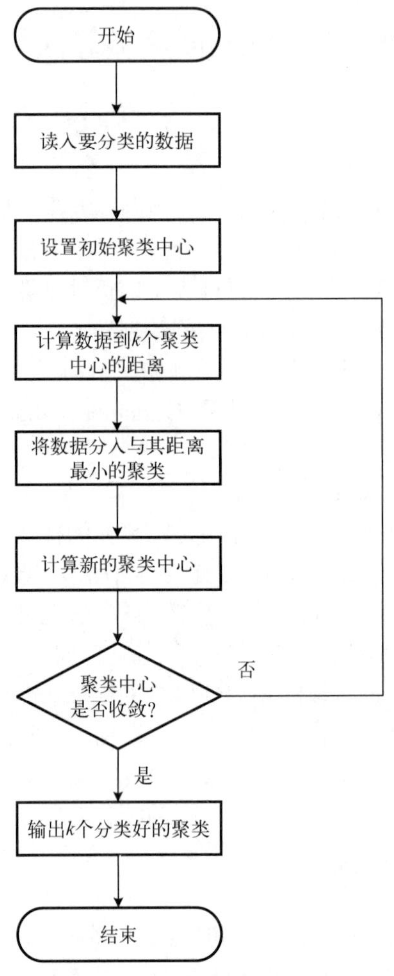

图 10-1　K-Means 算法流程

(1) 读入待分类数据，确定一个 k 值，即希望将数据集经过聚类得到 k 个集合，并从数据集中随机选择 k 个数据点作为质心。

(2) 对数据集中的每一个数据点，计算其与每一个质心的距离(如欧氏距离)，离哪个质心近，就被划分到那个质心所属的集合。

(3) 把所有数据聚类后，一共有 k 个集合。然后重新计算每个集合的质心。

(4) 如果新计算出来的质心和原来的质心之间的距离小于某一个设置的阈值(表示重新计算的质心的位置变化不大，趋于稳定，或者说收敛)，就可以认为聚类已经达到期望的结果，算法终止。

(5) 如果新质心和原质心距离变化很大，需要迭代第(2)～(4)步骤。这个过程将不断重复直到满足某个终止条件。终止条件可以是以下任何一个：

①没有(或最小数目)对象被重新分配给不同的聚类。

②没有(或最小数目)聚类中心再发生变化。

③误差平方和局部最小。

得到相互分离的球状聚类，在这些聚类中，均值点趋向收敛于聚类中心。一般会希望得到的聚类大小大致相当，这样把每个观测都分配到离它最近的聚类中心(即均值点)就是比较正确的分配方案。

10.2.3　K-Means 聚类算法实例

例 10-1　假设坐标系中有 6 个点，如表 10-1 所示。请利用 K-Means 算法将这 6 个点分为两类。

表 10-1　数据点坐标

数据点	横坐标 X	纵坐标 Y
$P1$	0	0
$P2$	1	2
$P3$	3	1
$P4$	8	8
$P5$	9	10
$P6$	10	7

解:

(1)分两组，令 $K=2$，然后随机选择两个点 $P1$ 和 $P2$ 为质心。

(2)通过勾股定理分别计算剩余点到这两个点的距离，如表 10-2 所示。

表 10-2　第 1 次计算质心与待聚类点欧氏距离

顶点\质心	$P1=(0,0)$	$P2=(1,2)$
$P3=(3,1)$	3.16	2.24√
$P4=(8,8)$	11.31	9.22√
$P5=(9,10)$	13.45	11.31√
$P6=(10,7)$	12.21	10.30√

(3)第 1 次分组后结果。

组 A：$P1$

组 B：$P2$、$P3$、$P4$、$P5$、$P6$

(4)分别计算 A 组和 B 组的质心。

A 组质心还是 $P1=(0,0)$

B 组新的质心坐标为：$P7=((1+3+8+9+10)/5,\ (2+1+8+10+7)/5)=(6.2, 5.6)$

(5)再次计算每个点到质心的距离，如表 10-3 所示。

表 10-3　第 2 次计算新的质心与待聚类点欧式距离

顶点\质心	$P1=(0,0)$	$P7=(6.2,5.6)$
$P2=(1,2)$	2.24√	6.32
$P3=(3,1)$	3.16√	5.60
$P4=(8,8)$	11.31	3√

续表

顶点\质心	$P1=(0, 0)$	$P7=(6.2, 5.6)$
$P5=(9, 10)$	13.45	5.22√
$P6=(10, 7)$	12.21	4.05√

(6) 第 2 次分组结果。

组 A：$P1$、$P2$、$P3$

组 B：$P4$、$P5$、$P6$

(7) 再次计算质心。

$P8=((0+1+3)/3, (0+2+1)/3)=(1.33, 1)$

$P9=((8+9+10)/3, (8+10+7)/3)=(9, 8.33)$

(8) 第 3 次计算每个点到质心的距离，如表 10-4 所示。

表 10-4　第 3 次计算新的质心与待聚类点欧式距离

顶点\质心	$P8=(1.33, 1)$	$P9=(9, 8.33)$
$P1=(0, 0)$	1.66√	12.26
$P2=(1, 2)$	1.05√	10.20
$P3=(3, 1)$	1.67√	9.47
$P4=(8, 8)$	9.67	1.05√
$P5=(9, 10)$	11.82	1.67√
$P6=(10, 7)$	10.54	1.66√

(9) 第 3 次分组结果。

组 A：$P1$、$P2$、$P3$

组 B：$P4$、$P5$、$P6$

可以发现，第 3 次分组结果和第 2 次分组结果一致，说明已经收敛，聚类结束。

10.3　KNN 算法

10.3.1　KNN 算法简介

KNN (K-Nearest Neighbor，K 最近邻) 算法是监督学习中最基本的机器学习方法，是一种用于分类、回归、预测的非参数统计方法。通过找出一个样本的 k 个最近邻居，决定该样本的分类，将同一类别中最近邻居的属性赋给该样本，就可以得到该样本的属性。该算法不会对基础的数据进行修改，在其训练阶段仅存储数据集，在分类时对数据集进行操作。KNN 算法具有易于实现、鲁棒性好和在大数据情况下性能良好等特点，因此，被广泛应用于模式识别和数据挖掘的各个领域，如文本分类、网络入侵检测和图像处理等。

10.3.2　KNN 算法原理

KNN 算法的分类原理是依据模式识别“空间分布中属性相同相互邻近”这一思想，获取待判断未知样本与 k 个最近邻中已知样本之间的距离。算法的核心思想是：在特征空间中，如果一个样本在特征空间中 k 个最近样本(特征空间中最邻近)的大多数属于某一个类别，则该样本也属于这个类别，并具有这个类别上样本的特性。即给定一个训练数据集，对新的输入实例，在训练数据集中找到与该实例最邻近的 k 个实例，这 k 个实例的多数属于某个类，就把该输入实例分到这个类中。

KNN 算法所选择的邻居都是已经正确分类的对象，其分类决策只根据最邻近的一个或者多个样本数据的类别决定待分类样本所属于的类别。如图 10-2 所示，有两类不同的样本数据，分别用正方形和三角形表示，而图中正中间的那个圆形代表待分类数据。分类要解决的问题就是：给这个圆形划分类别，判定它属于正方形类别还是三角形类别。

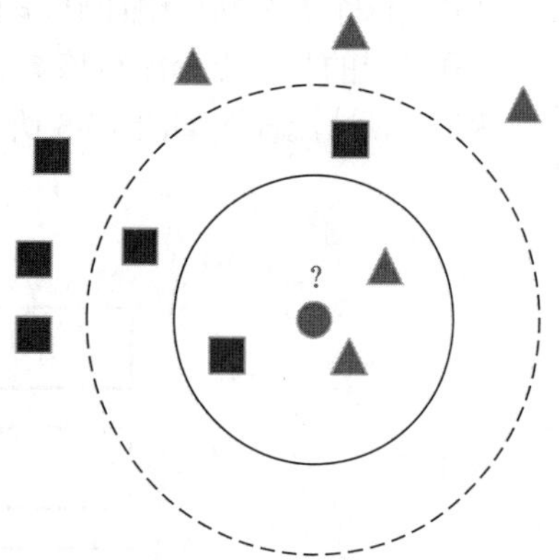

图 10-2　KNN 原理示意图

为此，KNN 从圆形的邻居出发，根据圆形最近邻的几个样本数据从而判断出圆形所属的类别。但一次性考虑多少个邻居呢？这就涉及 k 的取值，从图 10-2 中可以看到：

当 $k=3$ 时，圆形最近的 3 个邻居是 2 个三角形和 1 个正方形，那么，基于 KNN 的思想，判定圆形这个待分类点属于三角形一类。

当 $k=5$ 时，圆形最近的 5 个邻居是 2 个三角形和 3 个正方形，那么，基于 KNN 的思想，判定圆形这个待分类点属于正方形一类。

以上就是对 KNN 分类原理的一个直观描述，也说明 k 值的选择直接影响分类的准确性，结果的准确与否在很大程度上取决于 k 值选择的好坏。由此可见，当无法判定当前待分类点是从属于已知分类中的哪一类时，可以依据统计学的理论看待分类点所处的位置特征，衡量待分类点周围邻居的分布，而把待分类点分配到近邻数量更多的那一类，这就是 KNN 算法的核心思想。可以说，k 值的选择、距离度量和分类决策规则对 KNN 算法的结果都有相当重要的影响。

KNN 算法实施步骤为：

(1) 选择合适的 k 值。

(2) 计算各个测试数据和训练数据的距离。

KNN 算法中使用闵可夫斯基距离来计算样本之间的距离。设 P 点的坐标为 $P=(x_1,x_2,\cdots,x_n)$，Q 点的坐标为 $Q=(y_1,y_2,\cdots,y_n)$，则两点之间的闵可夫斯基距离为：

$$L_p(x_i-y_i)=\left(\sum_{i=1}^{k}(|x_i-y_i|^p)\right)^{1/p} \qquad p\geqslant 1 \tag{10-3}$$

当 $p=1$ 时，为曼哈顿距离：

$$L_1(x_i-y_i)=\sum_{i=1}^{k}|x_i-y_i| \tag{10-4}$$

当 $p=2$ 时，为欧氏距离：

$$L_2(x_i-y_i)=\left(\sum_{i=1}^{k}(|x_i-y_i|^2)\right)^{1/2} \qquad p\geqslant 1 \tag{10-5}$$

(3) 按照距离递增次序排列。

(4) 选取与当前点距离最小的 k 个邻居。

(5) 在这个 k 个邻居中计算每个类别数据点的概率大小。

(6) 将新的数据点分配给该类别最大的邻居数，完成数据的分类预测。

KNN 算法流程图如图 10-3 所示。

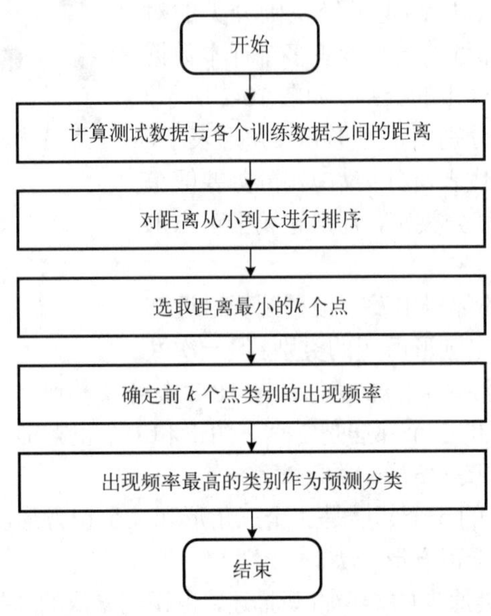

图 10-3　KNN 算法流程图

10.3.3　KNN 算法实例

例 10-2　使用 KNN 解决手写数字分类问题。如图 10-4 所示，有一张手写数字图。通过将图分割，将每张图序列化，对手写图片进行分类。

解：为了能使用 KNN 分类算法，必须将图像格式化处理为一个向量。将原始的 32×32 的二进制图像转换为 1×1024 的向量。经过转换后的向量图如图 10-5 所示。

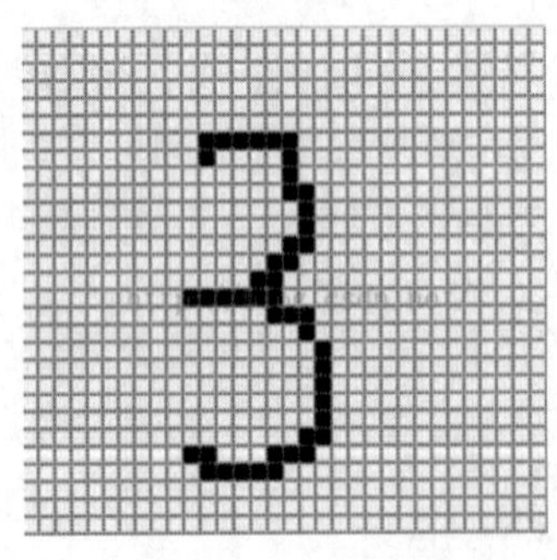

图 10-4　手写数字 3 的原始图

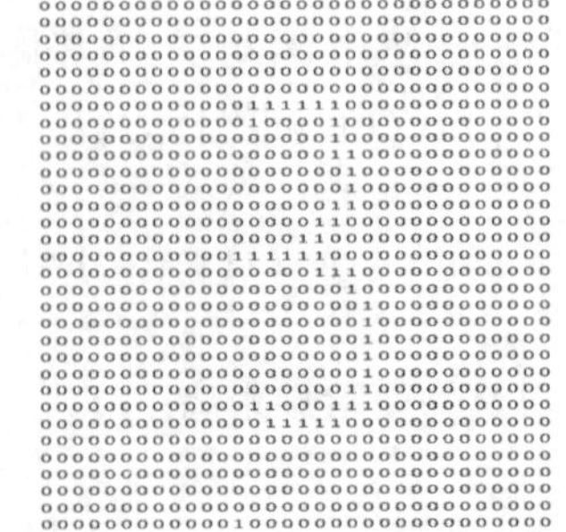

图 10-5　手写数字 3 的向量图

在建立分类模型之前，需要将给定的数据集随机地分为训练数据集和测试数据集两个部分。在分类模型建立阶段，通过分析训练数据集中属于每个类别的样本，使用分类算法建立一个模型相对应的类别进行概念描述。在建立好分类模型之后，还需要在测试数据集上对分类模型的有效性进行测试，此时通常使用分类精度作为评价标准。对于测试数据集上的每个样本，如果通过已建立的分类模型预测出来的类别与其真实的类别相同，那么说明分类正确，否则说明分类错误。如果测试数据集上所有样本的平均分类精度可以接受，那么在分类决策阶段就可以使用该模型对未知类别的待分类样本进行类别预测。需要说明的是，之所以使用不同于训练数据集的样本作为测试数据集，是因为基于训练数据集所建立的分类模型对于自身样本的评估往往是乐观的，这并不能说明分类模型对未知样本的分类是有效的。

本例数据集样本分布如下：训练数据集包含 943 个样本；测试数据集包含 196 个样本，其中包含 20 个数字 0，20 个数字 1，25 个数字 2，18 个数字 3，25 个数字 4，16 个数字 5，16 个数字 6，19 个数字 7，17 个数字 8，20 个数字 9。预测数据集里含有 9 个样本，如图 10-6 所示。

图 10-6　预测数据集样本

实现 KNN 算法时，主要考虑的问题是如何对训练数据进行快速近邻搜索，这在特征空间维数大及训练数据容量大时非常必要。实际使用中，需要分别计算每一个未知待判断样本和已知类样本的空间距离。KNN 算法中影响算法准确率的因素有距离函数、k 值的选择、分类决策规则。处理步骤分为以下 3 步：

(1) 截取图片进行数据预处理。

(2) KNN 算法训练。

(3) 对图片进行测试，并将测试结果与正确结果对比，计算得出正确率。

10.4　朴素贝叶斯分类算法

10.4.1　朴素贝叶斯分类算法简介

1．分类问题定义

从数学角度来说，分类问题可作如下定义：已知类别集合 $C=\{y_1, y_2, \cdots, y_n\}$ 和待分类项集合 $I=\{x_1, x_2, \cdots, x_n\}$，确定映射规则 $y=f(x)$，使得任意 $x_i \in I$ 有且仅有一个 $y_i \in C$ 使得 $y_i = f(x_i)$ 成立(不考虑模糊数学里的模糊集情况)。分类算法的任务就是构造分类器 $f(x)$。

一般情况下的分类问题由于缺少足够信息，很难构造完全正确的映射规则，但通过对经验数据的学习，可实现一定概率意义上正确的分类，因此，所训练出的分类器并不一定能将每个待分类项准确映射到分类，分类器的质量与诸多因素有关：分类器构造方法、待分类数据的特性及训练样本数量等。

2．贝叶斯分类的基础——贝叶斯定理

贝叶斯定理解决了概率论中“逆向概率”的问题。在生活中经常遇到这种情况：可以很容易直接得出 $P(A|B)$，但对于我们更关心的 $P(B|A)$ 则很难直接得出。而贝叶斯定理则给出了通过 $P(A|B)$ 来求解 $P(B|A)$ 的方法。

$$P(B \mid A)=\frac{P(A \mid B)P(B)}{P(A)} \tag{10-6}$$

贝叶斯定理能够在有限的信息下，帮助我们预测出概率。可以说，所有需要做出概率预测的地方都可见到贝叶斯定理的影子。特别地，贝叶斯方法是机器学习的核心方法之一。

3．朴素贝叶斯分类

朴素贝叶斯分类是基于贝叶斯定理与特征条件独立假设的分类方法，常用于文本分类，尤其是对于英文等语言来说，分类效果很好，可以较好地适用于垃圾文本过滤、情感预测和推荐系统等。

10.4.2　朴素贝叶斯分类算法原理

朴素贝叶斯分类的定义及原理如下：

(1) 设 $x=\{a_1, a_2, \cdots, a_m\}$ 为一个待分类项，而每个 $a_i (1 \leqslant i \leqslant m)$ 为 x 的一个特征属性，各个特征属性是条件独立的。

(2) 有类别集合 $C=\{y_1, y_2, \cdots, y_n\}$。

(3) 计算 $P(y_1 \mid x), P(y_2 \mid x), \cdots, P(y_n \mid x)$。

(4) 如果 $P(y_k \mid x)=\max\{P(y_1 \mid x), P(y_2 \mid x), \cdots, P(y_n \mid x)\}$，则 $x \in y_k$。

显然，分类的关键是如何计算第 3 步中的各个条件概率。计算方法如下：

(1) 找到一个已知分类的待分类项集合，这个集合叫作训练样本集。

(2) 统计得到在各类别下各个特征属性的条件概率估计。即：

$$\begin{gathered} P(a_1 \mid y_1), P(a_2 \mid y_1), \cdots, P(a_m \mid y_1) \\ P(a_1 \mid y_2), P(a_2 \mid y_2), \cdots, P(a_m \mid y_2) \\ \cdots \\ P(a_1 \mid y_n), P(a_2 \mid y_n), \cdots, P(a_m \mid y_n) \end{gathered} \tag{10-7}$$

(3) 由于各个特征属性 $a_i (1 \leqslant i \leqslant m)$ 是条件独立的，因此，根据贝叶斯定理可得：

$$\begin{aligned} P(y_j \mid x) &= \frac{P(x \mid y_j) P(y_j)}{P(x)} \\ &= \frac{P(a_1 \mid y_j) P(a_2 \mid y_j) \cdots P(a_m \mid y_j) P(y_j)}{P(x)} \\ &= \frac{P(y_j) \prod_{i=1}^{m} P(a_i \mid y_j)}{P(x)} \end{aligned} \tag{10-8}$$

其中：$1 \leqslant j \leqslant n$。由于分母对所有类别均为常数，因此，只需求解最大的分子即可。

整个朴素贝叶斯分类分为 3 个阶段，分类流程如图 10-7 所示。

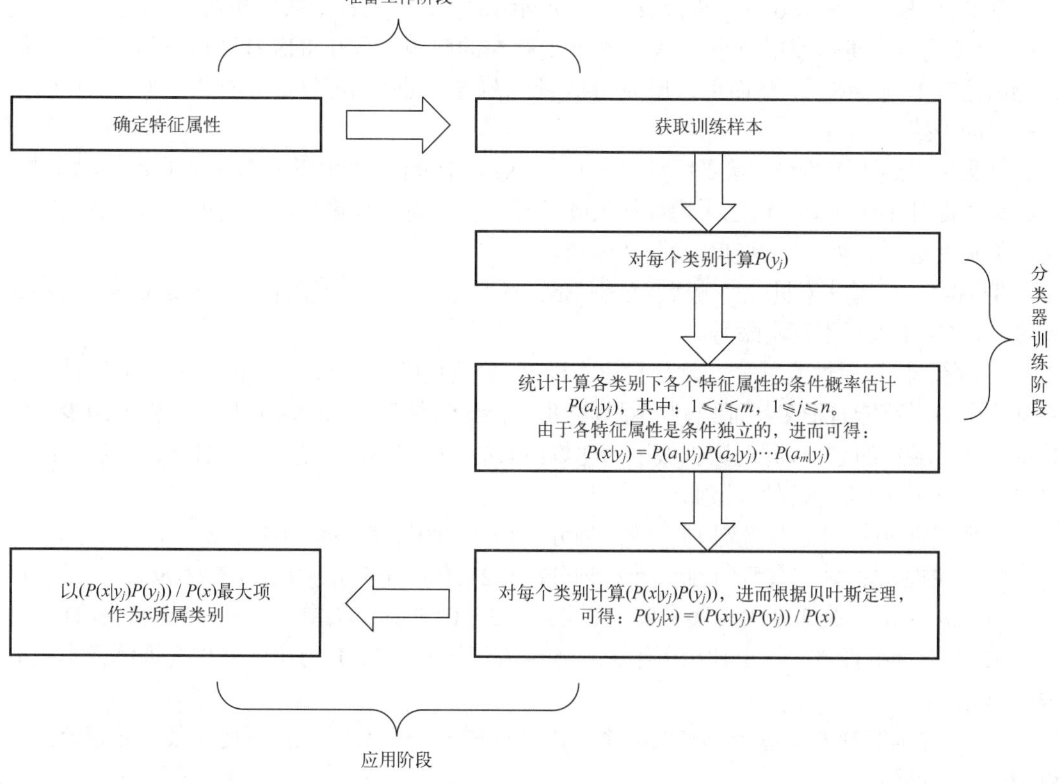

图 10-7　朴素贝叶斯分类流程

第一阶段——准备工作阶段。主要工作是根据具体情况确定特征属性，并对每个特征属性进行适当划分，然后由人工对一部分待分类项进行分类，形成训练样本集合。这一阶段的输入是所有待分类数据，输出是特征属性和训练样本。这一阶段是整个朴素贝叶斯分类中唯一需要人工完成的阶段，其质量对整个过程有重要影响，分类器的质量在很大程度上由特征属性、特征属性划分及训练样本质量决定。

第二阶段——分类器训练阶段。阶段任务就是生成分类器，主要工作是计算每个类别在训练样本中的出现频率及每个特征属性划分对每个类别的条件概率估计。其输入是特征属性和训练样本，输出是分类器。

第三阶段——应用阶段。阶段任务就是使用分类器对待分类项进行分类，其输入是分类器和待分类项，输出是给出待分类项的分类结果。

对分类器进行评价的一个重要指标就是分类器的正确率，也就是分类器正确分类的项目占所有被分类项目的比率。通常使用回归测试来评估分类器的准确率，最简单的方法是用构造完成的分类器对训练数据进行分类，然后根据结果给出正确率评估。但这不是一个好方法，因为使用训练数据作为检测数据有可能因为过分拟合而导致结果过于乐观，所以一种更好的方法是在构造初期将训练数据一分为二，用一部分构造分类器，然后用另一部分检测分类器的准确率。

10.4.3　朴素贝叶斯分类算法实例

在 SNS（Social Networking Services，社交网络服务，包括社交软件和网站）社区中，不真实账号（使用虚假身份或用户小号）是一个普遍存在的问题。作为 SNS 社区运营商，希望能够检测出这些不真实账号，从而可以加强 SNS 社区监管，同时也可以避免不真实账号对运营分析报告的干扰。

如果通过纯人工检测，需要耗费大量人力，效率十分低下。如果能够引入自动检测机制，必将大大提升工作效率。可以采用朴素贝叶斯分类算法对所有账号在真实账号和不真实账号两个类别上进行分类，实现自动检测和分类。

例 10-3　使用朴素贝叶斯分类算法对 SNS 社区账号进行分类的示例。假设 $C=0$ 表示真实账号，$C=1$ 表示不真实账号。

（1）确定特征属性及划分，就是找出有助于区分真实账号与不真实账号的特征属性。在实际应用中，可能有很多特征属性，对划分也可能比较细致，为简单起见，本例使用少量的特征属性及较粗的划分，并对数据做了简化修改。通过对 SNS 社区的数据库进行检索或计算，可以得到以下 3 个特征属性及划分。

特征属性 $a1$：日志数量/注册天数；划分：$\{a1 \leqslant 0.05，0.05<a1<0.2，a1 \geqslant 0.2\}$。

特征属性 $a2$：好友数量/注册天数；划分：$\{a2 \leqslant 0.1，0.1<a2<0.8，a2 \geqslant 0.8\}$。

特征属性 $a3$：是否使用真实头像；划分：$\{a3=0$（非真实头像），$a3=1$（真实头像）$\}$。

（2）获取训练样本。这里使用运维人员曾经人工检测过的 1 万个账号作为训练样本，如表 10-5 所示。

（3）计算训练样本中每个类别的频率。用训练样本中真实账号和不真实账号数量分别除以 10 000，得到：

$$P(C=0)=8900/10000=0.89$$

$$P(C=1)=1100/10000=0.11$$

表 10-5　训练样本集

类别	样本数量	特征属性 $a1$		特征属性 $a2$		特征属性 $a3$	
		划分	样本数量	划分	样本数量	划分	样本数量
$C=0$	8900	$a1\leqslant 0.05$	445	$a2\leqslant 0.1$	890	$a3=0$	1780
		$0.05<a1<0.2$	6675	$0.1<a2<0.8$	6230	$a3=1$	7120
		$0.2\leqslant a1$	1780	$0.8\leqslant a2$	1780		
$C=1$	1100	$a1\leqslant 0.05$	880	$a2\leqslant 0.1$	770	$a3=0$	990
		$0.05<a1<0.2$	110	$0.1<a2<0.8$	220	$a3=1$	110
		$0.2\leqslant a1$	110	$0.8\leqslant a2$	110		

(4) 计算每个类别条件下各个特征属性划分的频率，如表 10-6 所示。

表 10-6　各类别条件下各个特征属性的条件概率估计

	a_1	a_2	a_3
$C=0$	$P(a_1\leqslant 0.05\mid C=0)=0.3$ $P(0.05<a_1<0.2\mid C=0)=0.5$ $P(0.2\leqslant a_1\mid C=0)=0.2$	$P(a_2\leqslant 0.1\mid C=0)=0.1$ $P(0.1<a_2<0.8\mid C=0)=0.7$ $P(0.8\leqslant a_2\mid C=0)=0.2$	$P(a_3=0\mid C=0)=0.2$ $P(a_3=1\mid C=0)=0.8$
$C=1$	$P(a_1\leqslant 0.05\mid C=1)=0.8$ $P(0.05<a_1<0.2\mid C=1)=0.1$ $P(0.2\leqslant a_1\mid C=1)=0.1$	$P(a_2\leqslant 0.1\mid C=1)=0.7$ $P(0.1<a_2<0.8\mid C=1)=0.2$ $P(0.8\leqslant a_2\mid C=1)=0.1$	$P(a_3=0\mid C=1)=0.9$ $P(a_3=1\mid C=1)=0.1$

(5) 使用分类器进行鉴别。

现使用上面训练得到的分类器鉴别一个账号，其特征属性为 $\{a1=0.1, a2=0.2, a3=0\}$，即：日志数量与注册天数的比率为 0.1；好友数与注册天数的比率为 0.2；使用非真实头像。

$$\begin{aligned}
P(y_1\mid x)P(x) &= P(x\mid y_1)P(y_1)\\
&= P(a_1\mid y_1)P(a_2\mid y_1)P(a_3\mid y_1)P(y_1)\\
&= P(0.05<a_1<0.2\mid C=0)P(0.1<a_2<0.8\mid C=0)P(a_3=0\mid C=0)P(C=0)\\
&= 0.5\times 0.7\times 0.2\times 0.89\\
&= 0.0623
\end{aligned}$$

$$\begin{aligned}
P(y_2\mid x)P(x) &= P(x\mid y_2)P(y_2)\\
&= P(a_1\mid y_2)P(a_2\mid y_2)P(a_3\mid y_2)P(y_2)\\
&= P(0.05<a_1<0.2\mid C=1)P(0.1<a_2<0.8\mid C=1)P(a_3=0\mid C=1)P(C=1)\\
&= 0.1\times 0.2\times 0.9\times 0.11\\
&= 0.00198
\end{aligned}$$

可见，虽然该用户没有使用真实头像，但是通过分类器的鉴别，更倾向于将此账号归入真实账号类别。这个例子也展示了当特征属性充分多时，朴素贝叶斯分类对个别属性的抗干扰性。

10.5　单层感知机算法

10.5.1　单层感知机算法简介

人工神经网络(Artificial Neural Network，ANN)是一个仿生学概念，人类发现神经元之间相互协作可以完成信息的处理和传递，于是提出了人工神经网络用于信息处理。单层感知机(Single Layer Perceptron)是一种二分类线性分类模型，它是神经网络和支持向量机的基础和起源算法模型。通过对单层感知机进行多层堆叠，可以发展成神经网络，通过修改损失函数，可以发展成支持向量机。单层感知机结构简单，仅仅利用了人工神经元的思想，其输入为实例的特征向量，输出为实例的类别。如果训练集线性可分，那么单层感知机的学习目的就是求得一个分离超平面，将训练集的实例点分为两类。单层感知机的主要缺陷在于无法处理训练集线性不可分的问题。

10.5.2 单层感知机算法原理

1. 单层感知机定义

假设输入空间 $X \subseteq R^n$，输出空间 $Y = \{+1, -1\}$。输入 $x = (x_1, x_2, \cdots, x_n) \in X$ 表示实例的 n 维特征向量，输出 $y \in Y$ 表示实例的类别，感知机模型如图 10-8 所示。

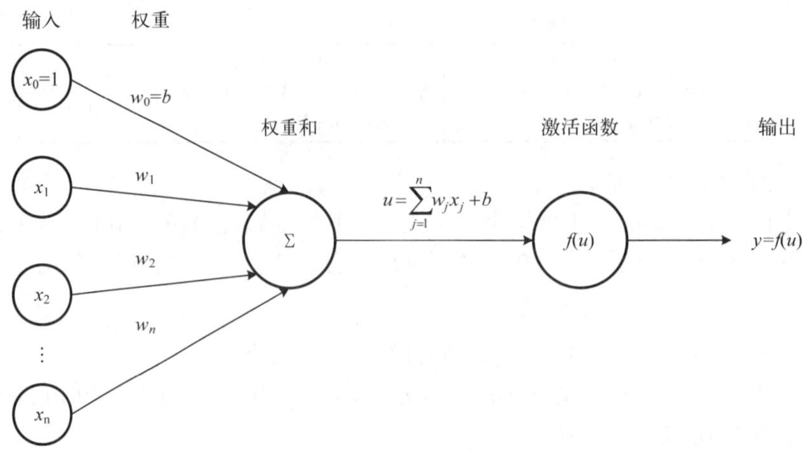

图 10-8　感知机模型

感知机模型公式表示从输入到输出的函数：

$$f(x) = f(w^{\mathrm{T}}x) = f(w \cdot x + b) = f\left(\sum_{j=1}^{n}(w_j \cdot x_j) + b\right) \tag{10-9}$$

其中：w 和 b 为感知机模型参数，w 称为权值或权重向量，$b \in R$ 称为偏置(Bias)，从空间看，偏置会改变决策边界的位置。为了便于描述，把 b 并入权重向量 w，记作 $w = (b, w_1, w_2, \cdots, w_n)$，输入特征向量扩充为 $x = (1, x_1, x_2, \cdots, x_n)$。$w \cdot x$ 表示二者的内积，$f(x) = f(w^{\mathrm{T}}x)$ 为激活函数，激活函数有多种，可采用 sign 符号函数作为激活函数。sign 符号函数也称为阶跃函数，它是非连续的且不光滑的，其公式为：

$$\operatorname{sign}(x) = \begin{cases} +1, & x \geqslant 0 \\ -1, & x < 0 \end{cases} \tag{10-10}$$

此时，激活函数 $f(x)$ 为：

$$f(x)=\text{sign}(w^{\mathrm{T}}x)=\text{sign}(w\cdot x+b)=\text{sign}\left(\sum_{j=1}^{n}(w_j\cdot x_j)+b\right) \tag{10-11}$$

2．几何解释

基于超平面分离定理，超平面能够将特征空间划分为正负两个类别，例如正类为+1，负类为−1。线性方程 $w\cdot x+b=0$ 对应于特征空间 R^n 中的一个超平面 S，其中：w 是超平面的法向量，b 是超平面的截距。假设特征空间 R^n 是二维(即 $n=2$)，则二维空间中的超平面就是一条直线，如图 10-9 所示。为求得最优的超平面，就需要求解感知机模型参数 w 和 b，为此，需要引入基于误分类的损失函数来求得感知机模型。

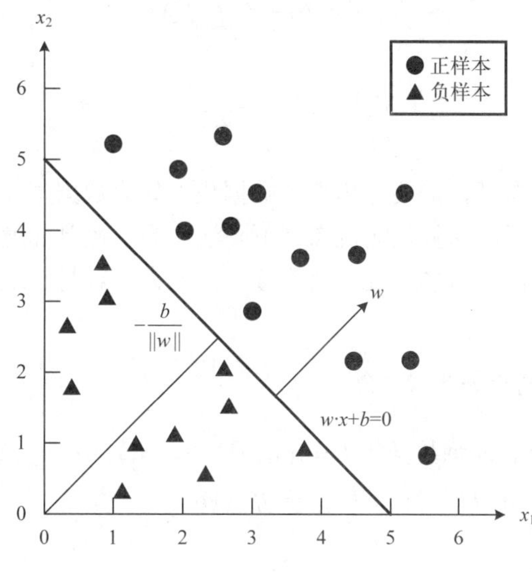

图 10-9　二维空间中的超平面

3．损失函数

损失函数也叫代价函数，是样本分类预测结果与样本实际类别差异的度量。通过最小化损失函数，感知机能够自动地求解并修正 w 和 b 的值，直至找到一个最优的超平面。

损失函数可以定义为所有误分类点到超平面的总距离，其中，对于任意一点 x 到超平面的距离为：$\frac{1}{\|w\|}|w\cdot x+b|$，其中：$\|w\|=\sqrt{\sum_{i=1}^{n}w_i^2}$ 为 w 的 L_2 范数(也称为欧几里得范数)。

假设误分类点的集合为 M，对于每个误分类数据 (x_i,y_i) 来说，由于当 $w\cdot x_i+b>0$ 时，$y_i<0$；当 $w\cdot x_i+b<0$ 时，$y_i>0$，所以，有 $-y_i(w\cdot x_i+b)>0$ 成立。误分类点 x_i 到超平面 S 的距离为：

$$-\frac{1}{\|w\|}y_i(w\cdot x_i+b) \tag{10-12}$$

所有的误分类点到超平面 S 的总距离则为：

$$-\frac{1}{\|w\|}\sum_{x_i \in M} y_i(w \cdot x_i + b) \tag{10-13}$$

若不考虑$\frac{1}{\|w\|}$，则损失函数可表示为：

$$L(w, b) = -\sum_{x_i \in M} y_i(w \cdot x_i + b) \tag{10-14}$$

感知机的学习策略和目标就是使损失函数最小化，为此可以采用随机梯度下降法(Stochastic Gradient Descent，SGD)求解使损失函数最小的模型参数 w 和 b。梯度下降的方向就是梯度的反方向，也就是先求损失函数 $L(w, b)$ 在 w 和 b 两个变量轴上的偏导：

$$\nabla_w L(w, b) = -\sum_{x_i \in M} y_i x_i \tag{10-15}$$

$$\nabla_b L(w, b) = -\sum_{x_i \in M} y_i \tag{10-16}$$

上述公式每更新一次参数，需要遍历整个数据集。如果数据集非常大，可以只随机选取一个误分类点进行参数更新，这就是随机梯度下降法。为了控制梯度下降的幅度，引入学习率η，如果η太小，函数拟合(收敛)过程会很慢；η太大，容易在最低点方向振荡，进入死循环。

4．感知机学习算法的原始形式

输入：给定线性可分的训练数据集$T = \{(x_1, y_1), (x_2, y_2), \cdots, (x_m, y_m)\}$，其中：$x_i \in X$，$y_i \in Y = \{-1, +1\}$，$i = 1, 2, \cdots, m$；学习率$\eta(0 < \eta \leqslant 1)$

输出：w，b

感知机模型：$f(x) = \text{sign}(w \cdot x + b)$

算法过程：

(1) 选取初值w_0, b_0。

(2) 在训练集中选取数据(x_i, y_i)。

(3) 如果$-y_i(w \cdot x_i + b) > 0$，则说明点$x_i$被误分类，此时需要修正 w 和 b，利用随机梯度下降法进行参数更新，公式如下：

$$w = w + \eta y_i x_i \tag{10-17}$$

$$b = b + \eta y_i \tag{10-18}$$

(4) 转至(2)，直到训练集中没有误分类的点。

当没有误分类点的时候，停止参数更新，所得的参数就是感知机学习的结果，这就是感知机的原始形式。另外，感知机学习算法也有其对偶形式。

5．感知机学习算法的对偶形式

对偶形式的基本思想：将 w 和 b 表示为实例x_i和标记y_i的线性组合的形式，通过求解其系数来求得 w 和 b。假设 w 和 b 的初值为 0，并假设样本点(x_i, y_i)在更新过程中使用了n_i次，那么每次迭代都会使 w 增加一个 $\eta y_i x_i$，使 b 增加一个 ηy_i，直至参数更新过程结束后，最后学习到的 w 和 b 可以分别为：

$$w = \sum_{i=1}^{m} n_i \eta y_i x_i = \sum_{i=1}^{m} \alpha_i y_i x_i \tag{10-19}$$

$$b = \sum_{i=1}^{m} n_i \eta y_i = \sum_{i=1}^{m} \alpha_i y_i \tag{10-20}$$

上述公式中的 $\alpha_i = n_i \eta$，n_i 就是某个点被误分类的次数，n_i 的值越大，意味着这个样本点经常被误分类。很显然，离超平面很近的点容易被误分类。超平面稍微移动一点，这个点就可能由正变负，或者由负变正。

输入：给定线性可分的训练数据集 $T = \{(x_1, y_1), (x_2, y_2), \cdots, (x_m, y_m)\}$，其中：$x_i \in X$，$y_i \in Y = \{-1, +1\}$，$i = 1, 2, \cdots, m$；学习率 $\eta(0 < \eta \leqslant 1)$

输出：α，b

感知机模型：$f(x) = \text{sign}\left(\sum_{j=1}^{m} \alpha_j y_j x_j \cdot x + b\right)$，其中：$\alpha = (\alpha_1, \alpha_2, \cdots, \alpha_m)^{\mathrm{T}}$

算法过程：

(1) $\alpha \leftarrow 0, b \leftarrow 0$。

(2) 在训练集中选取数据 (x_i, y_i)。

(3) 如果 $y_i\left(\sum_{j=1}^{m} \alpha_j y_j x_j \cdot x_i + b\right) \leqslant 0$，则说明点 x_i 被误分类。此时需要修正 α_i 和 b：

$$\alpha_i \leftarrow \alpha_i + \eta$$
$$b \leftarrow b + \eta y_i$$

(4) 转至 (2)，直到训练集中没有误分类的点。

对偶形式中的训练实例仅以内积的形式出现，为方便起见，可以预先将训练集中实例间的内积计算出来并以矩阵形式进行存储，该矩阵就是所谓的格拉姆矩阵 (Gram matrix)。

$$G = (x_i \cdot x_j)_{m \times m} \tag{10-21}$$

10.5.3　单层感知机算法实例

例 10-4　利用单层感知机实现逻辑运算。

解：逻辑运算是一个二元函数，也就是特征向量 x 是二维的，即：$x = (x_1, x_2)$，x_1 和 x_2 取值为二进制数 0 或 1，0 表示假，1 表示真。逻辑运算的真值表如表 10-7 所示。

表 10-7　逻辑运算真值表

x_1	x_2	与运算	非运算	或运算	异或运算
0	0	0	1	0	0
0	1	0	1	1	1
1	0	0	1	1	1
1	1	1	0	1	0

利用单层感知机可以实现逻辑与运算、非运算、或运算，这 3 种运算对感知机的构造是相同的，只是权值和偏置参数不同。

(1) 令 $w_1 = 0.5$，$w_2 = 0.5$，$b = -0.8$，可实现逻辑与运算。

(2) 令 $w_1 = -0.5$，$w_2 = -0.5$，$b = 0.7$，可实现逻辑非运算。

(3) 令 $w_1 = 0.5$，$w_2 = 0.5$，$b = -0.3$，可实现逻辑或运算。

但是使用单层感知机无法实现异或运算，这是因为单层感知机的局限性在于它只能表示由一条直线分割的空间(线性空间)。可以通过将单层感知机进行叠加，组合与运算、与非运算、或运算形成两层的感知机来实现异或运算。

```
#include <stdio.h>
int and(int x1, int x2);
int nand(int x1, int x2);
int or(int x1, int x2);
int xor(int x1, int x2);
int main(void){
    int x1,x2;                                          //x1 和 x2 取值为 0 或 1
    scanf("%d%d",&x1,&x2);
    printf("\nx1 and x2 is %d",and(x1,x2));             //与运算
    printf("\nx1 nand x2 is %d",nand(x1,x2));           //非运算
    printf("\nx1 or x2 is %d",or(x1,x2));               //或运算
    printf("\nx1 xor x2 is %d",xor(x1,x2));             //异或运算
    return 0;
}
//单层感知机模型
int gateCircuit(int x1, int x2, float w1, float w2, float b){
    float f = w1*x1+w2*x2+b;                            //w 为权值; b 为偏置因子
    if(f< = 0){
        return 0;
    }else{
        return 1;
    }
}
//单层感知机实现与门
int and(int x1, int x2){
    float w1 = 0.5,w2 = 0.5;                            //权值
    float b = -0.8;                                     //偏置因子
    return gateCircuit(x1,x2,w1,w2,b);
}
//单层感知机实现与非门
int nand(int x1, int x2){
    float w1 = -0.5,w2 = -0.5;                          //权值
    float b = 0.7;                                      //偏置因子
    return gateCircuit(x1,x2,w1,w2,b);
}
//单层感知机实现或门
```

```
int or(int x1, int x2){
    float w1=0.5,w2=0.5;                    //权值
    float b=-0.3;                           //偏置因子
    return gateCircuit(x1,x2,w1,w2,b);
}
//两层感知机实现异或门
int xor(int x1, int x2){
    int s1=nand(x1,x2);                     //调用与非门
    int s2=or(x1,x2);                       //调用或门
    int y=and(s1,s2);                       //调用与门
    return y;
}
```

例 10-5　给定线性可分的训练数据集$T=\{x_1,x_2,x_3\}$，其中每个点x_i都是二维的特征向量，即：$x_i=(x_{i1},x_{i2})^{\mathrm{T}}, i=1,2,3$。$x_1=(3,3)^{\mathrm{T}}$和$x_2=(4,3)^{\mathrm{T}}$均为正实例点，类别标签分别为$y_1=1$，$y_2=1$。$x_3=(1,1)^{\mathrm{T}}$为负实例点，其类别标签为$y_3=-1$。学习率为$\eta=1$，求感知机模型$f(x)=\mathrm{sign}(w^{\mathrm{T}}x+b)$。

解：令$w^{\mathrm{T}}(k)$表示权重向量，$b(k)$表示偏置，其中k表示迭代次数，初始时$k=0$。

(1) 需要对权重向量$w^{\mathrm{T}}(k)$和偏置$b(k)$随机选取初值。

$$w^{\mathrm{T}}(0)=(w_1,w_2)=(0,0)\text{；}\ b(0)=0$$

(2) 判断实例点是否被正确分类。

对于负实例点$x_3=(1,1)^{\mathrm{T}}$，计算可得：

$$\mathrm{sign}(w^{\mathrm{T}}(0)\cdot x_3+b(0))=\mathrm{sign}\left((w_1\quad w_2)\cdot\begin{pmatrix}x_{31}\\x_{32}\end{pmatrix}+b(0)\right)=\mathrm{sign}\left((0\quad 0)\cdot\begin{pmatrix}1\\1\end{pmatrix}+0\right)=1$$

可知，x_3没有被正确分类。此时，需要迭代计算权值和偏置，可得：

$$w^{\mathrm{T}}(1)=w^{\mathrm{T}}(0)+\eta y_3 {x_3}^{\mathrm{T}}=(0\quad 0)+1\cdot(-1)\cdot(1\quad 1)=(-1\quad -1)$$

$$b(1)=b(0)+\eta y_3=0+1\cdot(-1)=-1$$

(3) 对于新的$w^{\mathrm{T}}(1)$和$b(1)$确定新的超平面，再次判断实例点是否被正确分类。

$$\mathrm{sign}(w^{\mathrm{T}}(1)\cdot x_1+b(1))=\mathrm{sign}\left(()w_1\quad w_2\cdot\begin{pmatrix}x_{11}\\x_{12}\end{pmatrix}+b(1)\right)=\mathrm{sign}\left((-1\quad -1)\cdot\begin{pmatrix}3\\3\end{pmatrix}-1\right)=-1$$

$$\mathrm{sign}(w^{\mathrm{T}}(1)\cdot x_2+b(1))=\mathrm{sign}\left((w_1\quad w_2)\cdot\begin{pmatrix}x_{21}\\x_{22}\end{pmatrix}+b(1)\right)=\mathrm{sign}\left((-1\quad -1)\cdot\begin{pmatrix}4\\3\end{pmatrix}-1\right)=-1$$

$$\mathrm{sign}(w^{\mathrm{T}}(1)\cdot x_3+b(1))=\mathrm{sign}\left((w_1\quad w_2)\cdot\begin{pmatrix}x_{31}\\x_{32}\end{pmatrix}+b(1)\right)=\mathrm{sign}\left((-1\quad -1)\cdot\begin{pmatrix}1\\1\end{pmatrix}-1\right)=-1$$

可知，x_3被正确分类，但x_1和x_2没有被正确分类。假设此时随机选取的误分类点为x_1，继续迭代计算权值和偏置，可得：

$$w^{\mathrm{T}}(2)=w^{\mathrm{T}}(1)+\eta y_1 {x_1}^{\mathrm{T}}=(-1\quad -1)+1\cdot 1\cdot(3\quad 3)=(2\quad 2)$$

$$b(2) = b(1) + \eta y_1 = -1 + 1 \cdot 1 = 0$$

(4) 重复 (2) 和 (3) 步骤，直至 3 个实例点都被正确分类，得到最终迭代结果：

$$w^{\mathrm{T}}(7) = (1 \quad 1), \quad b(7) = 3$$

最终可求得感知机模型为：$f(X) = \mathrm{sign}\left((1 \quad 1)\begin{pmatrix} x_1 \\ x_2 \end{pmatrix} - 3\right) = \mathrm{sign}(x_1 + x_2 - 3)$

所得到的分离超平面为：$x_1 + x_2 - 3 = 0$。

需要注意的是，感知机模型的超平面不是唯一的，这与权值和偏置的初始值、学习率及误分类点的选取计算顺序相关。

10.6　遗 传 算 法

10.6.1　遗传算法简介

遗传算法 (Genetic Algorithm，GA) 是模仿生物进化机制发展起来的进行问题求解的自组织、自适应的随机全局搜索和优化方法，它以达尔文进化论的“物竞天择、适者生存”作为算法的进化规则，并结合孟德尔的遗传变异理论，将生物进化过程中的繁殖、变异、竞争、选择引入算法中，是一种对人类智能的演化模拟方法。算法的主要特点是，在解空间进行高效启发式搜索，而非盲目地穷举或完全随机搜索，采用概率化的寻优方法，能自动获取和指导优化的搜索空间，自适应地调整搜索方向，不需要确定的规则；直接对结构对象进行操作，对于待寻优的函数基本无限制，既不要求函数连续，也不要求函数可微，既可以是数学解析式所表示的显函数，也可以是映射矩阵，甚至是神经网络的隐函数，因而应用范围较广；具有并行计算的特点，因而可通过大规模并行计算来提高计算速度，适合大规模复杂问题的优化。目前，遗传算法已被广泛地应用于组合优化、机器学习、信号处理、自动控制和人工生命等领域。

在遗传算法中，参数编码、初始群体的设定、适应度函数的设计、遗传操作设计、控制参数设定 5 个要素组成了遗传算法的核心内容；选择、交叉和变异构成了遗传算法的遗传操作。遗传算法从初代种群出发，按照适者生存和优胜劣汰的原理，逐代演化产生近似最优解。在每一代，根据个体的适应度来选择个体，并借助于自然遗传学的遗传算子进行组合交叉和变异操作，来产生下一代更适合环境的群体。这样通过不断繁衍进化，最后收敛到一群最适应环境的个体，从而求得问题的优质解。

10.6.2　遗传算法原理

要充分理解和掌握遗传算法，有必要了解生物进化理论和遗传学的相关概念，并熟练掌握遗传算法的基本操作。

1．基本概念

(1) 染色体 (Chromosome)：染色体是由脱氧核糖核苷酸 (DNA) 和蛋白质构成的，是生物主要遗传物质的载体。一条染色体含有一个 DNA 分子，而一个 DNA 分子上又有许多基因。基因就是 DNA 上决定生物性状的有效片段，基因中的脱氧核苷酸 (碱基对) 的排列顺序代表遗传信息。

(2) 基因型(Genotype)：性状染色体的内部表现。

(3) 表现型(Phenotype)：性状染色体的外部表现，一般被理解为根据基因型所形成的个体的特征，例如：眼睛、耳朵、鼻子等。

(4) 编码(Coding)：编码的目的是建立表现型到基因型的映射关系。在遗传算法中，一个染色体代表问题的一个解。为此，需要对染色体进行适当编码，也就是使问题的解对应于一个具有固定结构的符号串，这个符号串就是遗传算法中的染色体，符号串的每一位代表一个基因。符号串的总位数就是染色体的长度。编码方法可以分为三大类：二进制编码法、浮点编码法、符号编码法。在设计编码方案时，应满足完备性(Completeness)、健全性(Soundness)和非冗余性(Non-redundancy)等要求。

①完备性：问题空间的所有解都能表示为所设计的基因型。

②健全性：任何一个基因型都对应于一个可能解。

③非冗余性：问题空间和表达空间一一对应。

(5) 解码(Decoding)：从基因型到表现型的映射。

(6) 个体(Individual)，也就是每个带有特征的染色体的实体。

(7) 种群(Population)：每代所产生的染色体总数称为种群。在遗传算法中，一个种群包含了该问题在这一代的一些解的集合。

(8) 进化(Evolution)：又称演化，在生物学中是指种群在其延续生存的过程中，逐渐适应生存环境，使其品质不断得到改良。生物的进化是以种群的形式进行的，表现为种群的遗传性状在世代之间的变化。

(9) 适应度(Fitness)：用于评价每个个体(问题解)的优劣。对群体中每个染色体进行编码后，每个个体对应一个具体问题的解，而每个解对应于一个适应性函数值。适应度函数是遗传算法进化的驱动力，也是模仿生物界中自然选择的唯一标准，它的设计应结合求解问题本身的要求而定。如，在求函数最大值问题中，函数本身就可以充当适应度函数，函数值越大，解的质量越高，越容易被选中。需要注意的是，适应度函数的选取直接影响遗传算法的收敛速度及能否找到最优解。

2．基本操作

遗传算法包括 3 个基本操作(也称为算子)：选择、交叉和变异。

(1) 选择(Selection)：是指以一定的概率从种群中选择较适应环境的个体用于繁殖下一代。按照适应度进行父代个体的选择，实现优胜劣汰操作。

轮盘赌选择法是一种常用的选择方法，它也被称为适应度比例法。轮盘赌的选择策略是适应度值越好的个体被选择的概率越大。在轮盘赌选择法中，假设群体中个体数量为 n，相应的轮盘也会被分为 n 个扇区，每个个体占据一个扇区，每个扇区的区域面积将根据相应个体的选择概率来确定。假设每个个体 x_i 的适应度值 $f(x_i)$ 均为正值，且适应度值之和不为 0，那么个体 x_i 的选择概率 $P(x_i)$ 为：

$$P(x_i)=\frac{f(x_i)}{\sum_{j=1}^{n}f(x_j)} \tag{10-22}$$

如果存在某个个体的适应度值为负值，则可以采用一种改进的公式来计算选择概率：

$$P'(x_i) = \frac{f(x_i) - f_{\min}}{\sum_{j=1}^{n}(f(x_j) - f_{\min})}，其中：f_{\min} = \min_{i\in[0,n]}\{f(x_i), 0\} \quad (10\text{-}23)$$

设最差的适应度值为 $f_{\min}$，如果其为负值，那么选择概率为 0。而对于校正后的适应度之和(即分母)为 0 的情况，则可以将所有个体的选择概率设为 $\frac{1}{n}$。

在对每个个体 x_i 计算其选择概率 $P(x_i)$ 后，还要计算其积累概率 q_i，计算公式为：

$$q_i = \sum_{j=1}^{i} P(x_j) \quad (10\text{-}24)$$

然后，利用积累概率来选择个体，具体方法是：

①在[0, 1]内产生一个均匀分布的随机数 r。

②若 $r \leqslant q_1$，则染色体 x_1 被选中。

③若 $q_{k-1} < r \leqslant q_k (2 \leqslant k \leqslant n)$，则染色体 x_k 被选中。

以下举例说明选择操作的处理过程。假设初始种群由 4 个染色体个体 x_i (i = 1, 2, 3, 4) 组成，并对这 4 个染色体采用二进制编码，分别为 $x_1 = (01101)_2$、$x_2 = (11001)_2$、$x_3 = (10010)_2$ 和 $x_4 = (10111)_2$。选择算子采用轮盘赌选择方法，轮盘将被分成 4 个扇区。首先计算每个个体适应度并转化为选择概率，然后进行 4 次随机选择，每次选择可以通过产生[0, 1]之间的一个随机数，来模拟轮盘转动。每次转动轮盘后，根据转盘指针停在哪个扇区，来确定哪个个体被选中。显然，适应度高的个体被选中的概率大；适应度低的个体被淘汰的概率大。

假设适应度函数为 $f(x) = x^2$，则可得：

$$f(x_1) = 13^2 = 169；\ f(x_2) = 25^2 = 625；\ f(x_3) = 18^2 = 324；\ f(x_4) = 23^2 = 529$$

染色体的选择概率 $P(x_i)$ 及其积累概率 q_i 为：

$$P(x_1) = \frac{f(x_1)}{\sum_{j=1}^{4} f(x_j)} = \frac{169}{169+625+324+529} = 0.102611，\ q_1 = \sum_{j=1}^{1} P(x_j) = 0.102611$$

$$P(x_2) = \frac{f(x_2)}{\sum_{j=1}^{4} f(x_j)} = \frac{625}{169+625+324+529} = 0.379478，\ q_2 = \sum_{j=1}^{2} P(x_j) = 0.482089$$

$$P(x_3) = \frac{f(x_3)}{\sum_{j=1}^{4} f(x_j)} = \frac{324}{169+625+324+529} = 0.196721，\ q_3 = \sum_{j=1}^{3} P(x_j) = 0.678810$$

$$P(x_4) = \frac{f(x_4)}{\sum_{j=1}^{4} f(x_j)} = \frac{529}{169+625+324+529} = 0.321190，\ q_4 = \sum_{j=1}^{4} P(x_j) = 1$$

假设从区间[0, 1]中产生 4 个随机数，分别为：$r_1 = 0.271028$，$r_2 = 0.090221$，$r_3 = 0.419465$，$r_4 = 0.750328$。每个个体的选中次数如表 10-8 所示。

表 10-8　轮盘赌选择操作

染色体二进制编码	适应度	选择概率	积累概率	选中次数
$x_1=(13)_{10}=(01101)_2$	169	0.102611	0.102611	1
$x_2=(25)_{10}=(11001)_2$	625	0.379478	0.482089	2
$x_3=(18)_{10}=(10010)_2$	324	0.196721	0.678810	0
$x_4=(23)_{10}=(10111)_2$	529	0.321190	1	1

由于$q_1<r_1\leqslant q_2$，第 1 次选择x_2；由于$r_2\leqslant q_1$，第 2 次选择x_1；由于$q_1<r_3\leqslant q_2$，第 3 次选择x_2；由于$q_3<r_4\leqslant q_4$，第 4 次选择x_4。

除了轮盘赌选择法以外，常用的选择算子还有：锦标赛选择、截断选择、蒙特卡洛、概率选择、线性排序、指数排序、玻尔兹曼、随机遍历抽样和精英选择等。

(2) 交叉(Crossover)：是指在所选的用于繁殖下一代的个体中，对两个相互配对的染色体依据交叉概率按某种方式相互交换其部分基因，从而形成两个新的个体，这个过程又称基因重组(Recombination)，俗称“杂交”。交叉运算和变异运算的相互配合，共同完成对搜索空间的全局搜索和局部搜索。如果只考虑交叉操作实现进化机制，在多数情况下是不可行的。因为种群的个体数量是有限的，经过若干代交叉操作，将产生类似于生物界近亲繁殖的现象，可能会使得问题的解过早收敛，而过早收敛的解不能代表问题的最优解。那么解决思路就是效仿自然界生物的基因变异，从而保持物种的多样性。

最简单的交叉算子是单点交叉，它是指通过选取两条染色体，在随机选择的位置点上进行分割并交换右侧的部分，从而得到两个不同的子染色体。假设在选择操作时，选择了两个染色体 X 和 Y 作为双亲进行繁殖，单点交叉操作将产生如图 10-10 所示的两个子代。

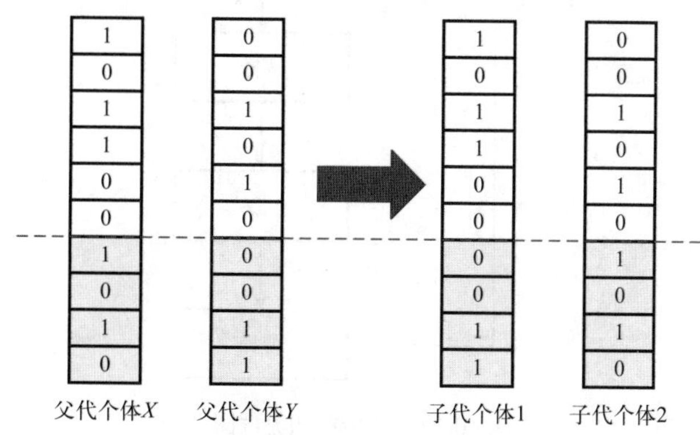

图 10-10　双亲交叉操作示例

除了单点交叉以外，针对不同的优化问题，还有多种不同的交叉算子，例如：两点交叉、多点交叉、部分匹配交叉、均匀交叉、顺序交叉、基于位置的交叉、基于顺序的交叉、循环交叉和子路径交叉等。

(3) 变异(Mutation)：在细胞进行复制时，有小概率可能发生复制差错，从而使 DNA 发生某种变异，产生出新的染色体，这些新的染色体表现出新的性状。使用变异算子除了可以维持群体的多样性，防止出现早熟现象以外，也可以改善遗传算法的局部搜索能力。

变异算子有基本位变异和均匀变异等方法。基本位变异是指对个体编码串中以变异概率、随机指定的某一位或某几位基因座上的值做变异运算，如图 10-11 所示。均匀变异是指分别用符合某一范围内均匀分布的随机数，以某一较小的概率来替换个体编码串中各个基因座上的原有基因值。均匀变异适用于算法的初级运行阶段。

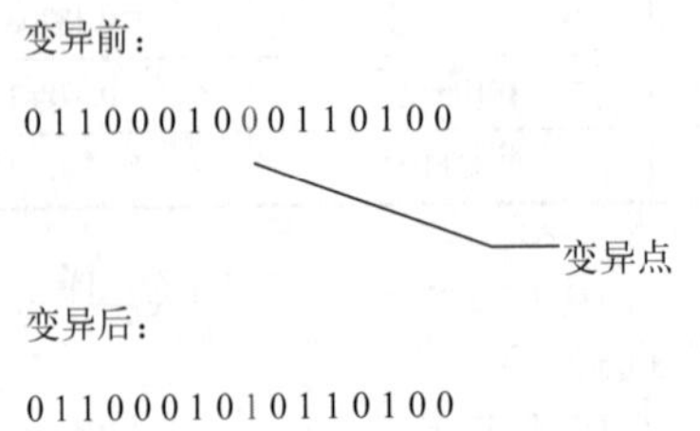

图 10-11　基本位变异操作示例

3. 算法流程

遗传算法的求解过程是根据待解决问题的参数集进行编码，随机产生一个种群，计算适应函数和选择概率，进行选择、交叉和变异操作。如果满足收敛条件，此种群为最好个体，否则，对产生的新一代群体重新进行选择、交叉和变异操作，循环往复直到满足收敛条件。

算法实现的具体步骤如图 10-12 所示。

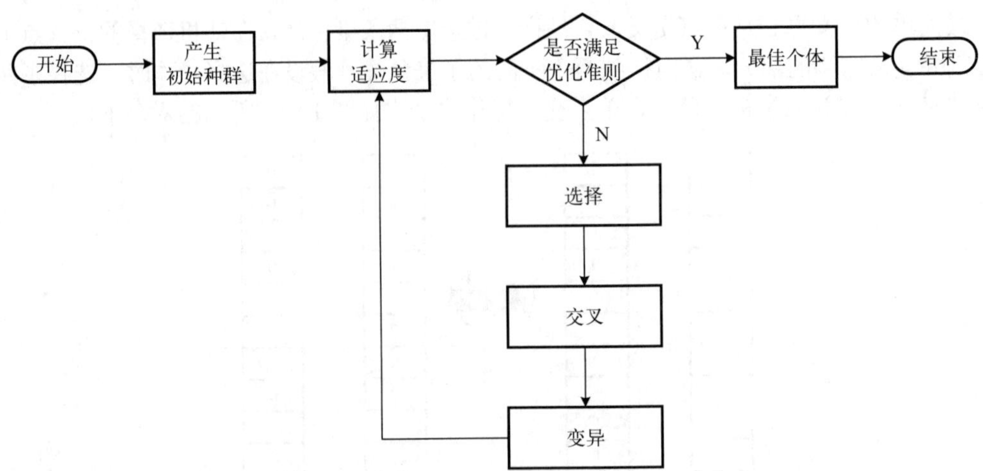

图 10-12　遗传算法流程图

(1) 随机产生初始种群，个体数目一定，每个个体表示为染色体的基因编码。

(2) 选用合适的适应度函数计算个体的适应度，并判断是否符合优化准则，若符合，输出最佳个体及其代表的最优解，并结束计算；否则转向第(3)步。

(3) 依据适应度函数选择再生个体，适应度高的个体被选中的概率高，适应度低的个体可能被淘汰。

(4) 按照一定的交叉概率和交叉方法，生成新的个体。

(5) 按照一定的变异概率和变异方法，生成新的个体。

(6) 由交叉和变异产生新一代的种群，返回第(2)步。

10.6.3　遗传算法实例

例 10-6　利用遗传算法求解下列二元函数的最大值。

$$f(x_1, x_2) = x_1^2 + x_2^2, \text{其中：} x_1, x_2 \in \{1, 2, 3, 4, 5, 6, 7\}$$

解：

(1) 设计编码方案，并产生初始种群。

由于 $x_1, x_2 \in \{1, 2, 3, 4, 5, 6, 7\}$，因此可采用 3 位无符号二进制数来表示 x_1 和 x_2，并将它们连接在一起组成 6 位的无符号二进制数，这就形成了个体的基因型，表示一个可行解。例如：基因型 $Y = (x_1x_2) = (011101)$ 所对应的表现型就是 $y = [3, 5]$，个体的基因型 Y 和表现型 y 之间可通过编码和解码程序相互转换。

假设随机产生种群的个体数量为 4，并随机产生每个个体的二进制编码，假设分别为：$Y_1 = (x_1x_2) = (011101)$、$Y_2 = (x_1x_2) = (101011)$、$Y_3 = (x_1x_2) = (011100)$、$Y_4 = (x_1x_2) = (111001)$。

(2) 适应度计算。

由于本题的目标函数总是取非负值，并以求函数最大值为优化目标，因此，可以直接利用目标函数作为个体的适应度函数，然后，依据每个个体的适应度值来计算个体的选择概率和累积概率。

(3) 选择运算。

首先产生 4 个 [0,1] 区间的随机数，假设分别为：$r_1 = 0.378124$，$r_2 = 0.170351$，$r_3 = 0.687395$，$r_4 = 0.758110$。然后，再依据随机数位于哪个累积概率区域内来确定哪个个体被选中及选中次数，如表 10-9 所示。

表 10-9　选择运算操作结果

个体二进制编码	x_1	x_2	个体适应度值	选择概率	累积概率	r_1	r_2	r_3	r_4	选中次数
$Y_1 = (x_1x_2) = (011101)$	3	5	34	0.24	0.24		选中			1
$Y_2 = (x_1x_2) = (101011)$	5	3	34	0.24	0.48	选中				1
$Y_3 = (x_1x_2) = (011100)$	3	4	25	0.17	0.65					0
$Y_4 = (x_1x_2) = (111001)$	7	1	50	0.35	1			选中	选中	2

(4) 交叉运算。

本例采用单点交叉方法，首先，对群体进行随机配对；然后，随机设置交叉点位置；最后，再相互交换染色体之间的部分基因，如表 10-10 所示。

表 10-10　交叉运算操作结果

个体选择结果	配对情况	交叉点位置	交叉结果
$Y_1 = (011101)$	Y_1 和 Y_4	2	$Y_1' = (011001)$
$Y_4 = (111001)$			$Y_2' = (111101)$
$Y_2 = (101011)$	Y_2 和 Y_4	4	$Y_3' = (101001)$
$Y_4 = (111001)$			$Y_4' = (111011)$

其中，新产生的个体 $Y_2' = (111101)$ 和 $Y_4' = (111011)$ 的适应度已经比原来父代个体的适应度都提高了。

(5) 变异运算。

本例采用基本位变异方法进行变异运算。首先，随机产生每个个体的变异点位置，然后，按照某一概率将变异点的原有基因值取反，如表 10-11 所示。

表 10-11　变异运算操作结果

交叉结果	变异点位置	变异结果(子代群体 $P(1)$)
$Y_1' = (011001)$	4	$Y_1^{(1)} = (011101)$
$Y_2' = (111101)$	5	$Y_2^{(1)} = (111111)$
$Y_3' = (101001)$	2	$Y_3^{(1)} = (111001)$
$Y_4' = (111011)$	6	$Y_4^{(1)} = (111010)$

(6) 对新的子代群体 $P(i)$ 重新计算适应度，并重新进行一轮选择、交叉、变异运算后，将得到更新一代的群体 $P(i+1)$。群体经过多代进化之后，其适应度的最大值和平均值都得到明显的改进，最终求得最佳值。其实对于本例，当前已经找到了最佳个体 $Y_2^{(1)} = (111111)$。

10.7　决策树算法

决策树(Decision Tree)是机器学习中最基础且应用最广泛的算法模型。本节首先介绍决策树模型的构造、剪枝等基本概念，然后以决策树 ID3 算法为例简要介绍决策树算法原理和案例。

10.7.1　决策树算法简介

决策树算法是一种有监督的机器学习方法，它采用树状结构对数据的特征属性建立决策模型，通过树状分支来表示对象的特征属性和特征值之间的映射关系，进而发现数据中蕴含的分类规则，把数据集按类标签进行分类。如何构造精度高、规模小的决策树是决策树算法的核心内容。决策树算法常用来解决分类和回归问题，主要包括 ID3、C4.5、CART 和随机森林等算法模型，其中：ID3 使用信息增益作为选择特征的准则；C4.5 使用信息增益比作为选择特征的准则；CART 使用 Gini 指数作为选择特征的准则。

决策树主要有两种结点：内部结点和叶结点。每个内部结点都用于对某个特征属性进行判断，根据判断结果决定进入哪个分支，直到到达叶结点，得到分类结果；从内部结点可能会引出有多个分支，每个分支代表一个判断结果的输出，也就是结点特征属性的一种可能的取值；而叶结点代表一种分类结果。

假设对贷款用户主要考察 3 个属性：房产状况、婚姻状况和收入状况。为预测贷款用户是否具有贷款偿还能力，可以通过生成一棵决策树进行判断，如图 10-13 所示。在图 10-13 中，用矩形表示内部结点，每个内部结点都包含一个属性判断条件；用椭圆形表示叶结点，每个叶结点用于表示贷款用户是否具有偿还能力。

例如：用户甲没有房产，没有结婚，月收入为 6000 元，那么从决策树的根结点“拥有房产”出发，根据用户甲在每个内部结点所表示的特征属性的取值情况，途经相应的分支，最终落在“可以偿还”叶结点上。因此，可以预测用户甲具备偿还贷款能力。

由此可以得出，决策树就是降低信息不确定性的过程，甚至可以将其看作一个 if-then 规则的集合。生成一棵决策树的过程主要包括两个阶段：构造和剪枝。

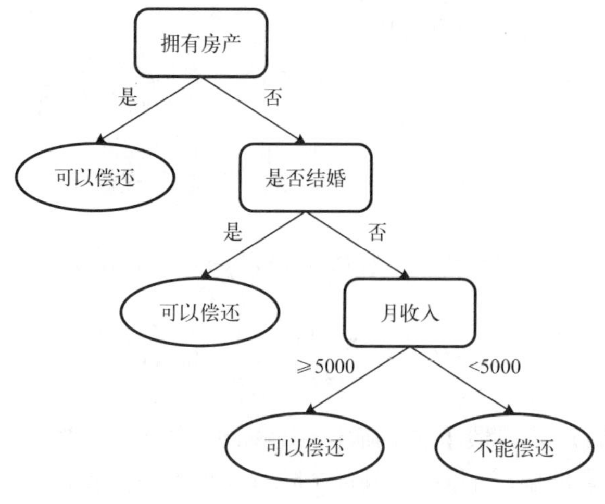

图 10-13　决策树案例

构造就是由训练数据集生成一棵完整决策树的过程，其核心问题就是如何选择特征属性作为根结点或内部结点，以及何时停止并到达叶结点(分类结果)。特征属性的选择标准应能降低分类后的数据集的不确定性，采用不同的特征属性进行划分，就会得到不同的决策树。不论选择哪个特征属性作为结点，都是对数据集做一次分类。例如，我们要去室外打篮球，一般会根据“天气”“温度”“湿度”“风力”等条件(特征属性)来判断，最后得到的目标结果是：是否去打篮球？显然，在构建决策树时，选择哪个属性(天气、温度、湿度、风力)作为根结点或内部结点是个关键问题。良好的构造过程应能实现快速分类，减少决策树深度。

剪枝就是给决策树瘦身。由于在决策树的生成过程中很容易出现过拟合(Over Fitting)现象，导致模型的泛化能力低，出现分类错误。优化方案之一就是修剪枝叶，通过剪枝可以进行一定的修复。剪枝主要使用新的样本数据集(称为测试数据集)对上一阶段生成的决策树进行检验和校正，将那些影响预测准确性的分枝剪除。剪枝主要分为预剪枝和后剪枝。

10.7.2　决策树算法原理

下面以 ID3 算法为例介绍决策树算法原理。ID3 是一种贪心算法，在对问题求解时，总是做出在当前看来是最好的选择。

1．特征选择

ID3 算法是基于信息熵和信息增益来选择最佳的特征属性作为当前结点的划分标准。

(1)信息熵(Entropy)。

在信息论和概率统计中，信息熵是表示随机变量不确定性的度量，熵越大，随机变量的不确定性越大。设 X 是一个取有限值的离散随机变量的集合(训练数据集)，其概率分布为 $P(X=x_i)=p(x_i)$，$i=1,2,\cdots,n$，则随机变量 X 的信息熵定义为：

$$H(X)=-\sum_{i=1}^{n}p(x_i)\log_2 p(x_i) \tag{10-25}$$

其中：若 $p(x_i)=0$，则定义 $0\log_2 0=0$。

例如：设抛一枚硬币的事件为 T，则 $P(\text{正面})=\frac{1}{2}$，$P(\text{背面})=\frac{1}{2}$，进而可得：

$$H(T)=-\left(\frac{1}{2}\log_2\frac{1}{2}+\frac{1}{2}\log_2\frac{1}{2}\right)=\log_2 2$$

再如：设掷一枚骰子的事件为 S，则 $P(1)=P(2)=\cdots=P(6)=\frac{1}{6}$，进而可得：

$$H(S)=-\sum_{1}^{6}\frac{1}{6}\log_2\frac{1}{6}=\log_2 6$$

显然，$H(S)>H(T)$，掷骰子的不确定性比掷硬币的不确定性高。

上述单一随机变量的熵，可以推广到多个随机变量的联合熵(Joint Entropy)。联合熵就是描述多个随机变量平均所需要的信息熵。设有两个随机变量 (X,Y)，其联合概率分布为 $P(X=x_i,Y=y_j)=p(x_i,y_j), i=1,2,\cdots,n; j=1,2,\cdots,m$，则联合熵计算公式为：

$$H(X,Y)=-\sum_{i=1}^{n}\sum_{j=1}^{m}p(x_i,y_j)\log_2 p(x_i,y_j) \tag{10-26}$$

(2) 条件熵(Condition Entropy)。

条件熵 $H(X|Y)$ 类似于条件概率，它度量了在已知随机变量 Y 的条件下，随机变量 X 的不确定性，可以通过联合熵来求得条件熵，计算公式为：

$$\begin{aligned}H(X|Y)&=-\sum_{i=1}^{n}\sum_{j=1}^{m}p(x_i,y_j)\log_2 p(x_i|y_j)\\&=-\sum_{i=1}^{n}\sum_{j=1}^{m}p(y_j)p(x_i|y_j)\log_2 p(x_i|y_j)\\&=\sum_{j=1}^{n}p(y_j)H(X|y_j)\end{aligned} \tag{10-27}$$

为便于理解该公式，举例说明。判断月收入对贷款偿还能力的不确定性的影响：

$$H(x|y=\text{月收入})=-P(y\geqslant 5000)H(x|y\geqslant 5000)-P(y<5000)H(x|y<5000)$$

条件熵和联合熵之间的关系是：

$$H(X,Y)=H(Y)+H(X|Y)=H(X)+H(Y|X) \tag{10-28}$$

当信息熵和条件熵中的概率由数据估计(特别是极大似然估计)得到的，那么所对应的信息熵和条件熵分别称为经验熵(Empirical Entropy)和经验条件熵(Empirical Conditional Entropy)。

(3) 信息增益。

信息熵 $H(X)$ 度量了 X 的不确定性，条件熵 $H(X|Y)$ 度量了在 Y 发生的情况下 X 的不确定性。在信息论中将信息熵与条件熵的差值称为互信息(Mutual Information)，它度量了在 Y 发生的情况下 X 的不确定性的减少程度，其计算公式为：

$$I(X,Y)=H(X)-H(X|Y) \tag{10-29}$$

信息熵、联合熵、条件熵及互信息之间的关系如图 10-14 所示。

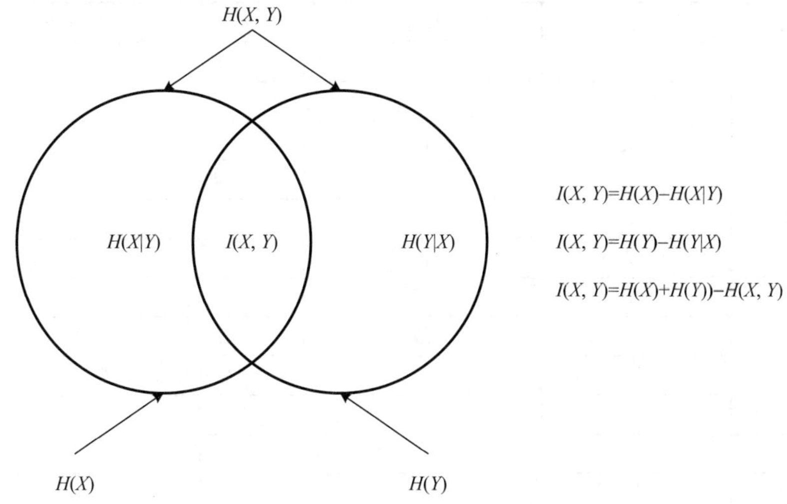

图 10-14　信息熵、联合熵、条件熵、互信息之间的关系

在 ID3 算法中，互信息$I(X,Y)$被称为信息增益。显然，信息增益值越大，不确定性就会变得越小。ID3 算法就是利用信息增益来判断当前结点应该使用哪个特征属性来构建决策树的。

2．ID3 算法流程

决策树构建的核心思想就是：在每次划分时，选择使得信息增益最大的划分方式，以此来递归构建决策树。其算法流程如下：

(1) 遍历并计算训练样本数据集中所有特征的信息增益。

(2) 选择使分类信息增益最大的特征作为根结点或子结点的特征，由该特征的不同取值来划分样本。

(3) 若子样本集的特征属性只含有单个属性，则分支为叶子结点，否则再对子结点递归地重复上述流程，直到所有特征的信息增益均很小或没有特征可以选择。最后将得到一棵决策树。

ID3 算法优点是理论清晰，方法简单，学习能力较强。但其缺点是：

(1) ID3 没有剪枝策略，容易过拟合。

(2) 信息增益准则对可取值数目较多的特征有所偏好，类似“编号”的特征其信息增益接近于 1。

(3) 只能用于处理离散分布的特征。

(4) 没有考虑缺失值。

10.7.3　决策树算法实例

例 10-7　现有一个由 15 个样本组成的贷款申请训练数据集 X，如表 10-12 所示。该训练集数据包含 4 个特征，最后一列表示是否通过贷款申请。请利用 ID3 算法生成一棵决策树，来判断是否给予贷款。

表 10-12　贷款申请训练数据集

ID	年龄	是否有工作	是否拥有房产	贷款信誉	是否给予贷款
1	青年	否	否	一般	否
2	青年	否	否	好	否
3	青年	是	否	好	是
4	青年	是	是	一般	是
5	青年	否	是	非常好	是
6	中年	否	否	一般	否
7	中年	否	否	好	否
8	中年	是	是	好	是
9	中年	否	是	非常好	是
10	中年	是	是	非常好	是
11	老年	否	是	非常好	是
12	老年	否	是	非常好	是
13	老年	是	否	好	是
14	老年	是	否	非常好	是
15	老年	否	否	一般	否

解：对数据集的 4 个特征，分别使用 A_1 表示年龄，A_2 表示是否有工作，A_3 表示是否拥有房产，A_4 表示贷款信誉情况。

(1) 计算信息熵 $H(X)$。

在表 10-12 中，有 10 条记录通过贷款审批，5 条记录没有通过贷款审批，信息熵 $H(X)$ 为：

$$\begin{aligned}H(X) &= -\sum_{i=1}^{2} p(x_i)\log_2 p(x_i)\\ &= -\left(\frac{10}{15}\log_2\frac{10}{15}+\frac{5}{15}\log_2\frac{5}{15}\right)\\ &= 0.918\end{aligned}$$

(2) 计算条件熵。

①数据集 X 在年龄 A_1 特征下被分成 3 个子集：青年子集 X_1、中年子集 X_2 和老年子集 X_3，每个子集均有 5 条样本数据，则数据集 X 在特征 A_1 条件下的条件熵 $H(X\mid A_1)$ 为：

$$\begin{aligned}H(X\mid A_1) &= \sum_{j=1}^{3} p(A_1)H(X\mid A_1)\\ &= \frac{5}{15}H(X_1\mid A_1)+\frac{5}{15}H(X_2\mid A_1)+\frac{5}{15}H(X_3\mid A_1)\\ &= -\frac{5}{15}\left(\frac{3}{5}\log_2\frac{3}{5}+\frac{2}{5}\log_2\frac{2}{5}\right)-\frac{5}{15}\left(\frac{3}{5}\log_2\frac{3}{5}+\frac{2}{5}\log_2\frac{2}{5}\right)-\frac{5}{15}\left(\frac{4}{5}\log_2\frac{4}{5}+\frac{1}{5}\log_2\frac{1}{5}\right)\\ &= 0.888\end{aligned}$$

②数据集 X 在是否有工作 A_2 特征下被分成 2 个子集：有工作子集 X_1，有 6 条记录；无工作子集 X_2，有 9 条记录，则数据集 X 在特征 A_2 条件下的条件熵 $H(X\mid A_2)$ 为：

$$
\begin{aligned}
H(X \mid A_2) &= \sum_{j=1}^{2} p(A_2) H(X \mid A_2) \\
&= \frac{6}{15} H(X_1 \mid A_2) + \frac{9}{15} H(X_2 \mid A_2) \\
&= -\frac{6}{15}\left(\frac{6}{6}\log_2\frac{6}{6}\right) - \frac{9}{15}\left(\frac{4}{9}\log_2\frac{4}{9} + \frac{5}{9}\log_2\frac{5}{9}\right) \\
&= 0.595
\end{aligned}
$$

③数据集 X 在拥有房产情况 A_3 特征下被分成 2 个子集：有房产子集 X_1，有 7 条记录；无房产子集 X_2，有 8 条记录，则数据集 X 在特征 A_3 条件下的条件熵 $H(X \mid A_3)$ 为：

$$
\begin{aligned}
H(X \mid A_3) &= \sum_{j=1}^{2} p(A_3) H(X \mid A_3) \\
&= \frac{7}{15} H(X_1 \mid A_3) + \frac{8}{15} H(X_2 \mid A_3) \\
&= -\frac{7}{15}\left(\frac{7}{7}\log_2\frac{7}{7}\right) - \frac{8}{15}\left(\frac{3}{8}\log_2\frac{3}{8} + \frac{5}{8}\log_2\frac{5}{8}\right) \\
&= 0.509
\end{aligned}
$$

④数据集 X 在贷款信誉 A_4 特征下被分成 3 个子集：非常好子集 X_1，有 6 条记录；好子集 X_2，有 5 条记录；一般子集 X_3，有 4 条记录，则数据集 X 在特征 A_4 条件下的条件熵 $H(X \mid A_4)$ 为：

$$
\begin{aligned}
H(X \mid A_4) &= \sum_{j=1}^{3} p(A_4) H(X \mid A_4) \\
&= \frac{6}{15} H(X_1 \mid A_4) + \frac{5}{15} H(X_2 \mid A_4) + \frac{4}{15} H(X_3 \mid A_4) \\
&= -\frac{6}{15}\left(\frac{6}{6}\log_2\frac{6}{6}\right) - \frac{5}{15}\left(\frac{3}{5}\log_2\frac{3}{5} + \frac{2}{5}\log_2\frac{2}{5}\right) - \frac{4}{15}\left(\frac{1}{4}\log_2\frac{1}{4} + \frac{3}{4}\log_2\frac{3}{4}\right) \\
&= 0.540
\end{aligned}
$$

(3) 计算信息增益。

$$
\begin{aligned}
I(X, A_1) &= H(X) - H(X \mid A_1) = 0.918 - 0.888 = 0.03 \\
I(X, A_2) &= H(X) - H(X \mid A_2) = 0.918 - 0.595 = 0.323 \\
I(X, A_3) &= H(X) - H(X \mid A_3) = 0.918 - 0.509 = 0.409 \\
I(X, A_4) &= H(X) - H(X \mid A_4) = 0.918 - 0.540 = 0.378
\end{aligned}
$$

综上可得：特征 A_3 具有最大的信息增益，因此，选择是否拥有房产特征作为分类的特征属性。此时，是将特征 A_3 作为根结点的分类属性。之后，继续递归地执行上述流程，最终将得到决策树。

10.8　习　　题

编写以下程序

1．K-Means 算法是以距离作为数据对象间相似性度量的标准，通常采用欧氏距离来计算数据对象间的距离，欧氏距离公式为 $d_{12}=\sqrt{(x_1-x_2)^2+(y_1-y_2)^2}$ 。请编程实现欧氏距离公式，要求所有数据从键盘输入，经过计算后输出并显示计算结果。

2．请编程实现曼哈顿距离的计算问题，距离公式为 $d_{12}=|x_1-x_2|+|y_1-y_2|$，要求所有数据从键盘输入，经过计算后输出并显示计算结果。

3．请编程实现切比雪夫距离的计算，距离公式为 $d_{12}=\max(|x_1-x_2|,|y_1-y_2|)$，要求所有数据从键盘输入，经过计算后输出并显示计算结果。

4．请编程实现余弦距离的计算问题，距离公式为 $\cos\theta=\dfrac{x_1x_2+y_1y_2}{\sqrt{x_1^2+y_1^2}\sqrt{x_2^2+y_2^2}}$，要求所有数据从键盘输入，经过计算后输出并显示计算结果。

5．杰卡德相似系数是衡量两个集合相似度的一种指标，常用来比较文本相似度，进行文本查重与去重，例如：相似新闻过滤、网页去重、考试防作弊系统、论文查重系统等。也常用来计算对象间的距离，进行数据聚类。杰卡德相似系数 $J(A,B)$ 的求解公式为 $J(A,B)=\dfrac{|A\cap B|}{|A\cup B|}=\dfrac{|A\cap B|}{|A|+|B|-|A\cap B|}$，即两个集合 A 和 B 交集元素个数与 A 和 B 并集元素个数的比值，显然有 $J(A,B)\in[0,1]$。另外当集合 A 和 B 均为空时，将 $J(A,B)$ 定义为 1。

现有两个整数集合 A 和 B，集合 A 有 5 个元素，集合 B 有 6 个元素，两个集合元素值均从键盘输入获得，请编程计算杰卡德相似系数 $J(A,B)$，输出并显示计算结果。

6．皮尔逊相关系数(Pearson correlation coefficient)用来度量两个随机变量 X 和 Y 之间的线性相关程度，定义为两个变量 X 和 Y 之间的协方差和标准差的商。

(1) 当用于总体(population)时，记作 ρ(population correlation coefficient)：

$$\rho_{XY}=\frac{\mathrm{Cov}(X,Y)}{\sigma_X\sigma_Y}=\frac{E((X-\mu_x)(Y-\mu_y))}{\sigma_X\sigma_Y}=\frac{E(XY)-E(X)E(Y)}{\sqrt{E(X^2)-E^2(X)}\sqrt{E(Y^2)-E^2(Y)}}$$

其中：Cov(X, Y)是 X，Y 的协方差；σ_X 是 X 的标准差；σ_Y 是 Y 的标准差。ρ 值介于–1 与 1 之间。

(2) 当用于样本(sample)时，记作 r(sample correlation coefficient)：

$$r=\frac{\sum_{i=1}^{n}(X_i-\overline{X})(Y_i-\overline{Y})}{\sqrt{\sum_{i=1}^{n}(X_i-\overline{X})^2}\sqrt{\sum_{i=1}^{n}(Y_i-\overline{Y})^2}}$$

其中：n 是样本数量；X_i 和 Y_i 分别是变量 X 和 Y 对应的 i 点观测值；$\overline{X}$ 是 X 样本平均数，$\overline{Y}$ 是 Y 样本平均数。

ρ 和 r 的取值在–1 与 1 之间。取值为 1 时，表示两个随机变量之间呈完全正相关关系；取值为–1 时，表示两个随机变量之间呈完全负相关关系；取值为 0 时，表示两个随机变量之间线性无关。皮尔逊相关系数适用于：①两个变量之间是线性关系，都是连续数据；②两个变量的总体是正态分布，或接近正态的单峰分布；③两个变量的观测值是成对的，每对观测值之间相互独立。

某公司广告费与月平均销售额情况的样本数据如表题 10-1 所示。请编程计算皮尔逊相关系数，要求从键盘输入样本数据。

表题 10-1　广告费与月均销售额样本数据

年广告费投入(万元)	12.5	15.3	23.2	26.4	33.5	34.4	39.4	45.2	55.4	60.9
月均销售额(万元)	21.2	23.9	32.9	34.1	42.5	43.2	49.0	52.8	59.4	63.5

7．请编程实现 K-Means 算法，要求如下：

(1)定义一个二维数组(10×2)表示 10 个待分类的数据点坐标，从键盘输入坐标值。

(2)从键盘输入一个 k 值($2 \leqslant k \leqslant 4$)，即希望将上述数据点经过聚类得到 k 个集合。

(3)质心选择：可以从数据集中随机选择 k 个数据点作为初始质心。

(4)对数据集中的每个数据点，计算其与每个初始质心的距离(如欧式距离)，离哪个质心近，就划分到那个质心所属的集合。

(5)把所有数据聚类后将得到 k 个集合，然后对每个集合重新计算新的质心，输出并显示。

8．现有若干先验数据，请使用 KNN 算法编程实现对未知类别数据分类。先验数据如表题 10-2 所示，未知类别数据如表题 10-3 所示。

表题 10-2　先验数据表

属性 1	属性 2	类别
1.0	0.9	A
1.0	1.0	A
0.1	0.2	B
0.0	0.1	B

表题 10-3　未知类别数据表

属性 1	属性 2	类别
1.2	1.0	?
0.1	0.3	?

9．请利用朴素贝叶斯分类算法求解如下问题并编程实现。

小明喜欢吃苹果，妈妈经常去超市买，长年累月摸索了一套挑选苹果的方法，一般红润而圆滑的果子都是好苹果，泛青无规则的都比较一般。现在根据之前几次买过的苹果，已经验证过了 10 个苹果，主要根据大小、颜色和形状这 3 个特征，来区分是好是坏，如表题 10-4 所示。今天妈妈又去超市买了苹果，其中一个苹果的特征为(大，红色，圆形)，请问该苹果是好苹果还是一般的苹果？假定苹果的 3 个特征是相互独立的。

表题 10-4　苹果样本及类别

编号	大小	颜色	形状	类别(是否好苹果)
1	小	青色	非规则	否
2	大	红色	非规则	是
3	大	红色	圆形	是
4	大	青色	圆形	否
5	大	青色	非规则	否
6	小	红色	圆形	是

续表

编号	大小	颜色	形状	类别(是否好苹果)
7	大	青色	非规则	否
8	小	红色	非规则	否
9	小	青色	圆形	否
10	大	红色	圆形	是

10．假设单层感知机神经元有 10 个输入 $x_1, x_2, \cdots, x_{10}$，权重 $w_i(1 \leqslant i \leqslant 10)$ 为[−1, 1]区间内的一个随机数。$x_i(1 \leqslant i \leqslant 10)$ 和阈值 v 均从键盘输入获得，请编写程序计算 $u = \sum_{i=1}^{N} w_i x_i - v$，进而计算人工神经元的输出 $z = f(u)$，其中传递函数(激活函数) $f(u)$ 采用 sigmoid 函数：

$$f(u) = \text{sig}(u) = \frac{1}{1+e^{-u}}$$

11．在利用人工智能算法(GA、PSO、ANN 等)仿真时，经常需要随机生成初始种群(初始样本)。请编程实现一个随机值生成器，生成$[a, b]$区间中的一个随机值并输出结果，其中 a 和 b 均为双精度浮点数并从键盘输入获得。

12．编写程序，利用遗传算法求下列一元函数的最大值，求解结果精确到 6 位小数。函数图像如下图所示。

$$f(x) = x\sin(8\pi x) + 3.0，其中：x \in [-1, 1]$$

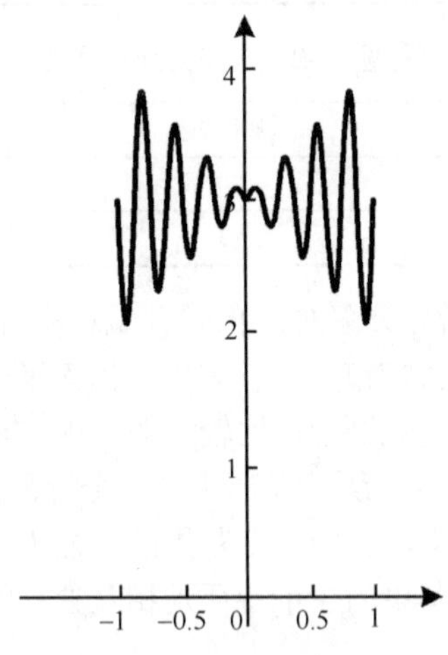

13．现有一个包含了 2048 个样本的训练数据集，该数据集有 3 个特征：年龄、收入和信誉，有两个分类：买商品和不买商品，如表题 10-5 所示。请编写程序，使用 ID3 算法构建决策树。

表题 10-5　购买商品训练数据集

样本数量	年龄	收入	信誉	是否购买商品
128	青年	高	良	不买
128	青年	高	优	不买
256	中年	高	优	买
128	老年	中	良	买

续表

样本数量	年龄	收入	信誉	是否购买商品
128	老年	低	良	买
128	老年	低	优	不买
128	中年	低	良	买
256	青年	中	良	不买
128	青年	低	良	买
256	老年	中	良	买
128	青年	中	优	买
64	中年	中	优	买
64	中年	高	良	买
128	老年	中	优	不买

参 考 文 献

ETTER D M, 2016. 工程问题 C 语言求解[M]. 宫晓利, 等译. 北京: 机械工业出版社.

简聪海, 2014. 数值分析——使用 C 语言[M]. 4 版. 北京: 北京航空航天大学出版社.

靳天飞, 杜忠友, 张海林, 等, 2010. 计算方法(C 语言版)[M]. 北京: 清华大学出版社.

李航, 2012. 统计学习方法[M]. 北京: 清华大学出版社.

李少芳, 张颖, 2020. C 语言程序设计基础教程[M]. 北京: 清华大学出版社.

刘杰, 鞠成东, 郭江鸿, 等, 2022. 程序设计与问题求解[M]. 北京: 人民邮电出版社.

卢守东, 2017. C 语言程序设计实例教程[M]. 北京: 清华大学出版社.

裘宗燕, 2011. 从问题到程序: 程序设计与 C 语言引论[M]. 北京: 机械工业出版社.

苏小红, 赵玲玲, 孙志岗, 等, 2019. C 语言程序设计[M]. 4 版. 北京: 高等教育出版社.

谭浩强, 2020. C 语言程序设计[M]. 4 版. 北京: 清华大学出版社.

王小平, 曹立明, 2002. 遗传算法: 理论、应用与软件实现[M]. 西安: 西安交通大学出版社.

吴良杰, 郭江鸿, 魏传宝, 等, 2012. 程序设计基础[M]. 北京: 人民邮电出版社.

肖筱南, 赵来军, 党林立, 2016. 现代数值计算方法[M]. 2 版. 北京: 北京大学出版社.

战德臣, 2018. 大学计算机: 理解与运用计算思维(慕课版)[M]. 北京: 人民邮电出版社.

张书云, 2021. C 语言程序设计[M]. 2 版. 北京: 清华大学出版社.

张韵华, 王新茂, 陈效群, 等, 2022. 数值计算方法于算法[M]. 4 版. 北京: 科学出版社.

周志华, 2016. 机器学习[M]. 北京: 清华大学出版社.